纳米流体微量润滑磨削热力学
作用机理

李长河　张彦彬　杨　敏　著

卢秉恒　主审

科学出版社

北京

内 容 简 介

本书是以纳米流体微量润滑磨削热力学作用规律及表面微观形貌评价为主线，汇集著者多年来从事纳米流体微量润滑磨削绿色制造工艺的最新研究成果，在《中国制造 2025》及绿色制造国际大趋势的背景下，结合国内外洁净精密制造技术的最新发展趋势，在国家自然科学基金(51575290; 51975305; 51905289)以及山东省重点研发计划项目的支持下开展的研究工作的成果。全书主要内容包括纳米流体微量润滑磨削力理论模型及不同润滑工况下磨削力预测模型、不同润滑工况的速度效应及材料去除力学行为、纳米流体微液滴粒径概率密度分布规律及对流换热机理、纳米流体对流换热系数测量系统设计、纳米流体喷雾式冷却生物骨微磨削温度场动态模型、冷风纳米流体微量润滑磨削温度场模型仿真与实验研究、纳米流体微量润滑磨削加工机理及表面微观形貌创成机理与量化表征等内容。

本书可作为高等院校机械类、近机类各专业的本科生与研究生的教材和参考书，同时也可供机械工程专业技术人员学习和参考使用。

图书在版编目(CIP)数据

纳米流体微量润滑磨削热力学作用机理/李长河, 张彦彬, 杨敏著. — 北京：科学出版社，2019.12
　　ISBN 978-7-03-063696-6

　　Ⅰ. ①纳⋯　Ⅱ. ①李⋯ ②张⋯ ③杨⋯　Ⅲ. ①磨削–润滑冷却液–研究　Ⅳ. ①TG580.1

中国版本图书馆 CIP 数据核字(2019)第 286352 号

责任编辑：邓　静　张丽花　陈　琼 / 责任校对：王萌萌
责任印制：张　伟 / 封面设计：迷底书装

科学出版社 出版
北京东黄城根北街 16 号
邮政编码：100717
http://www.sciencep.com

北京虎彩文化传播有限公司 印刷
科学出版社发行　各地新华书店经销
*
2019 年 12 月第 一 版　开本：787×1092　1/16
2019 年 12 月第一次印刷　印张：17
字数：410 000

定价：138.00 元
(如有印装质量问题，我社负责调换)

前　　言

　　绿色制造是制造强国战略，被列入《中华人民共和国国民经济和社会发展第十三个五年规划纲要》和《中国制造 2025》发展重点，以制造过程绿色化为目的的准干式制造方法应运而生。准干式是介于干式与浇注式之间的冷却液供给（简称供液）方法，又称为微量润滑。但是，微量润滑只依靠高压气体带走切削区热量，不能起到预期的冷却效果，导致工件表面完整性恶化和刀具寿命降低，难以取代浇注式，无法解决零件成形高能量密度强化换热的技术瓶颈。

　　将固体纳米粒子加入到可降解的润滑基液中制备纳米流体，借助纳米粒子强大换热能力和抗磨减摩的摩擦学特性，将纳米流体应用到微量润滑磨削加工中，不仅继承了微量润滑磨削加工的所有优点，而且弥补了传统的微量润滑磨削加工换热能力不足的致命缺陷。此外，纳米粒子优异的抗磨减摩摩擦学特性又有助于提高微量润滑磨削砂轮/工件界面、砂轮/切屑界面的润滑性能，使工件的加工精度、表面质量，特别是表面完整性得到显著的改善；同时提高了砂轮的使用寿命，改善了工作环境。因此，它是一种面向环境友好、资源节约和能源高效利用的可持续绿色磨削新方法。但固体纳米粒子的引入将使砂轮/工件界面的摩擦学行为、磨削区油膜形成机理、磨削介质对磨削区的热力学作用规律等发生新的变化。

　　本书由国家自然科学基金（磁增强纳米流体荷电雾化机理及雾滴可控输运微量润滑磨削新方法，51575290；超声辅助静电雾化生物骨微磨削机理及低热力损伤抑制策略，51975305；纳米流体微液滴砂轮/工件约束界面动态毛细管形成机制与微液滴迁移成膜机理，51905289）课题组李长河、张彦彬、杨敏著，由李长河教授统稿和定稿。另外，课题组的张乃庆高级工程师、侯亚丽老师也参与了本书部分内容的研究工作。在本书写作过程中得到了青岛理工大学和科学出版社的大力支持，在此表示诚挚的感谢。

　　本书承蒙中国工程院院士、西安交通大学卢秉恒院士主审。卢院士提出了许多宝贵的建议，在此表示衷心的感谢。

　　在本书写作过程中得到了许多专家、同仁的大力支持和帮助，参考了许多教授、专家的有关文献，在此一并向他们表示衷心的感谢。

　　由于著者的水平和时间有限，书中难免存在疏漏和不当之处，恳请广大读者批评指正。

著　者

2019 年 8 月

目　　录

第1章 绪 论

1.1 引 言

磨削加工是最基础的机械加工形式之一。尤其重要的是，大多数零件的最终精度和表面质量是通过磨削工艺保证的。磨削加工最显著的特点是具有高的砂轮圆周速度、高的能量消耗（比磨削能）。磨削加工为砂轮表面磨粒的负前角切削，去除单位体积材料所消耗的能量远远大于其他机械加工方法[1,2]。磨削区产生的能量大部分转化为热量，传入磨屑、砂轮和工件中[3]。磨削加工不同于其他机械加工形式，在砂轮高圆周速度作用下，每颗磨粒与工件的接触时间极短，同时磨削过程中所产生的磨屑体积非常小，所产生的热量通过磨屑带走的比例很小[4]。磨削区高能量密度对工件的表面质量和使用性能影响极大。特别是当磨削温度超过临界值时，就会引起工件表面的热损伤（表面的氧化、烧伤、残余拉应力和裂纹），导致零件的抗疲劳性能和抗磨损性能降低，从而降低零件的使用寿命和可靠性，同时降低砂轮的磨削性能和加工精度[5,6]。随着工件表面的热量累积，其尺寸精度和形状精度受到磨削热的影响而超差[7]。通常磨削加工作为零件的最终加工工序，磨削加工技术与工艺决定了零件的最终精度和表面质量，因此，必须采取有效的措施降低甚至消除磨削热量对工件加工精度和表面质量的影响。有效控制磨削温度和降低工件表面热损伤，是研究磨削机理和提高被磨零件表面完整性的重要课题。

1.1.1 浇注式磨削加工

为实现磨削温度有效降低，加工中往往将大流量磨削液注入磨削区即浇注式供液。由于高速运动砂轮周边存在"气障层"，浇注式供液往往难以进入磨削区[7,8]，其有效流量（实际进入磨削界面的液量与总供给液量的比值）仅为 5%～40%[9,10]。因此，大多数的磨削液实际上无法抵达磨削界面，只是在周边起到冷却工件基体的作用，造成传统供液方式冷却能力不足从而导致磨削烧伤和工件表面完整性恶化[8,9]。此外，供给的大量磨削液会在砂轮与工件楔形间隙处形成流体引入力及流体动压力[11]，从而使磨床主轴发生挠度变形，进而减小实际切削深度[3]。因此传统的浇注式供液方式不仅使加工工件产生较大的形状和尺寸误差[12,13]，而且浪费大量磨削液。

各国环保法律的颁布实施以及 ISO14000 环境管理体系的建立，对机械加工行业的加工工艺和水平提出了新的要求,同时迫使工业界和科研人员开始重新评价浇注式磨削加工方式。西班牙磨床制造商 Danobat 对磨削液成本进行了调查（图 1-1），结果显示[14]：在零件加工的总成本中，75%为机械加工费用，7%为刀具费用，18%为冷却液费用，可见冷却液费用几乎占了总成本的 1/5，是刀具费用的 2～3 倍。而在冷却液费用中，冷却液供给过滤设备费用占了 40%，污水处理费用占了 22%，冷却液基液费用占了 14%，工人成本费用占了 10%，能源消耗费用占了 7%，其他费用占了 7%。可以看出，冷却液基液在冷却液费用中所占的比例非常小，但与冷却液有关的其他费用所占的比例却非常大。由于环保法律的完善，冷却废液的处理费用还将会继续攀升，因此，冷却液费用在加工总成本中的比例将会逐渐加大。更为严重的是，切削液与高速旋转的刀具激烈撞击和高温蒸发等过程中产生大量的油雾和 PM$_{2.5}$ 悬浮颗粒，给自然环境和人类的健康造成了极大的伤害[15,16]。传统浇注式磨削加工引起的技术瓶颈如图 1-1 所示。

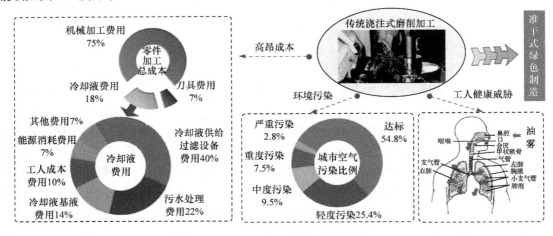

图 1-1　传统浇注式磨削加工存在的问题

绿色发展是国际大趋势。资源与环境问题是人类面临的共同挑战，可持续发展日益成为全球共识。特别是在应对国际金融危机和气候变化的背景下，推动绿色增长、实施绿色新政是全球主要经济体的共同选择，发展绿色经济、抢占未来全球竞争的制高点已成为国家重要战略。发达国家纷纷实施"再工业化"战略，重塑制造业竞争新优势，清洁、高效、低碳、循环等绿色理念、政策和法规的影响力不断提升，资源能源利用效率成为衡量国家制造业竞争力的重要因素，绿色贸易壁垒也成为一些国家谋求竞争优势的重要手段。绿色制造是工业转型升级的必由之路。我国作为制造大国，尚未摆脱高投入、高消耗、高排放的发展方式，资源能源消耗和污染排放与国际先进水平仍存在较大差距，工业排放的二氧化硫、氮氧化物和粉尘分别占排放总量的 90%、70%和 85%，资源环境承载能力已近极限，加快推进制造业绿色发展刻不容缓。以实施绿色制造工程为牵引，全面推行绿色制造，不仅对缓解当前资源环境瓶颈约束、加快培育新的经济增长点具有重要现实作用，而且对加快转变经济发展方式、推动工业转型升级、提升制造业国际竞争力具有深远意义。

传统制造业绿色化改造的重点任务是实施生产过程清洁化改造。以源头削减污染物产生为切入点，革新传统生产工艺装备，鼓励企业采用先进适用清洁生产工艺技术实施升级改造。基础制造工艺绿色化改造大力推广少/无切削液绿色加工等技术。到 2020 年，实现节能 30%以上，节材、减少废弃物 20%以上。

《中国制造 2025》明确提出绿色制造工程为五大重点建设工程之一，组织实施传统制造业能效提升、清洁生产、节水治污、循环利用等专项技术改造。开展重大节能环保、资源综合利用、再制造、低碳技术产业化示范。实施重点区域、流域、行业清洁生产水平提升计划，扎实推进大气、水、土壤污染源头防治专项。制定绿色产品、绿色工厂、绿色园区、绿色企业标准体系，开展绿色评价。到 2020 年，建成千家绿色示范工厂和百家绿色示范园区，部分重化工行业能源资源消耗出现拐点，重点行业主要污染物排放强度下降 20%。到 2025 年，制造业绿色发展和主要产品单耗达到世界先进水平，绿色制造体系基本建立。

　　传统浇注式磨削加工方式具有污染环境、威胁操作工人身体健康以及使用处理费用高昂等缺点[17]，不再契合可持续发展理念，甚至成为新兴材料(难加工材料[18]、医用陶瓷[19,20]等)高效、高质量加工的技术瓶颈问题[21,22]。因此，研发新型、绿色机械加工方法已经成为 21 世纪以来的热点以及重大难点问题。目前研究者以减少切削液用量/摒弃切削液、采用"绿色介质"代替切削液两种思路为基本依据，提出了多种绿色加工方法，如图 1-2 所示。

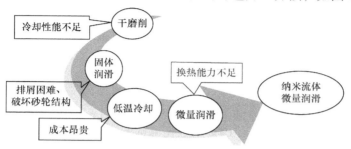

图 1-2　不同绿色加工方法及特点

1.1.2　干式磨削加工

　　干式磨削加工技术作为一种绿色加工技术，最早应用于汽车工业。最初，德国亚琛工业大学的 Klocke 和 Eisenblätter 于 1997 年 CIRP 会议上对"干切削"进行了主题报告，报告称：干式磨削加工在机械加工中的成功应用，为绿色加工技术带来了新的前景[23]。干式磨削加工技术在保证刀具寿命及零件精度的前提下，不再使用切削液参与加工过程[24,25]。

　　目前，研究者针对铸铁、钢、铝，甚至钛合金/铝合金等多种工件材料进行了干式磨削加工实验研究[26-28]。研究涵盖了车削、钻削、铣削、磨削等多种基本机械加工形式。部分研究结果表明，干式磨削加工具有以下几点优势：提高了加工过程中的环保性、减少了加工费用、避免了对操作工人身体健康的伤害等。由于缺少了切削液的直接润滑，干式磨削加工想要取代切削液的冷却润滑作用并取得相当的工件表面质量，就对刀具和机床提出了更高的要求。干切削刀具往往需要具有更高的韧性、硬度及耐磨性能，并可以在刀具表面获得较低的摩擦系数。

　　然而，干式磨削加工存在不可弥补的缺点，限制了其在机械加工中的进一步应用。干式磨削加工中刀具与工件界面缺少润滑从而产生摩擦、黏附等现象[29]，产生大量的摩擦热，导致工件温度升高，严重降低了刀具的使用寿命和工件的加工质量[30,31]。特别对于摩擦热高产出的磨削加工，学者研究发现，干式磨削加工的磨削温度在 500℃以上甚至达到 1000℃[32,33]，不可避免地造成了严重的工件表面烧伤[34]。随着机械加工技术的发展，切削/磨削加工速度越来越高、新型工件材料(如高温镍基合金[35]、钛合金[36])等对加工的要求不断提升，干式磨削加工技术仍需进一步研究[37]。

1.1.3　低温冷却磨削加工

　　根据目前的文献检索，低温冷却润滑主要包括以下方式：工件低温前处理、间接低温冷却、低温气体射流、低温处理等。低温气体射流是目前研究热度较高的冷却润滑方式，是指将低于-180℃的低温气体介质喷射注入切削区/磨削区[38]，起到冷却作用[39]。相较高压气体和水蒸气，低温气体介质具有更强的冷却能力[40,41]。目前，研究者尝试采用多种气体作为机械加工冷却介质进行研究，包括氩气、氦气、二氧化碳、氮气等[42]。在车削、铣削、磨削等加工形式中,研究者均采用大量实验对低温冷却润滑效果进行了探究[43]。实验结果表明,相对于干式磨削/切削,低温冷却润滑的工件表面质量、刀具寿命、冷却润滑性能均有所提高[44]。

然而,低温冷却技术的加工成本与浇注式相当,并没有体现出明显的经济优势[45]。此外,低温冷却技术应用于磨削加工依然不成熟,特别是在难加工材料磨削加工中的应用,需要进一步进行减摩抗磨机理、材料去除机理以及工艺系统优化等多方面研究[46]。此外,液态氮气、二氧化碳等介质在使用及储存过程中不仅会增加成本,而且最危险的是当空气中氮气或者二氧化碳浓度过高时,会导致操作工人窒息。这对技术使用的防护措施提出了更高的要求,这些问题限制了低温冷却技术的进一步应用[47,48]。

1.1.4 微量润滑磨削加工

介于浇注式磨削和干式磨削之间的微量润滑(minimum quantity lubrication,MQL)技术是在确保冷却润滑性能的前提下,最小限度地使用磨削液[49]。具体是指在高压气体中混入微量的润滑液形成两相流,润滑液与高压气流(4.0~6.5bar,1 bar=10^5Pa)混合雾化后进入高温磨削区[50]。高压气流起到冷却、排屑的作用,MQL 磨削液在砂轮与工件界面形成润滑油膜,起到润滑的作用[51]。该技术继承了干式磨削与浇注式磨削的优点,其在润滑效果方面与浇注式磨削区别极小[52]。磨削液一般采用具有极好的生物降解性能的植物油作为基础油[53];传统的浇注式磨削液流量为 60 L/h(每砂轮宽度),而 MQL 则降低至30~100 mL/h[54],仅约为浇注式的 1‰。因此,MQL 极大地改善了工作环境、降低了对自然环境的污染,是一种高效低碳的加工技术。可是研究[55]表明:MQL 高压气流的冷却性能有限,无法满足高磨削温度环境下的换热需求,工件的加工质量和砂轮寿命与传统浇注式磨削仍存在一定差距,这一技术仍需进一步发展[56]。

1.1.5 纳米流体微量润滑磨削加工

纳米流体微量润滑(nanofluid minimum quantity lubrication,NMQL)技术就是针对微量润滑应用的瓶颈问题,提出的一种高效、低耗、清洁、低碳的精密磨削加工新方式[57]。具体是在 MQL 液中添加一定比例的纳米级粒子充分混合制备成纳米流体,进一步通过压缩气体将其雾化,并通过喷嘴输送至磨削区。纳米粒子参与强化换热[58]的磨削方法不仅继承了 MQL 磨削加工的所有优点,而且极大提高了传统 MQL 磨削加工中的换热能力。纳米粒子具有优异的抗磨减摩特性,可有效提高砂轮与磨屑及砂轮与工件界面的润滑性能[59],使工件的加工精度、表面质量,特别是表面完整性得到显著的改善,同时改善了工作环境。因此,它有望成为一种资源节约、环境友好且能源利用率高的绿色可持续磨削加工方法[60]。

1.1.6 纳米流体微量润滑磨削热力学作用规律

磨削力/热主要来源于工件受磨粒作用产生的弹塑性变形、形成磨屑及摩擦作用,磨削力/热大小与磨削运动参数、磨粒及工件属性有关。磨削力/热是磨削过程中最重要的参数,直接影响工件表面质量、砂轮寿命、功率消耗、磨削稳定性。因此,磨削力/热通常用来分析诊断磨削状况,磨削力/热的产生机制、控制方法、精准预测也一直是磨削领域研究的重中之重。

随着应用于航空航天、轨道交通等领域的新型材料(特别对于高温合金、钛合金、碳纤维等)工件性能要求的提升,对于磨削加工性能的要求也提升到新的高度,磨削力/热控制也成为技术难题。学者尝试了多种用于改善磨削性能、降低磨削力的新工艺:改变砂轮结构形式(如开槽砂轮、工程化砂轮等)、改善磨削工艺参数(如缓进给磨削、高速/超高速磨削、微磨削等)、采用不同冷却润滑方式(干磨削、浇注式磨削、低温冷风、固体润滑、微量润滑和纳米流体微量润滑等)。

纳米流体微量润滑技术从砂轮与工件、磨粒与切屑界面减摩抗磨这一根本角度出发，在不改变原有切削效率的同时，更有效地控制磨削力、提高磨削性能。因此，纳米流体微量润滑是最有效的方式之一。纳米流体在压缩气体的携带作用之下以微细雾滴的形式从喷嘴喷出，悬浮在磨削液中粒径为 1～100nm 的纳米粒子由于小尺寸效应和高表面能更容易进入砂轮与工件界面。借助纳米粒子增加热传导及对流换热系数、提高减摩和润滑性能的巨大潜力，纳米流体增加了换热能力、减少了砂轮的磨损，从而降低磨削力和磨削区的温度，改善了磨削性能和工件表面质量。

1.1.7　纳米流体微量润滑磨削热力参数测量方法

对于纳米流体微量润滑磨削，目前研究者着眼于不同工艺参数下的磨削力实验研究、典型工件材料的磨削力/热控制参数优化和磨削力/热理论建模与数值模拟。在平面磨削实验中，通常采用三向磨削力测力仪测量并记录法向力、切向力和轴向力。测力仪的压电传感器将力信号转换为电信号，并由电荷放大器放大；由数据采集器以一定的采样频率采集并导入磨削力动态测试系统软件中进行滤波处理，最终得到磨削力图像文件和磨削力数据文件，如图 1-3 所示[60]。

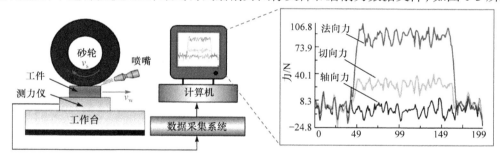

图 1-3　磨削力测量方法[60]

磨削温度是加工时由磨削热所引起的工件温升的总称。从磨削热效应的角度看，正在进行磨削的每一颗磨粒都可以作为一个不断发出热量的点热源，磨削时，砂轮接触弧附近工件表层的温度升高，是接触弧内这些离散分布的点热源综合作用的结果[61]。为了对磨削温度有更深入的研究，在工程研究中又按照不同的要求进一步将其分成工件总体平均温度、工件表层温度、砂轮磨削温度以及磨粒磨削点温度等不同部位的温度来加以研究。表 1-1 是近几十年来参考众多文献的有关磨削温度测量方法的汇总表[62]。

表 1-1　常见的磨削温度测量方法

分类	意义	测量方法
工件总体平均温度	工件总体的平均温升，影响零件的尺寸形状精度	(1)人工热电偶测已磨削表面温度； (2)顶式人工热电偶测工件内部温度； (3)示温涂料测工件侧面温度分布
工件表面温度	工件表面沿切削深度及进给方向的二维温度分布，影响零件表面变质层、裂纹、残余应力等	(1)顶式半人工热电偶测温法； (2)顶式人工热电偶测温法； (3)顶式光导纤维的红外测量法

续表

分类	意义	测量方法
砂轮磨削温度	砂轮与工件接触弧面上的温度，直接关系到零件的表面烧伤、裂纹等	(1) 分块试件夹金属丝的测量法； (2) 两片砂轮夹一金属箔片的测量法； (3) 红外测量法
磨粒磨削点温度	磨粒切削刃与工件接触点上的平均温度，影响磨粒的磨损、破碎以及磨粒与工件材料间的化学反应	(1) 砂轮与工件构成自然热电偶的测量法； (2) 分块试件夹丝的测量法

为了获得相对较为准确的磨削温度，国内外的学者也进行了大量的实验与研究，其中磨削温度测量方法主要有两大类：直接接触测温法和非接触测温法，如图 1-4 所示。

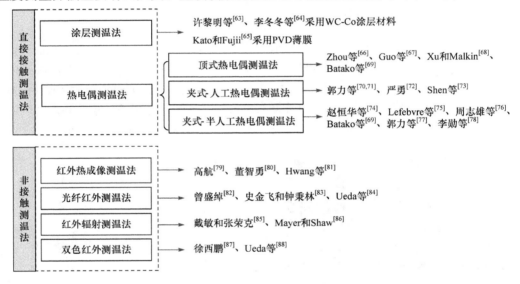

图 1-4　磨削温度测量方法

1. 直接接触测温法——涂层测温法

涂层测温法是在两分开工件之间夹持高温涂层材料，之后通过观察经磨削后涂层材料的变化来确定温度的方法。涂层测温法的优点在于：不受工件材料的限制，适用于任何材料，且不需要在工件上铣槽或钻孔，没有破坏工件的完整性。一次实验得到的是一条等温线，而不是一个点的温度，可以用于测量温度较高的材料[65]。该方法也有明显的缺点：在磨削加工后，测量温度还要进行一系列较为复杂的操作，如在显微镜下观察涂层变化、推断相变等。由于磨削温度梯度大、磨削加工时间短等特点，该方法很难得到准确的磨削温度，并且无法测得磨削过程中温度的变化情况。

2. 直接接触测温法——热电偶测温法

在实际应用中，传统的热电偶测温法是最常用的磨削温度测量方法，是目前能够测量磨削温度的唯一方法。热电偶测温法一般是在工件上铣槽或者钻孔，在槽或者孔中夹入或者埋入热电偶的丝材或箔材，热电偶丝与本体间由绝缘材料相隔，采用环氧树脂黏结。利用磨削时产生的磨削热的作用形成热电偶结点，由于热电效应，热电偶会输出热电势，然后由放大、采集等系统进行处理即可得到温度信号[89]。

热电偶测温法是利用热电偶将磨削温度信号转换成电动势信号,然后将电动势信号放大,再经过数模转换后输入计算机中,最后通过专用软件分析得到测量的磨削温度的方法。而在高速高效磨削加工时由于工件速度很高,热源对热电偶的作用时间很短,热电偶由于本身的热惯性不可能达到热平衡时的温度,这时必须对热电偶进行动态标定[90]。

热电偶测温法可以分为两大类:顶式热电偶测温法、夹式热电偶测温法。其中夹式热电偶测温法又可分为人工式和半人工式[90]。

顶式热电偶测温法的基本原理如图 1-5 所示。此方法是在工件上钻出一个或几个台阶孔(为了一个试件作几次测温用),将制作好的热电偶放于台阶孔中,并固定好。磨削过程中,孔与顶面的距离是改变的,因而每次磨削所输出的热电势反映磨削表面下不同深度处的温度。

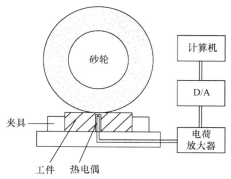

图 1-5 顶式热电偶测温法原理图

夹式热电偶测温法一般是在工件上铣槽或钻通孔,在槽或孔中夹入或者埋入热电偶的箔材或丝材,利用切削过程中塑性变形及较高的磨削温度作用,夹式热电偶测温试件一经磨削,试件本体与热电偶丝在顶部互相搭接或焊在一起形成热电偶结点,输出热电势,然后经过放大、采集等系统处理即可得到温度信号(图 1-6)。

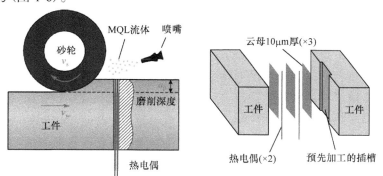

图 1-6 夹式热电偶测温法原理图[60]

顶式热电偶测温法和夹式热电偶测温法有共同的结构缺陷,即它们都破坏了工件的整体性,造成传热实况有异于实体件的传热情况,影响测得温度的真实性[91]。此外,顶式热电偶测温法中,由于热电偶被埋置在接触表面的下方,测量的是经过工件材料和绝缘层传递后的温度,绝缘层的热特性常被忽略,因此将产生一定的误差。此外,在接近磨削表面的地方,温度的梯度较大,并且是非线性的,磨削温度只能通过对测量结果的外推得到,这会影响测量的精度[61]。夹式热电偶测温法所形成的热电偶结点总是有一定厚度,即绝缘层的破坏总是有一定深度,所以它反映的不是真正的表面温度。热电偶测温法还对加工工件材料有要求,比如一些不易打孔的脆性材料便不适用此方法。

3. 非接触测温法

温度由热流组成,温度表示这些粒子骚动的程度,骚动越大,产生的电磁场的波动也越大，也就是说温度越高，由辐射发出的能量也越大，这就是非接触测温的主要依据。目前，应用比较广泛的非接触测温技术主要有四种：红外热成像测温法、红外辐射测温法、光纤红外测温法和双色红外测温法。

　　非接触测温技术的基本原理如图 1-7 所示。发热的目标物产生红外辐射，通过光学系统捕捉其范围内的红外辐射能量，范围由测温仪的光学零件以及位置决定[92]。聚焦在光电探测器上的红外能量转化为对应的电信号，信号经过放大器和信号处理，电路根据仪器内部的算法和目标发射率校正后转变为被测目标的温度值，最后由专门处理软件显示输出。

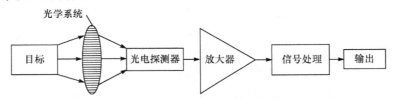

图 1-7　非接触测温技术原理图

1.1.8　研究意义

　　纳米流体微量润滑磨削技术为航空航天、轨道交通等领域的高表面质量绿色磨削提供了新思路，已成为制造强国战略下的最重要制造工艺方案之一。然而，有纳米粒子参与强化换热和减摩抗磨的微量润滑新工艺在磨削区的热力学作用规律有以下科学本源问题尚未揭示：在高压和高速气、液、固三相射流条件下，纳米粒子的导热系数与纳米流体换热能力的内在关系；在携带流体和布朗力的作用下粒子间的碰撞与扰动传热机制，在极短作用时间内射流与高磨削温度对流强化换热机理；纳米流体微量润滑工艺参数、速度效应、尺寸效应等因素影响下磨削区力/热边界变化规律及材料去除机制；砂轮与工件约束界面动态温度场预测模型、磨削力预测模型；砂轮与工件楔形约束界面动态宏观毛细管(微织构网络)、动态微观毛细管形成机理及微液滴输运动力学模型。

　　解决以上热力学作用规律科学难题，对推广新型材料、难加工材料的工艺方案参数化主动设计、优化及高表面质量磨削具有重要科学意义与应用价值。

1.2　磨削热力学作用规律研究现状

　　目前，针对不同的工件材料，研究者已经进行了大量的纳米流体微量润滑磨削单因素实验研究，以探究磨削力/热降低方法和工艺优化方案。首先进行了不同工况的验证性实验以探究工艺可行性，而后分别进行了纳米流体基液、纳米粒子、纳米流体、射流等参数的优化研究以探寻工艺优化方案，进一步探索了超声波辅助、静电辅助、低温耦合等纳米流体微量润滑磨削性能增效方法。国内外学者均做出了大量贡献，而且研究成果数量逐步攀升，引起广泛关注。

1.2.1　国内研究现状

　　前期国内学者进行了微量润滑技术在切削加工中的应用探索，为纳米流体微量润滑磨削研究提供了借鉴。

南京航空航天大学汤羽昌、何宁、李亮教授团队[93,94]建立了基于雾化机理的微量润滑雾化模型，针对商用微量润滑喷嘴结构建立仿真模型，采用 Fluent 软件对微量润滑油的雾化过程进行数值模拟，研究供气压力对雾化效果的影响，并进行实验验证。结果表明，油雾颗粒粒径随着供气压力的提高而减小，所建立的雾化模型与实验测试数据拟合性较好。赵威等[94]进行了较为系统的研究。基于重量分析法，对微量润滑条件下的切削现场油雾浓度进行了测量与分析，研究了润滑剂用量、供气压力、喷射靶距、射流温度以及润滑油特性等微量润滑系统参数对切削现场油雾浓度 PM_{10}、$PM_{2.5}$ 的影响规律。其结果表明，润滑剂用量是影响切削现场油雾浓度的最重要因素，油雾浓度将随着润滑剂用量的增加而显著增大；随着供气压力的增大与喷射靶距的降低，油雾浓度均增大；射流温度通过影响润滑剂黏度而影响其雾化效果，低温将使润滑剂黏度降低，导致油雾浓度相对降低；润滑剂的黏度和倾点等物理特性也直接影响其雾化效果，较高黏度的润滑剂雾化效果较差，因此降低了油雾浓度，在低温微量润滑条件下，较高倾点的润滑剂雾化效果较差，其油雾浓度也相对较低。

北京航空航天大学袁松梅教授团队[95]进行了用硬质合金刀具铣削高强钢实验研究，通过对实验数据的比较和分析发现，低温微量润滑切削可以抑制刀刃处黏结物产生，延长刀具使用寿命；在相同切削参数条件下，采用低温微量润滑技术可以降低切削力，从而降低机床主轴功耗，减少切削热的产生；与干切削相比，使用低温微量润滑切削可以得到较好的表面质量。袁松梅教授等[41]进一步进行了低温微量润滑技术喷嘴方位正交实验研究，通过正交实验研究了喷嘴方位的 3 个参数(β、α、d)对低温微量润滑切削性能影响的重要程度。

上海交通大学 Chen 教授团队[96]开展了微量润滑车削钛合金实验研究，探索了刀具磨损速率、磨损规律和磨损机理。结果表明：与干式切削相比，微量润滑具有更显著的冷却和润滑作用[97]，显著延长了刀具寿命。

湖南大学 Huang 等[98,99]采用微量润滑技术对 40Cr 钢进行磨削强化实验，研究了润滑冷却工艺，如磨削液供给方式、微量润滑喷射流量、空气压力等对磨削强化层深度、表面显微硬度和表面粗糙度等的影响。研究表明，增加微量润滑喷射流量和空气压力均有利于提高强化层表面硬度和降低表面粗糙度。

青岛理工大学李长河教授团队对纳米流体微量润滑磨削力/热作用规律进行了深入系统的研究。

1. 不同工况验证性研究

针对磨削力作用规律，Zhang 等[100]开展了球墨铸铁纳米流体微量润滑磨削性能的实验研究，采用 K-P36 数控平面磨床，选取干磨削、浇注式磨削、微量润滑磨削和纳米流体微量润滑磨削四种工况条件，分别从磨削力、G(磨削去除单位体积材料时砂轮磨损的体积，表征砂轮寿命参数之一)比率、磨削温度和表面粗糙度对磨削性能进行评价，结果表明：纳米流体微量润滑磨削改善了换热能力，与干磨削相比磨削温度降低了 150℃，干磨削得到的工件表面粗糙度 Ra 值为 1.2μm，纳米流体微量润滑磨削 Ra 值为 0.58μm，工件表面质量显著提高；在纳米粒子的润滑作用下，比干磨削和传统的微量润滑磨削的磨削力分别降低 15%和 7%；纳米流体微量润滑磨削 G 比率在四种工况中最高，值为 33，干磨削仅为 12，砂轮的磨损明显减小，延长了砂轮的使用寿命。

针对磨削热作用规律，张强等[101]开展了纳米流体微量润滑磨削冷却性能的实验研究，对比了浇注式磨削、干磨削、微量润滑磨削和纳米流体微量润滑磨削的工件表面温度。结果表明纳米流体微量润滑具有较好的冷却效果，为微量润滑在磨削加工中的应用开辟了一条新途径。Zhang 等[102]研究了浇注式磨削、干磨削、微量润滑和纳米流体微量润滑的冷却润滑性能，通过分析磨削过程和热传递机理，建立了相应的热源分布模型和传热模型，对磨削温度场进行了有限元仿真，研究了不同冷却润滑条件对磨削温度场的影响规律，并对不同冷却润滑条件进行了平面磨削实验研究。研究结果验证了纳米流体优异的冷却性能。Yang 等[19]建立了微磨削模型、热流密度模型、对流换热系数模型和工件内部热传导模型，进行了纳米流体微量润滑磨削生物骨材料的实验和理论研究，为机械与生物医学工程交叉应用提供了借鉴。结果表明，与干磨削的磨削温度(41.6℃)相比，浇注式磨削、微量润滑和纳米流体微量润滑条件下的磨削温度分别降低了 10.1%、29.3%和 37%。

2. 不同纳米流体基液优化研究

Zhang 等[60]以植物油作为基础油评价了 MoS_2 纳米流体微量润滑磨削的冷却润滑性能，实验中以液态石蜡作为对比研究了大豆油、棕榈油和菜籽油作为微量润滑基础油磨削力、比磨削能、磨削热等磨削性能。结果表明，植物油基微量润滑工况取得了较矿物油基微量润滑工况更低的微观摩擦系数，植物油纳米流体较纯植物油作为微量润滑磨削液具有更好的润滑性能。对于磨削力、微观摩擦系数的大小关系是：棕榈油<菜籽油<大豆油，植物油脂肪酸种类、饱和度、黏度、表面张力等特性对冷却润滑性能影响显著。

进一步，Wang 等[103]探索了多种植物油的磨削力学作用规律，七种植物油的磨削力学参数排序为：玉米油<菜籽油<大豆油<葵花油<花生油<棕榈油<蓖麻油，蓖麻油、棕榈油微量润滑工况下取得了较低摩擦系数(0.30、0.33)和比磨削能(73.47 J/mm^3、78.85 J/mm^3)。蓖麻油展现超强润滑性能是由于其高黏度(常温下 530.89cP，1cP=10^{-3}Pa·s)和脂肪酸分子含有大量极性基团—OH。然而，Li 等[104]研究中发现，蓖麻油由于黏度过高导致冷却性能受到限制。

借鉴前面研究结果，Guo 等[105]尝试采用六种植物油与蓖麻油混合，降低黏度以增强冷却性能的同时保留蓖麻油的脂肪酸分子极性基团—OH。实验研究表明：混合植物油黏度均小于蓖麻油，混合植物油单位磨削力均小于蓖麻油(F'_t 为 0.91N/mm、F'_n 为 2.454N/mm)，其中大豆油/蓖麻油最显著，F'_t 为 0.664N/mm、F'_n 为 1.886N/mm，分别降低 27.03%、23.15%。进一步对蓖麻油/大豆油混合体积比进行优化研究，当体积比为 1:2 时力学参数最优[106]。

3. 不同纳米粒子种类应用探索研究

Wang 等[107]采用六种类型的纳米粒子(MoS_2、SiO_2、金刚石(ND)、碳纳米管(CNTs)、Al_2O_3 和 ZrO_2)配制纳米流体，并进行了纳米流体微量润滑磨削高温镍基合金实验，结果表明六种纳米流体的润滑性能排序为：ZrO_2 < CNTs < ND < MoS_2 < SiO_2 < Al_2O_3，层状、球形的 Al_2O_3、MoS_2 和 SiO_2 纳米粒子具有更好的润滑性能。Al_2O_3 纳米流体条件下得到了最低的滑动摩擦系数(0.348)、比滑动磨削能(82.13 J/mm^3)、表面粗糙度 Ra(0.302μm)和最高的 G 比率(35.94)，以及最好的表面质量。

然而，Li 等[108]也针对以上六种纳米粒子的冷却性能进行了研究，得到了不同的规律：其中 CNTs 纳米流体形成边界层的平均对流换热系数最高为 1.3×10^4 W/(m·K)，CNTs 纳米流体具有较大的接触角和较小的表面张力，因而具有良好的换热能力。

Yang 等[20]采用不同粒径的 Al_2O_3 纳米粒子研究了微磨削过程中的动态热流密度。结果表明，微量润滑条件下的微磨削温度为 33.6℃，采用纳米流体(纳米粒子粒径分别为 30nm、50nm、

70nm 和 90nm) 的温度分别降低 21.4%、17.6%、16.1% 和 8.3%。

针对难加工材料磨削烧伤难题，单种纳米粒子存在无法同时满足冷却润滑性能的技术瓶颈，Zhang 等[109]提出了 MoS_2 与 CNTs 混合纳米流体微量润滑工艺，揭示了混合纳米粒子物理协同作用下的磨削区减摩抗磨、强化换热增效机制，实现了润滑与冷却性能同时提高。与纯纳米粒子相比较，MoS_2 与 CNTs 的混合纳米粒子得到了更低的摩擦系数 μ 及表面粗糙度 Ra 和 Rsm，对应更好的润滑性能；当混合纳米粒子中 MoS_2 和 CNTs 的配比为优选的 2:1 时，得到最小的摩擦系数 $\mu_{mix(2:1)}=0.25$ 和最小的粗糙度 $Ra_{mix(2:1)}=0.294\mu m$，Zhang 等[110]进一步探索了 Al_2O_3 与 SiC 混合纳米粒子润滑性能，mix(2:1) 的配比方式达到了混合纳米粒子最好的润滑性能摩擦系数 $\mu=0.28$、比磨削能 $U=60.68J/mm^3$ 和表面粗糙度 $Ra=0.323\mu m$，较纯纳米粒子中润滑性能好的 Al_2O_3 纳米粒子分别降低了 6.7%、20.1% 和 29.3%。

4. 不同纳米流体浓度磨削性能探索研究

纳米流体浓度是影响纳米流体物理特性的主要因素，从而对冷却润滑性能影响显著，Zhang 等[111]采用 MoS_2、CNTs 和两者组成的混合纳米粒子配制的不同浓度纳米流体进行纳米流体微量润滑磨削实验。纳米流体的配制采用质量分数作为单位，纳米粒子在纳米流体中的质量分数分别为 2%、4%、6%、8%、10%、12%。结果表明，随纳米流体质量分数的增加，三种纳米流体微量润滑磨削工况下的摩擦系数都呈现先降低后升高的变化趋势。由于三种纳米粒子的物理性质不同，最低摩擦系数和达到最低摩擦系数的纳米流体浓度也不同，分别为 $\mu_{CNTs(6\%)}=0.293$、$\mu_{MoS_2(8\%)}=0.281$ 和 $\mu_{mix(8\%)}=0.274$。产生这种变化趋势的主要原因是纳米流体受团聚现象的影响，当纳米流体浓度大于最佳浓度时，纳米粒子发生团聚现象，破坏了纳米流体的优异润滑性能。

Wang 等[112]探索了 Al_2O_3 纳米流体不同浓度对力学参数的影响机制，结果表明，随着纳米流体浓度增加，G 比率和比磨削能呈现先降低后上升的趋势，在体积分数为 1.5% 时达到最小值，对比纯油 MQL，G 比率减小 24.3%，比磨削能减小 34.1%。而砂轮磨损量在体积分数 2.5% 时为最优值，G 比率提高了 34.2%。纳米粒子体积分数超过 2.0% 后，纳米粒子出现团聚现象，随后纳米流体的黏度呈现上下波动趋势。同时，液滴的接触角在体积分数为 2.0% 时具有最小值 $\theta=45.5°$，对应最大的润湿面积和最优的润滑性能。

Li 等[34]进行了不同浓度的纳米流体微量润滑磨削镍基合金实验研究，对磨削力、磨削温度和传入工件的能量比例系数进行比较，从纳米流体物理特性方面对微量润滑磨削的实验结果进行分析讨论。结果表明：体积分数为 2% 的纳米流体得到了最低的磨削温度(108.9℃)和最低的能量比例系数(42.7%)。纳米流体浓度对黏度、表面张力、导热系数影响显著，从而影响了冷却性能。

5. 纳米流体微量润滑射流参数对润滑性能的影响

韩小燕等[113]对微量润滑高速磨削射流参数进行了实验研究，结果表明，喷嘴的位置对微量润滑高速磨削加工结果的影响最为显著。Jia 等[114]进行了微量润滑磨削悬浮微粒分布特性的研究，研究了射流参数(喷嘴出口直径、供液气体压力、磨削液流量及气液流量比)与雾滴微粒粒径的关系；分析了雾滴粒径的分布规律，建立了雾滴微粒数量和体积分布函数的数学模型；进一步研究不同射流参数对磨削高温镍基合金润滑效果的影响，通过采用不同的供液气体压力、气液流量比及磨削液流量进行三组平面磨削实验，对比实验后的单位切向磨削力、摩擦系数、比磨削能及表面粗糙度值，结果表明：供液气体压力为 0.5MPa，气液流量比为 0.4，磨削液流量为 0.005kg/s 时润滑效果最为理想。

6. 低温冷风耦合纳米流体微量润滑磨削创新探索

Liu 等[36]设计并搭建了低温气体雾化纳米流体微量润滑实验平台，研究了低温气体雾化纳米流体微量润滑方式的强化换热机理，建立了磨削热产热模型、传热模型和能量分配模型，通过对磨削温度、比磨削能进行信噪比分析、灰色关联度分析，对磨削实验参数进行了优化，通过实验证实了低温气体雾化纳米流体微量润滑是一种更好的冷却润滑方式。Zhang 等[115]研究了冷风纳米流体微量润滑工况下钛合金磨削加工磨削区的换热性能，探索了冷风纳米流体微量润滑对钛合金磨削加工比磨削能的影响，对不同涡流管冷流比条件下磨削温度场进行有限差分数值仿真和验证性实验。结果表明，冷风纳米流体微量润滑（CNMQL）冷却效果最优，且冷流比为 0.35 时兼具良好的润滑效果和优异的换热能力，并得到了最低的磨削温度。

国内其他团队学者对纳米流体微量润滑磨削力/热作用规律也进行了探索性研究。

长沙理工大学 Mao 等[116-119]进行了纳米流体微量润滑磨削相关的理论分析与实验研究工作，开展了水基 Al_2O_3 纳米流体、干式、浇注式、纯水微量润滑四种冷却润滑方式磨削淬硬钢（AISI 52100）的对比实验研究，结果表明，水基 Al_2O_3 纳米流体与纯水微量润滑相比，磨削温度、磨削力以及表面粗糙度数值明显减小，由于纳米粒子具有高的表面能，能浸润到工件/砂轮/切屑的界面，提供优异的润滑和减摩作用，获得了理想的工件表面质量。此外，Mao 等[16]还开展了射流参数对纳米流体微量润滑磨削性能的影响研究，实验研究了喷射角度、携带气体压力、喷射距离（靶距）对磨削性能的影响，结果表明：当喷嘴位于"气障"返回流之上时得到理想的磨削性能；随着携带气体压力的增加、喷射距离的减小，磨削力、磨削温度、表面粗糙度值减小。

Huang 和 Liu[120]研究了干式、MQL、NMQL 及超声辅助分散 NMQL 的磨削温度，结果表明，添加纳米粒子后，纳米流体具有更好的热物理性能，并能迅速带走磨削过程中产生的热量。然而，如果没有适当的分散机制，纳米粒子则会在基液中发生团聚，并影响纳米流体的传热性能。而超声辅助振动机理可以有效地解决纳米颗粒团聚问题。因此，超声辅助分散 NMQL 的冷却效果优于 NMQL。

杨杰[121]对淬硬轴承钢 GCr15 材料进行了不同润滑工况（干磨削、浇注式磨削、低温冷风 MQL 磨削和低温冷风 NMQL 磨削）和不同磨削参数下的磨削实验，通过比较比磨削能和磨削温度，分析了低温冷风 NMQL 磨削在不同磨削参数下的适应性。结果表明，在低的磨削速度和低的磨削深度下，浇注式磨削的冷却润滑性能最好；而在高的磨削速度和高的磨削深度下，低温冷风 NMQL 磨削的润滑冷却性能最好。

1.2.2 国外研究现状

Sadeghi 等[122]进行了干磨削、浇注式磨削、微量润滑工况下的磨削 AISI 4140 钢实验研究，微量润滑剂分别采用合成油与植物油。相比干磨削，植物油微量润滑磨削检测到的切向磨削力和法向磨削力分别下降 52%和 43%。相比合成油，植物油微量润滑磨削检测到的切向磨削力和法向磨削力分别下降 37%和 50%。Sadeghi 等[18]进一步针对 Ti-6Al-4V 材料进行了相同条件的磨削实验，Shen 等[50]进行了球墨铸铁的磨削实验，取得了相同的结论。Soepangkat 等[123]研究发现，在 SKD11 工具钢 MQL 磨削过程中，虽然磨削力较浇注式磨削下降明显，但工件表面粗糙度值有所上升，主要原因为材料去除方式为剪切断裂。Rabiei 等[124]在研究中对比硬钢和软钢在 MQL 磨削加工中的工件表面质量，发现 S305、CK45 软钢与 100Cr6、HSS 硬钢相比，表面光洁度较差。因此 MQL 应用于磨削加工依然存在技术瓶颈。

Shen 等[125]采用 MoS$_2$ 纳米粒子(粒径<100nm)和大豆油制备纳米流体并应用于球墨铸铁纳米流体微量润滑磨削加工，磨削力相比显著下降，同时取得了最高的 G 比率。Shen 等[126]通过浇注式、干磨削和 Al$_2$O$_3$ 纳米流体和金刚石纳米流体微量润滑磨削研究了砂轮的磨损和纳米流体的摩擦学特性。他们发现纳米流体微量润滑磨削后，砂轮表面形成一层致密而坚硬的灰浆层，可以提高磨削性能。

Kalita 等[127]使用大豆油和石蜡油作为基础油进行纳米流体微量润滑磨削实验，通过分析磨削力、摩擦系数、比磨削能和 G 比率，微量润滑介质中添加纳米粒子的冷却性能优于添加微米粒子的冷却性能，且 MoS$_2$ 纳米粒子具有很好的摩擦学特性。进一步研究表明，使用纳米粒子质量分数为 8% 的纳米流体微量润滑磨削所测的磨削温度为 160℃，低于使用纳米粒子质量分数为 2% 的纳米流体微量润滑磨削的磨削温度。

韩国 Lee 等[128]和 Nam 等[129]进行了纳米流体微磨削工具钢的实验研究，将粒径为 30nm 的金刚石和 Al$_2$O$_3$ 纳米粒子添加在石蜡油的基液中，制备成体积分数分别为 2%～4% 的纳米流体，实验结果显示，纳米流体微量润滑和干磨削、纯基液微量润滑对比，磨削力降低，表面质量明显改善。纳米粒子的种类、粒径、体积分数对磨削性能影响至关重要。

德国 Setti 等[130]在平面磨床上进行了纳米流体微量润滑磨削 Ti-6Al-4V 合金钢的实验研究，采用体积分数为 1% 和 4% 的 Al$_2$O$_3$ 纳米流体，供液压力和流量分别为 1.5 bar 和 18 mL/h。结果表明，纳米流体微量润滑与浇注式磨削和纯水微量润滑相比，磨削力明显降低，表面质量明显改善。

巴西 Francelin 等[131]进行了 30mL/h 和 120mL/h 两种流量条件下的 CBN 磨削 AISI 4340 材料的微量润滑实验研究。结果表明，微量润滑技术能够实现高工件质量加工，可以应用于工业生产中。

马来西亚 Dambatta 等[132]进行了 Si$_3$N$_4$ 陶瓷材料的纳米流体微量润滑磨削实验，实验中采用田口实验方法。其中工件进给速度、砂轮转速、磨削深度、基础油类型等参数为变量，测量磨削力、工件表面粗糙度、表面损伤和砂轮磨损，得到了最优化的加工参数。

印度 Balan 等[133]进行了微量润滑喷射计算流体力学(computational fluid dynamics，CFD)仿真研究，在不同输入条件下得到了射流速度和液滴直径，从而找到基础油的气压和质量流量的最优值，最终在 superalloy(Inconel 751)的微量润滑磨削中获得理想的结果(较低的磨削力和表面粗糙度)。

伊朗 Chakule 等[134]采用响应面法(response surface methodology，RSM)进行了微量润滑磨削实验，讨论了不同加工环境下的磨削性能参数，如摩擦系数、磨削力、磨削温度和比磨削能等。MQL 磨削得到了最低的表面粗糙度和摩擦系数，分别为 0.1236μm 和 0.3906。而 MQL 磨削温度为 29.07℃，高于浇注式磨削。

1.3 纳米流体微量润滑磨削力理论建模研究现状

磨削力建模一直是磨削理论的研究热点问题，目前研究者的理论研究思路基本形成共识，将研究重点划分为三部分：单颗磨粒运动学与材料去除机制、单颗磨粒力学模型、普通砂轮几何学与运动学建模。其中每部分研究都存在困扰模型精度的科学难题亟待解决。目前磨削力建模研究均针对干磨削工况，对于润滑工况特别是纳米流体微量润滑亟待突破。图 1-8 展示了磨削力建模研究思路及科学难题。

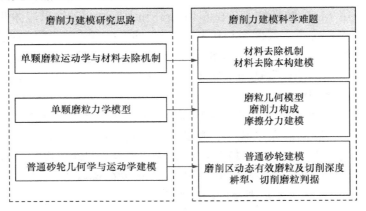

图 1-8　磨削力建模研究思路及科学难题

1.3.1　单颗磨粒运动学与材料去除机制

1. 材料去除机制

磨削由于具有磨粒的负前角切削和磨粒的随机分布等特性，其磨削力远大于切削加工。对磨削的研究中，Badger 和 Torrance[135]提出了两种磨削力模型：一种基于 Challen 和 Oxley 的二维平面应变滑线场理论；另外一种基于 Williams 和 Xie 的三维棱锥形微突体磨损模型。两种模型都把磨粒和工件的接触模拟成一种刚塑性接触，其力学行为取决于磨粒顶角和微突体与材料之间的摩擦系数，经过磨削力实验验证，发现第二种模型的精度较高[136-139]。Xiu 等[140]考虑磨削接触区冲击效应对整个平面磨削加工过程的影响，将接触区划分为冲击区和切削区两部分，通过分析磨粒在冲击区内对工件产生的冲击载荷的变化情况，建立了单颗磨粒的冲击载荷模型及参与冲击的磨粒数目模型。通过以上研究可知，在磨削力建模过程中将磨粒和工件接触假设为刚塑性接触已经成为共识。

2. 材料去除本构建模

对材料去除本构建模是保证模型精度的关键。特别对于高速或超高速磨削加工，由于热软化效应和应变率强化效应的耦合作用，材料的断裂极限和屈服极限会发生变化。针对磨削过程的热量高产出特性，Johnson-Cook 热黏塑性本构模型最为适用。Behera 等[141]建立了微量润滑工况下的微量润滑车削力预测模型，并采用了 Johnson-Cook 热黏塑性本构模型。对于特定材料，模型中的系数可通过分离式霍普金森压力杆(SHPB)实验法获得。然而，分离式霍普金森压力杆能够实现的应变率有限，无法实现高速和超高速磨削 10^9 数量级材料去除应变率的本构模型参数获取，这使高速和超高速磨削力建模成为瓶颈问题，也是将来 NMQL 磨削力建模的研究重点。

1.3.2　单颗磨粒力学模型

1. 磨粒几何模型

磨粒作为砂轮参与切削的主要部分对加工工件表面质量产生了非常大的影响。Lee 等[128]

把当前磨粒的形状主要归纳为四类：圆锥形、球形、圆台形和四棱锥形，Li 等[142]通过对不同形状的磨粒统计分析，将磨粒化简为六面体、四棱锥、椭球形、圆柱形和棱柱形。在磨削力建模过程中，学者一般采用圆锥体磨粒模型作为研究对象。

2. 磨削力构成

磨削原理[1]根据磨粒与工件的接触状态不同划分为几部分：在磨削加工过程中、砂轮与工件间产生的弹/塑性变形阶段、磨屑形成阶段以及滑擦阶段均会产生磨削力。在以往的研究中由于侧重点不同，研究者建立的模型中磨削力的组成并不相同。Malkin[143]依据砂轮平面磨损面积与磨削力的关系及其他相关原理，认为材料的切屑变形力及切削中的滑擦力共同组成了磨削力；Li 等[144]在 Malkin 的基础上把磨削力分为切屑变形力和摩擦力；不足的是，以上研究中都将摩擦力视为砂轮磨损平面与工件的摩擦。Durgumahanti 等[145]将摩擦力分为磨粒刃口圆弧的挤压力、磨粒磨损平面和工件的摩擦力、砂轮结合剂与工件的摩擦力，然而该摩擦力模型欠缺对磨粒实际分布的考量。实际上，磨粒在切削和耕犁过程中与工件、磨屑存在摩擦、挤压作用，摩擦力还应包括这几部分。

3. 摩擦分力建模

切削分力、耕犁分力建模依据材料去除机制，通常根据材料的屈服极限、断裂极限建立。然而，纳米流体微量润滑磨削力建模的关键之一即摩擦分力建模。研究中发现，摩擦分力占总磨削力的 85%以上，因此摩擦力的建模准确与否对磨削力模型的预测精度十分关键。而在摩擦力计算公式中，摩擦系数 μ 与润滑工况有关。在以往的研究中，学者采用反求法获得摩擦系数经验值，从而建立半经验的磨削力预测模型。由于这种方法没有从根本上考虑磨粒与工件界面的摩擦学特性，磨削力模型的应用范围有限，通常只限用于干磨削工况。Behera 等[141]建立了微量润滑车削模型，为了获得摩擦系数在车床上进行了滑擦实验。实验中采用带有一定弧度的 WC-6Co 笔作为刀具，在工件表面滑擦并测量摩擦系数。实验中改变滑擦速度、MQL 流量、MQL 射流压力，得到多组摩擦系数值。进一步得到了摩擦系数拟合经验公式。代入车削力模型后，切削力和轴向力的平均偏差分别为 6.53% 和 8.3%。

Zhang 等[57]率先提出了磨粒与工件界面的摩擦学理论计算公式。在纳米流体微量润滑工况下，由于工件表面呈现不规律的连续波峰波谷形态，磨粒与工件表面接触时磨粒与工件界面存在直接接触状态(point A)、边界油膜润滑状态(point B)和犁沟效应状态(point S)。由于三阶段磨削力具有相同的润滑机理，将三阶段摩擦力建立为同一个摩擦力模型。磨粒与工件直接接触界面摩擦力来自金属塑性流动压力，摩擦力取决于工件表面剪切强度和金属塑性流动压力；磨粒与工件边界润滑界面摩擦力来自润滑油膜流动压力，摩擦力取决于润滑油膜剪切强度和润滑油膜中压力。尽管如此，摩擦力的分布是随机动态的，材料变形力也受速度、温度影响，因此模型目前没有得到验证，需要进一步理论与实验研究。

1.3.3　普通砂轮几何学与运动学建模

普通砂轮磨削力是切削区参与材料干涉单颗磨粒干涉力的矢量和，在建立了单颗磨粒干涉力计算公式后，利用普通砂轮模型、动态有效磨粒分布及其切削深度模型，便可实现磨削力预测。对于普通砂轮，磨粒在砂轮表面的位置分布为随机分布，一般为正态分布。Wang 等[146]通过磨粒粒径正态分布和位置振动方法建立了普通砂轮磨粒分布模型。设普通砂轮表面磨粒的中心坐标与半径分别为(x_g, y_g, z_g)和R_g，则普通砂轮磨粒分布模型可以采用$N \times 4$的矩阵表示。

　　有效磨粒的切削深度决定了磨粒的切削状态，因此有效磨粒的切削深度的建模是另一个核心问题[147,148]。在以往的研究中研究者通过建立概率模型的方法描述磨粒的突出高度。对于磨粒随机分布的砂轮，这种方法用于磨粒排布具有较高的还原性，很好地解决了普通砂轮的建模问题。Hecker 等[149]、Lang 等[150]建立了磨削力模型，并假定磨粒的切屑厚度呈瑞利概率密度分布，基于工件材料属性、动力学条件、加工动态效应及砂轮微观结构的影响确定了该函数的唯一参数。不足的是，该模型假设所有与工件接触的磨粒均发生了切削作用，没有将切削、耕犁、滑擦磨粒进行区分。张建华等[151]建立了基于正态分布的磨粒粒度概率模型，求解了固定时刻切削、耕犁、滑擦磨粒的概率，对磨削三过程的磨粒进行了区分。然而以上模型依然存在不足：一方面，磨粒在砂轮基体中的突出高度和位置是随机的，而研究者只考虑了突出高度这一个因素；另一方面，通过概率模型虽然得出了不同磨粒状态的概率，但每个状态的磨粒都采用平均切削深度计算切削力，与实际磨削工况存在较大偏差。另外，在概率模型中区分切削磨粒和耕犁磨粒的方法是使用磨削理论[1]中提出的经验判断方法：当磨粒与工件材料切入重合度达磨粒半径的 5%时即发生切削。显然不同工件材料的临界值是不同的，这种方法存在一定缺陷。

1.4　纳米流体微量润滑磨削热理论建模研究现状

1.4.1　磨削温度场的定义

　　从普遍性温度场问题出发，空间内某一点的热量 Q 瞬间发生，则在传递来的热量作用下，该点附近的其他点的温度随之变化，同时随着时间与空间的变化而不同。温度场的定义为在一定时刻下，空间内各个点的温度分布总称[152]。通常，温度场是空间与时间的函数：

$$T = f(x, y, z, t) \tag{1-1}$$

　　式(1-1)表示在 x、y、z 方向和时间处物体的温度均发生改变的三维非稳态温度场。

　　很多年前，我国学者就开始对磨削温度进行理论研究。在 20 世纪 60 年代，上海交通大学贝季瑶[153]、哈尔滨工业大学 Hou 和 Komanduri[154]就磨削温度开展了相关研究。同时，东北大学蔡光起和郑焕文[155]以及高航和宋振武[156]分别建立了钢坯修磨及断续磨削的热源分布模型，金滩[89]则系统研究了高效深磨的热传导机理，采用三角形及均布热源分布模型，建立了倾斜移动热源下的温度场模型，利用三维和二维有限元对工件磨削温度进行了分析。湖南大学郭力和 Rowe[157]、郭力和李波[158]在对高效深磨的研究中，建立了圆弧热源分布模型，将磨削区热源分布看作无数移动线热源在砂轮与工件接触圆弧上的共同作用，是目前热源分布模型中最逼近实际砂轮磨削的一种。

1.4.2　磨削温度场的求解方法

　　目前，对磨削温度场的求解主要有基于移动热源理论的解析法(拉普拉斯变换法、积分变换法、分离变量法)和以离散数学为基础的数值法(有限差分法、有限元法)等[159,160]。解析法是在温度场数学分析模型的基础上，得到以函数形式表达的解。在温度场计算过程中，逻辑推理与物理概念清晰，最终得到的解可以清楚地表示磨削区各因素对温度分布和热传导过程的影响规律。而磨削区工况稍有变化，该方法就较难或无法求解，只能在原有问题上进行简化。基于这些原因，研究者在使用解析法时需要进行大量假设，如导热体表面传热状态简化、对零部件形状的简化和对热源在工件表面的分布状态进行简化等，而求解的准确性会因为这些简化受到影响。数值法是在离散数学的基础上，将计算机作为工具，虽没有解析法所具有的严密的理论基础，但极适用于实际磨削温度场的求解问题[161]。

1. 解析法求解磨削温度场

解析法基于传热学与能量守恒定律，以及实际磨削加工中的各种边界条件求解温升函数，从而得到工件表面及内部每个节点的温度值。解析法的优势是不仅能得到温度分布相关的函数关系，还能分析与温度场相关的不同影响因素及其对温度场分布的影响规律。目前，在 1942年 Jaeger[162]提出的移动热源理论上，广大研究者建立了磨削热理论模型。主要思路是使用热源温度场叠加法。将磨削界面看作由无数条线热源组成的面热源，而将线热源当作由无数条微小单元线热源的组合，每一个微小单元线热源都简化为点热源的共同作用。因此，热源温度场叠加法的基础是在无限大的物体中的瞬时点热源瞬间散发出部分热量后的任意时刻该温度场的解。

当工作台移动时，工件以同样的速度移动，经过砂轮时，在工件与砂轮间的相互作用下形成一条带状热源，而这一条带状热源与工件移动速度相同，从工件表面经过，造成工作表面的温升，该作用称为磨削过程的热作用。因此，在对工件表面温升的计算时，将磨削接触界面视为面热源，再把面热源视为无数带状热源的组合，这部分带状热源沿着 x 轴的移动速度为工件移动速度 v_w，选取其中任一条带状热源，宽度为 dx_i，通过计算该带状热源产生的温升并积分，便可以推导出在整个面热源作用下 M 点的温升值。

大量研究者采用解析法对磨削温度场进行了精确计算。此类热源温度场叠加法比较成功地推出了磨削界面温度场在普通连续磨削下的理论解。

2. 有限差分法求解磨削温度场

对于磨削温度场的求解，即便是求解简单的导热问题，应用解析法也是相当复杂的。而磨削加工本身相比其他加工方式复杂程度高，磨削温度场输入参数繁杂、磨粒分布的不规律性、磨粒所处磨削状态(耕犁、滑擦、切削)的不确定性、冷却介质参与磨削区对流换热、砂轮周围气流场对温度产生影响，磨削过程中存在大量非线性耦合关系，任一条件发生变化，都会影响后续各表达式的推导，使得解析法求解温度场更加繁难。在这种情况下，建立在数值法基础上的有限元法是求解导热问题的十分有效的方法。只需确定边界条件及初始条件，就能方便快捷地计算磨削温度场，这是目前研究者广泛使用的方法。然而，有限元法对磨削温度场及边界条件做了大量假设，只能使用特定软件的内置特定模块，计算得到的磨削温度与实际温度的误差较大。而基于数值法的有限差分法则是介于解析法和有限元法之间的另一种计算磨削温度场的有效方法，按照实际磨削工况通过对温度场的边界条件(热流密度、热分配系数、对流换热系数等)进行理论建模，最终精确计算温度场。

利用有限差分法计算温度场，是指将物体划分为有限个网格单元，通过转换微分方程得到差分方程，数值计算后解得每个网格微单元节点处的温度。该方法的基本原理是将微商用有限差商代替，进而将原来的微分方程化为差分方程[163,164]。

1.4.3　热源分布模型

在机械加工领域，已有大量研究者对普通砂轮磨削的热源分布模型进行了探索，得到了比较成熟的理论。如图 1-9 所示，普通砂轮磨削加工中，单颗磨粒对工件材料发生干涉，使材料发生塑性变形或对材料产生切削作用而产生热量，因此，参与磨削过程的各个磨粒都可看作一个点热源。与工件材料发生干涉的单颗磨粒在砂轮表面离散分布，因此在磨削加工时砂轮与工件接触区这些点热源共同作用使得工件表面产生温升。但是，工件表面上的热传导从某种程度上会起到均布这部分离散点热源的作用，因此在对工件表面的温度场进行分析时，磨削区热源往往采用连续分布的带状热源去代替离散点热源，以达到简化模型的目的。

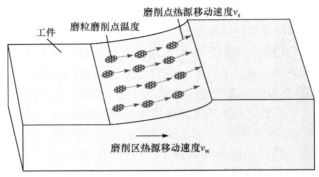

图 1-9　磨削区表面温度及磨粒磨削点温度示意图[165]

迄今为止，学者建立的热源分布模型主要包括基于缓进给磨削和高效深切磨削的大切削深度热源分布模型（抛物线形热源分布模型），基于普通往复磨削的小切削深度热源分布模型，及其他断续、连续磨削热源分布模型等。在小切削深度连续磨削温度场分析中，又分为三角形和矩形（均布）热源分布模型。

1. 矩形热源分布模型

在进行磨削温度场的理论计算时，Jaeger[162]将移动热源看作矩形热源，如图 1-10（a）所示。设置一条带状热源，宽度为 $2l$（$2l=l_c$），以速度 v_w 在半无限体上沿 x 方向移动。

2. 三角形热源分布模型

通过引用 Jaeger 的结论，Takazawa[166]、Kawamura 和 Iwao[167]、贝季瑶[153]按均布和三角形热源分布模型（图 1-10（b））得到磨削接触弧区温度场的理论计算式。磨削加工时，砂轮在与工件的接触弧区高端的磨屑厚度最大，而在接触弧区低端的磨屑厚度降低到零，因此加工

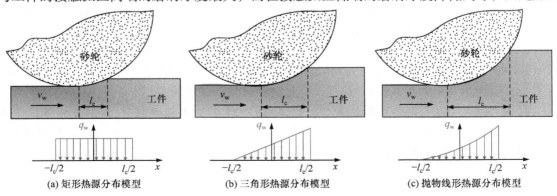

(a) 矩形热源分布模型　　　(b) 三角形热源分布模型　　　(c) 抛物线形热源分布模型

图 1-10　热源分布模型示意图

区的热源强度无法均匀分布。故而分析平面磨削热时，常选用在接触弧区上呈三角形分布的热源分布模型。

3. 抛物线形热源分布模型

传入工件内的热流密度和磨削区未变形切屑厚度相关,而后者不是呈三角形或均布状态,所以传入工件内的热流密度随着切屑厚度从零增大到最大厚度的变化而变化。假设传入工件的热流密度的分布是沿着热源面并呈抛物线形[165]，如图 1-10(c) 所示。

1.4.4 磨削区热分配系数模型

建立磨削温度场模型时存在一个重要的问题。需要明确在加工时磨削热量传入试样中的比例，即需要确定热分配系数 R_w。以下为报道过的五种热分配系数的理论模型，分别进行介绍。

1. 磨粒点额热分配系数模型

Outwater 和 Shaw[168]指出，磨削加工时的磨削热共有三部分：①磨粒磨损平面和工件的作用面，如图 1-11 中的 AB 面；②磨屑的剪切面，如图 1-11 中的 BC 面；③磨粒和磨屑的作用面，如图 1-11 中的 BD 面。经由这三个面，将磨粒使材料发生塑性变形(耕犁及对材料的切削)生成的热量传递到磨粒和工件。

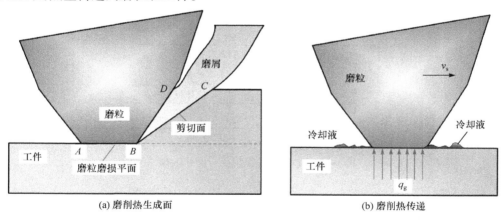

(a) 磨削热生成面　　　　　　　　(b) 磨削热传递

图 1-11　磨削热生成及传递示意图[168]

在 Outwater 和 Shaw 的基础上，Hahn[169]改进了热分配系数模型，忽略剪切面上的切削力，假设工件表面光滑，磨粒在光滑工件表面上滑动，即磨粒滑动假设模型。在该模型中，假设磨削热产生于磨削界面，即磨粒磨损平面。一部分磨削热流入工件，另外一部分磨削热流入磨粒。基于此，Hahn 将沿着工件表面移动、速度为 v_s 的磨粒简化成圆锥形。因为磨粒的导热系数大于磨削液的导热系数，故 Hahn 假定磨削液没有带走传入磨粒的热量，该部分热量全部传入磨粒，并且沿着半径方向的温度相等。

2. 砂轮热分配系数模型

Ramanath 和 Shaw[170]建立了平面干磨削时的热分配系数模型。在该模型中，在磨削深度比较小的情况下，磨屑带走极少的热量，因此将磨削时的热源分布模型假设成一个均布热源，在两个静止的表面(磨粒切削面及工件表面)中间移动,并假设磨削接触界面内工件与砂轮的表面平均温度相等。

3. 磨粒与磨削液复合体热分配系数模型

Lavine[171]假定砂轮为磨削液与磨粒组成的复合体,砂轮与磨削液的属性共同决定该复合体属性。其中,将磨削液看作砂轮表面上的一部分,并非对流换热的介质,因此不必确定其对流换热系数。复合体和工件之间的热流部分会传入工件,剩余部分则传入该复合体。前者的带状热流与工件进给速度相同,在其表面移动;后者的带状热流则与砂轮线速度 v_s 一致,在复合体表面移动。基于 Jeager 给出的线性比磨削温度的计算式,湿磨工况下,砂轮表面的液膜面积 $A_r/A_n \approx 1$。

4. 砂轮/工件系统热分配系数模型

Hadad 和 Sadeghi[172]建立了砂轮/工件系统热分配系数模型,如图 1-12 所示,将磨削区总热量分为两部分:传入磨屑的热量和传入砂轮/工件系统的热量,并进一步将砂轮/工件系统的热量分为传入工件和砂轮的热量。其中,工件包括工件基体及 MQL 磨削液。

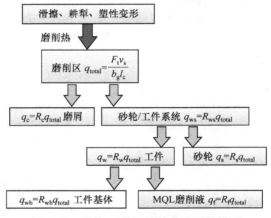

图 1-12 砂轮/工件系统热分配系数模型

5. 考虑磨削区对流换热的热分配系数模型

Rowe 所提出的考虑磨削区对流换热的热分配系数模型一般应用在高效深磨的条件下。该模型提出高效深磨时磨削区总能量分别传入砂轮、磨屑、磨削液和工件材料的理论数学模型,进一步,大量的实验结果验证了该模型的可行性。

该模型传入工件、砂轮、磨削液和磨屑中的热流密度与最大接触温度 T_{max}、磨削液的沸点 T_b 及工件熔点 T_m 等参数有关,通过计算工件材料、砂轮、磨削液和磨屑的换热系数,进而计算流入工件的热分配系数。

在 Rowe 的模型基础上,毛聪[165]通过考虑工件材料的热物理性质参数(导热系数、密度、比热容)在不同磨削温度下发生变化,重新计算了流入工件的热分配系数。

1.5 研究难题描述与说明

(1)纳米流体微量润滑磨削强化对流换热机理相关难题及温度场模型:纳米粒子的导热系

数与纳米粒子射流换热能力的内在关系是什么？纳米粒子与携带介质微/纳界面碰撞、对流传热的科学本质是什么？纳米粒子的尺寸效应、表面效应以及界面耦合效应，作用在纳米粒子上范德瓦耳斯力、静电力和布朗力相互作用是如何促进强化换热的？

(2)纳米流体微量润滑磨削强化材料去除机制及磨削力模型：高速、高温、高压界面润滑对材料去除机制的影响是什么？针对不同工件材料、不同润滑工况的耕犁与切削磨粒判据是什么？磨削区动态有效磨粒分布及其切削深度模型如何建立？纳米流体微量润滑磨削速度效应影响下的第一变形区、第二变形区的材料去除力学行为是什么？纳米流体微量润滑对切削区力/热边界的影响机制是什么？润滑效应、速度效应对材料本构的影响机制是什么？

(3)砂轮与工件楔形约束界面动态宏观毛细管(微织构网络)、动态微观毛细管形成机理：在砂轮与工件楔形约束边界条件下，在砂轮表面气孔、工件表面微凸体、硬质点、微裂纹的界面特征下，毛细管(微织构网络)是如何形成的？毛细管尺寸、微织构网络分布具有怎样的规律？在毛细管形成过程中的界面材料变形特征、界面磨损过程对微液滴浸润的影响规律如何？根据能量方程，微液滴动态毛细管浸润临界条件与纳米流体物理特性、射流参数的量化关系如何？

(4)高速高温高压边界条件下，纳米流体微液滴毛细管内渗透输运机理及吸附成膜机制：根据多相流运动学和动力学方程，微液滴粒径分布、微液滴表面张力、纳米流体黏度与浸润效率的量化关系如何？气、液、固三相流毛细管内迁移动力学模型如何建立？毛细管成膜情况下界面摩擦力方程如何建立？纳米粒子与基础油耦合作用下的纳米流体物理化学性质如何变化？动态高温、高速边界条件下，热牵引、剪切牵引、负压牵引如何影响迁移效率与成膜效果？

参 考 文 献

[1] 李伯民, 赵波. 现代磨削技术[M]. 北京: 机械工业出版社, 2003, 1: 12-29.

[2] 任敬心, 康仁科, 王西彬. 难加工材料磨削技术[M]. 北京: 电子工业出版社, 2011.

[3] 邓朝晖, 刘战强, 张晓红. 高速高效加工领域科学技术发展研究[J]. 机械工程学报, 2010, 46(23): 106-120.

[4] TÖNSHOFF H K, KARPUSCHEWSKI B, MANDRYSCH T, et al. Grinding process achievements and their consequences on machine tools challenges and opportunities[J]. CIRP Annals-Manufacturing Technology, 1998, 47(2): 651-668.

[5] 袁巨龙, 张飞虎, 戴一帆, 等. 超精密加工领域科学技术发展研究[J]. 机械工程学报, 2010(15): 161-177.

[6] 郭力, 尹韶辉, 李波, 等. 模拟磨削烧伤条件下的声发射信号特征[J]. 中国机械工程, 2009, 10(4): 413-416.

[7] DING W, ZHU Y, XU J, et al. Finite element investigation on the evolution of wear and stresses in brazed CBN grits during grinding[J]. International Journal of Advanced Manufacturing Technology, 2015, 81(5-8): 985-993.

[8] ZHANG Y B, LI C H, ZHANG Q, et al. Improvement of useful flow rate of grinding fluid with simulation schemes[J]. International Journal of Advanced Manufacturing Technology, 2016, 84(9-12): 2113-2126.

[9] MORGAN M N, JACKSON A R, WU H, et al. Optimization of fluid application in grinding[J]. CIRP Annals-Manufacturing Technology, 2008, 57(1): 363-366.

[10] EBBRELL S, WOOLLEY N H, TRIDIMAS Y D, et al. The effects of cutting fluid application methods on the grinding process[J]. International Journal of Machine Tools & Manufacture, 2000, 40(2): 209-223.

[11] ZHANG B, NAKAJIMA A. Hydrodynamic fluid pressure in grinding zone during grinding with metal-bonded diamond wheels[J]. Journal of Tribology, 2000, 122(3): 603-608.

[12] MALKIN S, GUO C. Thermal analysis of grinding[J]. CIRP Annals-Manufacturing Technology, 2007, 56(2): 760-782.

[13] 袁巨龙, 王志伟, 文东辉, 等. 超精密加工现状综述[J]. 机械工程学报, 2007, 43(1): 35-48.

[14] SANCHEZA J A, POMBOB I, ALBERDIC R, et al. Machining evaluation of a hybrid MQL-CO₂ grinding technology[J]. Journal of Cleaner Production, 2010, 18(18): 1840-1849.

[15] SHOKRANI A, DHOKIA V, NEWMAN S T. Environmentally conscious machining of difficult-to-machine materials with regard to cutting fluids[J]. International Journal of Machine Tools & Manufacture, 2012, 57(2): 83-101.

[16] MAO C, ZHANG J, HUANG Y, et al. Investigation on the effect of nanofluid parameters on MQL grinding[J]. Advanced Manufacturing Processes, 2013, 28(4): 436-442.

[17] BAHETI U, GUO C, MALKIN S. Environmentally conscious cooling and lubrication for grinding[J]. Proceedings of the International Seminar on Improving Machine Tool Performance, 1998, 2: 643-654.

[18] SADEGHI M H, HADDAD M J, TAWAKOLI T, et al. Minimal quantity lubrication-MQL in grinding of Ti-6Al-4V titanium alloy[J]. International Journal of Advanced Manufacturing Technology, 2009, 44(5-6):487-500.

[19] YANG M, LI C H, ZHANG Y B, et al. Research on microscale skull grinding temperature field under different cooling conditions[J]. Applied Thermal Engineering, 2017, 126: 525-537.

[20] YANG M, LI C H, ZHANG Y B, et al. Microscale bone grinding temperature by dynamic heat flux in nanoparticle jet mist cooling with different particle sizes[J]. Materials & Manufacturing Processes, 2017, (6): 1-11.

[21] 袁松梅, 朱光远, 王莉, 等. 绿色切削微量润滑技术润滑剂特性研究进展[J]. 机械工程学报, 2017, 53(17): 131-140.

[22] 邓朝晖, 曾建雄. 凸轮轴数控虚拟磨削技术研究[J]. 制造技术与机床, 2009(10): 37-41.

[23] KLOCKE F, EISENBLÄTTER G. Dry cutting[J]. CIRP Annals-Manufacturing Technology, 1997, 46: 519-526.

[24] JIA D Z, LI C H, ZHANG Y B, et al. Experimental research on the influence of the jet parameters of minimum quantity lubrication on the lubricating property of Ni-based alloy grinding[J]. International Journal of Advanced Manufacturing Technology, 2016, 82(1-4): 617-630.

[25] HAFENBRAEDL D, MALKIN S. Environmentally-conscious minimum quantity lubrication(MQL) for internal cylindrical grinding[J]. Transactions of NAMRI/SME, 2000, 28: 149-154.

[26] JIA D Z, LI C H, ZHANG D, et al. Experimental verification of nanoparticle jet minimum quantity lubrication effectiveness in grinding[J]. Journal of Nanoparticle Research, 2014, 16(12): 1-15.

[27] WANG C, XIE Y, QIN Z, et al. Wear and breakage of TiAlN- and TiSiN-coated carbide tools during high-speed milling of hardened steel[J]. Wear, 2015, 336-337: 29-42.

[28] WANG W, YAO P, WANG J, et al. Crack-free ductile mode grinding of fused silica under controllable dry grinding conditions[J]. International Journal of Machine Tools & Manufacture, 2016, 109: 126-136.

[29] BRUNI C, FORCELLESE A, GABRIELLI F, et al. Effect of the lubrication-cooling technique, insert technology and machine bed material on the workpart surface finish and tool wear in finish turning of AISI 420B[J]. International Journal of Machine Tools & Manufacture, 2006, 46(12-13): 1547-1554.

[30] DING W, ZHANG L, LI Z, et al. Review on grinding-induced residual stresses in metallic materials[J]. International Journal of Advanced Manufacturing Technology, 2017, 88(9-12): 2939-2968.

[31] XIU S, CHAO C, PEI S. Experimental research on surface integrity with less or non fluid grinding process[J]. Key Engineering Materials, 2011, 487: 89-93.

[32] JIA D Z, LI C H, ZHANG Y B, et al. Specific energy and surface roughness of minimum quantity lubrication grinding Ni-based alloy with mixed vegetable oil-based nanofluids[J]. Precision Engineering, 2017, 50: 248-262.

[33] LI B, LI C H, ZHANG Y B, et al. Numerical and experimental research on the grinding temperature of minimum quantity lubrication cooling of different workpiece materials using vegetable oil-based nanofluids[J]. International Journal of Advanced Manufacturing Technology, 2017, 93: 1971-1988.

[34] LI B, LI C H, ZHANG Y B, et al. Effect of the physical properties of different vegetable oil-based nanofluids on MQLC grinding temperature of Ni-based alloy[J]. International Journal of Advanced Manufacturing Technology, 2017, 89: 3459-3474.

[35] FRANK C, WOJCIECH Z, EDWIN F. Fluid performance study for groove grinding a nickel-based super alloy using electroplated cubic boron nitride(CBN)grinding wheels[J]. Journal of Manufacturing Science and Engineering, 2004, 126(3): 451-458.

[36] LIU G T, LI C H, ZHANG Y B, et al. Process parameter optimization and experimental evaluation for nanofluid MQL in grinding Ti-6Al-4V based on grey relational analysis[J]. Materials & Manufacturing Processes, 2017: 1-14.

[37] WANG Y G, LI C H, ZHANG Y B, et al. Comparative evaluation of the lubricating properties of vegetable-oil-based nanofluids between frictional test and grinding experiment[J]. Journal of Manufacturing Processes, 2017, 26: 94-104.

[38] PARK K H, SUHAIMI M A, YANG G D, et al. Milling of titanium alloy with cryogenic cooling and minimum quantity lubrication(MQL)[J]. International Journal of Precision Engineering & Manufacturing, 2017, 18(1): 5-14.

[39] EVANS C, BRYAN J B. Cryogenic diamond turning of stainless steel[J]. CIRP Annals-Manufacturing Technology, 1991, 40(1): 571-575.

[40] YILDIZ Y, NALBANT M. A review of cryogenic cooling in machining processes[J]. International Journal of Machine Tools & Manufacture, 2008, 48(9): 947-964.

[41] 袁松梅, 朱光远, 刘思, 等. 低温微量润滑技术喷嘴方位正交试验研究[J]. 航空制造技术, 2016, 505(10): 64-69.

[42] LIU J, HAN R, ZHANG L, et al. Study on lubricating characteristic and tool wear with water vapor as coolant and lubricant in green cutting[J]. Wear, 2007, 262(3): 442-452.

[43] HONG S Y, ZHAO Z. Thermal aspects, material considerations and cooling strategies in cryogenic machining[J]. Clean Products & Processes, 1999, 1(2): 107-116.

[44] WANG Z Y, RAJURKAR K P. Wear of CBN tool in turning of silicon nitride with cryogenic cooling[J]. International Journal of Machine Tools & Manufacture, 1997, 37(3): 319-326.

[45] UMBRELLO D, MICARI F, JAWAHIR I S. The effects of cryogenic cooling on surface integrity in hard machining: A comparison with dry machining[J]. CIRP Annals - Manufacturing Technology, 2012, 61(1): 103-106.

[46] HONG S Y, DING Y. Micro-temperature manipulation in cryogenic machining of low carbon steel[J]. Journal of Materials Processing Technology, 2001, 116(1): 22-30.

[47] PAUL S, CHATTOPADHYAY A B. Effects of cryogenic cooling by liquid nitrogen jet on forces, temperature and surface residual stresses in grinding steels[J]. Cryogenics, 1995, 35(8): 515-523.

[48] PAUL S, CHATTOPADHYAY A B. The effect of cryogenic cooling on grinding forces[J]. International Journal of Machine Tools & Manufacture, 1996, 36(1): 63-72.

[49] KHAN M M A, MITHU M A H, DHAR N R. Effects of minimum quantity lubrication on turning AISI 9310 alloy steel using vegetable oil-based cutting fluid[J]. Journal of Materials Processing Technology, 2009, 209(15): 5573-5583.

[50] SHEN B, SHIH A J, XIAO G. A heat transfer model based on finite difference method for grinding[J]. Journal of Manufacturing Science and Engineering, 2011, 133: 031001-031009.

[51] TAWAKOLI T, HADAD M, SADEGHI M H, et al. Minimum quantity lubrication in grinding: effects of abrasive and coolant-lubricant types[J]. Journal of Cleaner Production, 2011, 19(17): 2088-2099.

[52] TAWAKOLI T, HADAD M J, SADEGHI M H, et al. An experimental investigation of the effects of workpiece and grinding parameters on minimum quantity lubrication-MQL grinding[J]. International Journal of Machine Tools & Manufacture, 2009, 49(12-13): 924-932.

[53] BARCZAK L M, BATAKO A D L, MORGAN M N. A study of plane surface grinding under minimum quantity lubrication(MQL) conditions[J]. International Journal of Machine Tools & Manufacture, 2010, 50(11): 977-985.

[54] DAVIM J P, SREEJITH P S, GOMES R, et al. Experimental studies on drilling of aluminium(AA1050) under dry, minimum quantity of lubricant, and flood-lubricated conditions[J]. Proceedings of the Institution of Mechanical Engineers Part B Journal of Engineering Manufacture, 2006, 220(10): 1605-1611.

[55] WEINERT K, INASAKI I, SUTHERLAND J W, et al. Dry machining and minimum quantity lubrication[J]. Annals of the CIRP, 2004, 53（2）: 511-537.

[56] SHAO Y, FERGANI O, LI B, et al. Residual stress modeling in minimum quantity lubrication grinding[J]. The International Journal of Advanced Manufacturing Technology, 2016, 83（5）: 743-751.

[57] ZHANG Y B, LI C H, YANG M, et al. Experimental evaluation of cooling performance by friction coefficient and specific friction energy in nanofluid minimum quantity lubrication grinding with different types of vegetable oil[J]. Journal of Cleaner Production, 2016, 139: 685-705.

[58] 姚仲鹏, 王瑞君. 传热学[M]. 北京: 北京理工大学出版社, 2003, 9: 12-21.

[59] LI Q, XUAN Y. Enhanced heat transfer behaviours of new heat carrier for spacecraft thermal management[J]. Journal of Spacecraft and Rockets, 2006, 43（3）: 687-690.

[60] ZHANG Y B, LI C H, JIA D Z, et al. Experimental evaluation of MoS$_2$, nanoparticles in jet MQL grinding with different types of vegetable oil as base oil[J]. Journal of Cleaner Production, 2015, 87（1）: 930-940.

[61] 郭力, 严勇. 磨削温度的试验研究[J]. 精密制造与自动化, 2011,（1）: 13-18.

[62] 兰雄侯, 王继先, 高航. 磨削温度理论研究的现状与进展[J]. 金刚石与磨料磨具工程, 2001,（3）: 5-6.

[63] 许黎明, 李荣洲, 许开州, 等. 高硬度涂层磨削温度场的数值仿真和实验研究[J]. 上海交通大学学报, 2011, 45（11）: 1705-1709.

[64] 李冬冬, 匡俊, 陈庆强, 等. WC-Co 涂层磨削过程中的温度与相变[J]. 沈阳工业大学学报, 2014, 36（5）: 532-536.

[65] KATO T, FUJII H. Temperature measurement of workpiece in surface grinding by PVD film method[J]. Journal of Manufacturing Science and Engineering, 1997, 119（4B）: 689-694.

[66] ZHOU L, HUANG S T, ZHANG C Y. Numerical and experimental studies on the temperature field in precision grinding of SiCp/Al composites[J]. The International Journal of Advanced Manufacturing Technology, 2013, 67（5-8）: 1007-1014.

[67] GUO C, WU Y, VARGHESE V, et al. Temperatures and energy partition for grinding with vitrified CBN wheels[J]. CIRP Annals-Manufacturing Technology, 1999, 48（1）: 247-250.

[68] XU X, MALKIN S. Comparison of methods to measure grinding temperatures[J]. Journal of Manufacturing Science and Engineering, 2001, 123（2）: 191-195.

[69] BATAKO A D, ROWE W B, MORGAN M N. Temperature measurement in high efficiency deep grinding[J]. International Journal of Machine tools and Manufacture, 2005, 45（11）: 1231-1245.

[70] 郭力, 盛晓敏. 超高速磨削温度的实验研究[J]. 制造技术与机床, 2012（4）: 99-103.

[71] GUO L, XIE G, LI B. Grinding temperature in high speed deep grinding of engineering ceramics[J]. International Journal of Abrasive Technology, 2009, 2（3）: 245-258.

[72] 严勇. 磨削温度信号的测量与分析[J]. 新技术新工艺, 2012（2）: 61-65.

[73] SHEN J Y, ZENG W M, HUANG H, et al. Thermal aspects in the face grinding of ceramics[J]. Journal of Materials Processing Technology, 2002, 129（1）: 212-216.

[74] 赵恒华, 蔡光起, 李长河, 等. 高效深磨中磨削温度和表面烧伤研究[J]. 中国机械工程, 2005, 15（22）: 2048-2051.

[75] LEFEBVRE A, LANZETTA F, LIPINSKI P, et al. Measurement of grinding temperatures using a foil/workpiece thermocouple[J]. International Journal of Machine Tools and Manufacture, 2012, 58: 1-10.

[76] 周志雄, 毛聪, 周德旺, 等. 平面磨削温度及其对表面质量影响的实验研究[J]. 中国机械工程, 2008 19（8）: 980-984.

[77] 郭力, 汤钦卿, 苏晓阳. 基于热电偶技术的磨削温度的研究[J]. 中国科技论文在线, 2010, 8: 656-660.

[78] 李勋, 刘佳, 陈志同, 等. 高温不锈钢的磨削温度测量与烧伤现象分析[J]. 北京航空航天大学学报, 2010,（7）: 830-835.

[79] 高航. 红外热像仪在磨削温度测量中的应用探讨[J]. 磨料磨具与磨削, 1991（3）: 7-11.

[80] 董智勇. 基于网络的磨削温度红外监测系统研究[J]. 微型电脑应用, 2008, 24（9）: 54-55.

[81] HWANG J, KOMPELLA S, CHANDRASEKAR S, et al. Measurement of temperature field in surface grinding using infra-red（IR）imaging system[J]. Journal of Tribology, 2003, 125（2）: 377-383.

[82] 曾盛绰. 光纤红外测温仪的研制及其在磨削区温度测量中的应用研究[J]. 金刚石与磨料磨具工程, 2001(5): 47-49.

[83] 史金飞, 钟秉林. 基于粗糙集理论的磨削烧伤与砂轮磨钝在线监测[J]. 中国机械工程, 2001, 12(10): 1151-1154.

[84] UEDA T, HOSOKAWA A, YAMAMOTO A. Studies on temperature of abrasive grains in grinding——Application of infrared radiation pyrometer[J]. Journal of Manufacturing Science and Engineering, 1985, 107(2): 127-133.

[85] 戴敏, 张荣克. 正确使用红外辐射测温仪[J]. 石油化工设备技术, 2002, 23(4): 50-52.

[86] MAYER J E, SHAW M C. Grinding temperatures[C]. Lubrication Engineering of ASLE, 1957, (1): 1-4.

[87] 徐西鹏. 双色红外系统测量脆性材料磨削温度的研究[J]. 红外与毫米波学报, 2002, 21(2): 99-103.

[88] UEDA T, TANAKA H, TORII A, et al. Measurement of grinding temperature of active grains using infrared radiation pyrometer with optical fiber[J]. CIRP Annals-Manufacturing Technology, 1993, 42(1): 405-408.

[89] 金滩. 高效深切磨削技术的基础研究[D]. 沈阳: 东北大学, 1999.

[90] 张国华. 超高速磨削温度的研究[D]. 长沙: 湖南大学, 2006.

[91] 任敬心, 华定安. 磨削原理[M]. 北京: 电子工业出版社, 2011.

[92] 尤芳怡, 徐西鹏. 红外测温技术及其在磨削温度测量中的应用[J]. 华侨大学学报: 自然科学版, 2006, 26(4): 338-342.

[93] 汤羽昌, 何宁, 赵威, 等. 基于微量润滑的两级雾化仿真与试验研究[J]. 工具技术, 2013, 47(1): 3-6.

[94] 赵威, 何宁, 李亮, 等. 微量润滑系统参数对切削环境空气质量的影响[J]. 机械工程学报, 2014, 50(13): 184-189.

[95] 袁松梅, 刘伟东, 严鲁涛. 低温微量润滑技术铣削高强钢的试验研究[J]. 航空制造技术, 2011, (5): 35-37.

[96] LIU Z Q, AN Q L, XU J Y, et al. Wear performance of (nc-AlTiN)/(a-Si_3N_4) coating and (nc-AlCrN)/(a-Si_3N_4) coating in high-speed machining of titanium alloys under dry and minimum quantity lubrication (MQL) conditions[J]. Wear, 2013, 305(1-2): 249-259.

[97] HU M, JING L L, AN Q L, et al. Tribological properties and milling performance of HSS-Co-E tools with fluorinated surfactants-based coatings against Ti-6Al-4V[J]. Wear, 2017, 376-377: 134-142.

[98] HUANG X, REN Y, LI T, et al. Influence of minimum quantity lubrication parameters on grind-hardening process[J]. Materials & Manufacturing Processes, 2016(8): 1-8.

[99] HUANG X, REN Y, JIANG W, et al. Investigation on grind-hardening annealed AISI5140 steel with minimal quantity lubrication[J]. International Journal of Advanced Manufacturing Technology, 2016, 89(1-4): 1-9.

[100] ZHANG D, LI C H, ZHANG Y B, et al. Experimental research on the energy ratio coefficient and specific grinding energy in nanoparticle jet MQL grinding[J]. The International Journal of Advanced Manufacturing Technology, 2015, 78(5-8): 1275-1288.

[101] 张强, 李长河, 王胜. 纳米粒子射流微量润滑磨削的冷却性能分析[J]. 制造技术与机床, 2013(3): 91-96.

[102] ZHANG D, LI C H, JIA D Z, et al. Specific grinding energy and surface roughness of nanoparticle jet minimum quantity lubrication in grinding[J]. Chinese Journal of Aeronaut, 2015, 28: 570-581.

[103] WANG Y G, LI C H, ZHANG Y B, et al. Experimental evaluation of the lubrication properties of the wheel/workpiece interface in minimum quantity lubrication (MQL) grinding using different types of vegetable oils[J]. Journal of Cleaner Production, 2016, 127: 487-499.

[104] LI B, LI C H, ZHANG Y B, et al. Grinding temperature and energy ratio coefficient in MQL grinding of high-temperature nickel-base alloy by using different vegetable oils as base oil[J]. Chinese Journal of Aeronaut, 2016, 29: 1084-1095.

[105] GUO S M, LI C H, ZHANG Y B, et al. Experimental evaluation of the lubrication performance of mixtures of castor oil with other vegetable oils in MQL grinding of nickel-based alloy[J]. Journal of Cleaner Production, 2016, 140: 1060-1076.

[106] GUO S M, LI C H, ZHANG Y B, et al. Analysis of volume ratio of castor/soybean oil mixture on minimum quantitylubrication grinding performance and microstructure evaluation by fractal dimensionp[J]. Industrial

Crops and Products, 2018, 111: 494-505.

[107] WANG Y G, LI C H, ZHANG Y B, et al. Experimental evaluation of the lubrication properties of the wheel/workpiece interface in MQL grinding with different nanofluids[J]. Tribology Internation, 2016, 99: 198-210.

[108] LI B, LI C H, ZHANG Y B, et al. Heat transfer performance of MQL grinding with different nanofluids for Ni-based alloys using vegetable oil[J]. Journal of Cleaner Production, 2017, 154: 1-11.

[109] ZHANG Y B, LI C H, JIA D Z, et al. Experimental evaluation of the lubrication performance of MoS_2/CNT nanofluid for minimal quantity lubrication in Ni-based alloy grinding[J]. International Journal of Machine Tools Manufacture, 2015, 99: 19-33.

[110] ZHANG X, LI C H, ZHANG Y B, et al. Lubricating property of MQL grinding of Al_2O_3/SiC mixed nanofluid with different particle sizes and microtopography analysis by cross-correlation[J]. Precision Engineering, 2017, 47: 532-545.

[111] ZHANG Y B, LI C H, JIA D Z, et al. Experimental study on the effect of nanoparticle concentration on the lubricating property of nanofluids for MQL grinding of Ni-based alloy[J]. Journal Materials Processing Technology, 2016, 232: 100-115.

[112] WANG Y G, LI C H, ZHANG Y B, et al. Experimental evaluation on tribological performance of the wheel/workpiece interface in minimum quantity lubrication grinding with different concentrations of Al_2O_3 nanofluids[J]. Joural of Cleaner Production, 2017, 142: 3571-3583.

[113] 韩小燕, 孟广耀, 王威. 利用 MQL 冷却方式磨削时工件表面完整性分析[J]. 制造技术与机床, 2010, 1:109-111.

[114] JIA D Z, LI C H, ZHANG D, et al. Investigation into the formation mechanism and distribution characteristics of suspended microparticles in MQL grinding[J]. Recent Patents on Mechanical Engineering, 2014, 7(1): 52-62.

[115] ZHANG J, LI C, ZHANG Y, et al. Experimental assessment of an environmentally friendly grinding process using nanofluid minimum quantity lubrication with cryogenic air[J]. Journal of Cleaner Production, 2018, 193: 236-248.

[116] MAO C, ZOU H F, HUANG Y, et al. Analysis of heat transfer coefficient on workpiece surface during minimum quantity lubricant grinding[J]. The International Journal of Advanced Manufacturing Technology, 2013, 66(1-4): 363-370.

[117] MAO C, TANG X J, ZOU H F, et al. Investigation of grinding characteristic using nanofluid minimum quantity lubrication[J]. International Journal of Precision Engineering and Manufacturing, 2012, 13(10): 1745-1752.

[118] MAO C, HUANG Y, ZHOU X, et al. The tribological properties of nanofluid used in minimum quantity lubrication grinding[J]. The International Journal of Advanced Manufacturing Technology, 2014, 71(5-8): 1221-1228.

[119] MAO C, ZOU H F, ZHOU X, et al. Analysis of suspension stability for nanofluid applied in minimum quantity lubricant grinding[J]. The International Journal of Advanced Manufacturing Technology, 2014, 71(9-12): 2073-2081.

[120] HUANG W T, LIU W S. Investigations into lubrication in grinding processes using MWCNTs nanofluids with ultrasonic-assisted dispersion[J]. Journal of Cleaner Production, 2016, 137: 1553-1559.

[121] 杨杰. 低温纳米流体的润滑性能和磨削加工性能试验研究[D]. 湘潭: 湘潭大学, 2017.

[122] SADEGHI M H, HADAD M J, TAWAKOLI T, et al. An investigation on surface grinding of AISI 4140 hardened steel using minimum quantity lubrication-MQL technique[J]. International Journal of Materials Forming, 2010, 3: 241-251.

[123] SOEPANGKAT B O P, AGUSTIN H C K, SUBIYANTO H. An investigation of force, surface roughness and chip in surface grinding of SKD 11 tool steel using minimum quantity lubrication-MQL technique[C]// Kitakyushu: International Conference on Green Process. AIP Conference Proceedings, 2017.

[124] RABIEI F, RAHIMI A R, HADAD M J, et al. Performance improvement of minimum quantity lubrication(MQL) technique in surface grinding by modeling and optimization[J]. Journal of Cleaner Production, 2015, 86: 447-460.

[125] SHEN B, KALITA P, MALSHE A P, et al. Performance of novel MoS_2 nanoparticles based grinding fluids in minimum quantity lubrication grinding[J]. Transaction of NAMRI/SME, 2008, 36: 357-364.

[126] SHEN B, SHIH A J, TUNG S C. Application of nanofluids in minimum quantity lubrication grinding[J]. Tribology Transactions, 2008, 51 (6): 730-737.

[127] KALITA P, MALSHE A P, RAJURKAR K P. Study of tribo-chemical lubricant film formation during application of nanolubricants in minimum quantity lubrication (MQL) grinding[J]. CIRP Annals-Manufacturing Technology, 2012, 61 (1): 327-330.

[128] LEE P H, NAM J S, LI C H, et al. An experimental study on micro-grinding process with nanofluid minimum quantity lubrication (MQL) [J]. International Journal of Precision Engineering and Manufacturing, 2012, 13 (3): 331-338.

[129] NAM J S, KIM D H, CHUNG H, et al. Optimization of environmentally benign micro-drilling process with nanofluid minimum quantity lubrication using response surface methodology and genetic algorithm[J]. Journal of Cleaner Production, 2015, 102: 428-436.

[130] SETTI D, GHOSH S, RAO P V. Application of nano cutting fluid under minimum quantity lubrication(MQL) technique to improve grinding of Ti-6Al-4V alloy[J]. World Academy of Science, Engineering and Technology, 2012, 70: 512-516.

[131] FRANCELIN R P, COSTA W B D, LOPES J C, et al. Evaluation of the oil flow using the MQL technique applied in the cylindrical plunge grinding of AISI 4340 steel with CBN grinding wheel[J]. REM-International Engineering Journal, 2018, 71 (3): 397-402.

[132] DAMBATTA Y S, SAYUTI M, SARHAN A A D, et al. Comparative study on the performance of the MQL nanolubricant and conventional flood lubrication techniques during grinding of Si_3N_4, ceramic[J]. International Journal of Advanced Manufacturing Technology, 2018(8): 1-18.

[133] BALAN A S S, KULLARWAR T, VIJAYARAGHAVAN L, et al. Computational fluid dynamics analysis of MQL spray parameters and their impact on superalloy grinding[J]. Machining Science & Technology, 2017(4): 1-14.

[134] CHAKULE R R, CHAUDHARI S S, TALMALE P S. Evaluation of the effects of machining parameters on MQL based surface grinding process using response surface methodology[J]. Journal of Mechanical Science and Technology, 2017, 31 (8): 3907-3916.

[135] BADGER J A, TORRANCE A A. Comparison of two models to predict grinding forces from wheel surface topography[J]. International Journal of Machine Tools & Manufacture, 2000, 40 (8): 1099-1120.

[136] CHALLEN J M, OXLEY P L B. An explanation of the different regimes of friction and wear using asperity deformation models[J]. Wear, 1979, 53 (2): 229-243.

[137] WILLIAMS J A, XIE Y. The generation of wear surfaces by the interaction of parallel grooves[J]. Wear, 1992, 155 (2): 363-379.

[138] XIE Y, WILLIAMS J A. The generation of worn surfaces by the repeated interaction of parallel grooves[J]. Wear, 1993, 162-164 (93): 864-872.

[139] XIE Y, WILLIAMS J A. The prediction of friction and wear when a soft surface slides against a harder rough surface[J]. Wear, 1996, 196 (1-2): 21-34.

[140] XIU S C, LIU M H, ZHANG X M, et al. Grinding contact area and grinding force modeling based on impact principle[J]. Journal of Northeastern University, 2014, 35 (2): 268-272.

[141] BEHERA B C, GHOSH S, RAO P V. Modeling of cutting force in MQL machining environment considering chip tool contact friction[J]. Tribology International, 2018, 117: 283-295.

[142] LI H N, YU T, ZHU L, et al. Modeling and simulation of grinding wheel by discrete element method and experimental validation[J]. International Journal of Advanced Manufacturing Technology, 2015, 81 (9):1921-1938.

[143] MALKIN S. Grinding mechanisms for metallic and non-metallic materials[C]. Proceeding of Ninth North American Manufacturing Research Conference. SME, 1981.

[144] LI L C, FU J Z, PEKLENIK J. A study of grinding force mathematical model[J]. Journal of Hunan University, 1979, 29 (1): 245-249.

[145] DURGUMAHANTI U S P, SINGH V, RAO P V. A new model for grinding force prediction and analysis[J]. International Journal of Machine Tools & Manufacture, 2010, 50(3): 231-240.

[146] WANG S, LI C H, ZHANG D K, et al. Modeling the operation of a common grinding wheel with nanoparticle jet flow minimal quantity lubrication[J]. The International Journal of Advanced Manufacturing Technology, 2014, 74(5-8):835-850.

[147] CHANG H C, WANG J. A stochastic grinding force model considering random grit distribution[J]. International Journal of Machine Tools & Manufacture, 2008, 48(12): 1335-1344.

[148] CAI R, QI H, CAI G. Active cutting edges in vitrified CBN grinding wheels[J]. Key Engineering Materials, 2006, 304-305: 1-7.

[149] HECKER R L, LIANG S Y, WU X J, et al. Grinding force and power modeling based on chip thickness analysis[J]. International Journal of Advanced Manufacturing Technology, 2007, 33(5-6): 449-459.

[150] LANG X, HE Y, TANG J, et al. Grinding force model based on prominent height of abrasive submitted to Rayleigh distribution[J]. Zhongnan Daxue Xuebao, 2014, 45(10): 3386-3391.

[151] 张建华, 葛培琪, 张磊. 基于概率统计的磨削力研究[J]. 中国机械工程, 2007, 18(20): 2399-2402.

[152] TAI B L, ZHANG L, WANG A C, et al. Temperature prediction in high speed bone grinding using motor PWM signal[J]. Medical Engineering & Physics, 2013, 35(10): 1545-1549.

[153] 贝季瑶. 磨削温度的分析与研究[J]. 上海交通大学学报, 1964(3): 57-73.

[154] HOU Z B, KOMANDURI R. On the mechanics of the grinding process, Part II—Thermal analysis of fine grinding[J]. International Journal of Machine Tools & Manufacture, 2004, 44(2): 247-270.

[155] 蔡光起, 郑焕文. 钢坯磨削温度的若干实验研究[J]. 东北大学学报(自然科学版), 1985(4): 77-82.

[156] 高航, 宋振武. 断续磨削温度场的研究[J]. 机械工程学报, 1989, 25(2): 22-28.

[157] 郭力, ROWE W B. 高效深磨技术中温度的理论分析[J]. 精密制造与自动化, 2004(2): 19-22.

[158] 郭力, 李波. 工程陶瓷磨削温度研究的现状与进展[J]. 精密制造与自动化, 2007(4): 13-18.

[159] 蔡光起, 郑焕文. 用有限差分法求解磨削移动热源周期变化时的工件温度场[J]. 金刚石与磨料磨具工程, 1986(3): 12-17.

[160] LI H N, AXINTE D. On a stochastically grain-discretised model for 2D/3D temperature mapping prediction in grinding[J]. International Journal of Machine Tools & Manufacture, 2017, 116: 60-76.

[161] 徐鸿钧, 徐西鹏, 林涛, 等. 断续磨削时的脉动温度场解析[J]. 航空学报, 1993, 14(6): 287-293.

[162] JAEGER J C. Moving sources of heat and the temperature of sliding contacts[C]. Proceedings of The Royal Society of New South Wales, 1942, 76: 203-224.

[163] 章熙民, 任泽霈, 梅飞鸣. 传热学[M]. 北京: 中国建筑工业出版社, 1995: 75-96.

[164] SHEN B. Minimum quantity lubrication grinding using nanofluids[D]. Ann Arbor: The University of Michigan, 2008.

[165] 毛聪. 平面磨削温度场及热损伤的研究[D]. 长沙: 湖南大学, 2008.

[166] TAKAZAWA K. The flowing rate into the work of the heat generated by grinding[J]. Journal of Japan Society of Precision Engineering, 1964, 30(12): 914.

[167] KAWAMURA S, IWAO Y, NISHIGUCHI S. Studies on the fundamental of grinding burn-surface temperature in process of oxidation[J]. Journal of Japan Society of Precision Engineering, 1979, 45(1): 83-88.

[168] OUTWATER J Q, SHAW M C. Surface temperature in grinding[J]. ASME, 1952, 12(1): 73-78.

[169] HAHN R S. On the nature of the grinding process[C]. Birmingham: Proceedings of the 3rd Machine Tool Design and Research Conference, 1962.

[170] RAMANATH S, SHAW M C. Abrasive grain temperature at the beginning of a cut in fine grinding[J]. ASME Journal of Engineering for Industry, 1988, 110(1): 15-18.

[171] LAVINE A S. A simple model for convective cooling during the grinding process[J]. Journal of Engineering for Industry, 1988, 110(1): 1-6.

[172] HADAD M, SADEGHI B. Thermal analysis of minimum quantity lubrication-MQL grinding process[J]. International Journal of Machine Tools & Manufacture, 2012, 63: 1-15.

第 2 章　基于材料断裂去除和塑性堆积原理的
不同润滑工况下磨削力预测模型

2.1　引　　言

对于磨削加工特别是纳米流体参与的 NMQL 磨削加工,工件材料去除机理及磨粒干涉力学行为等本源问题尚未突破,现有的磨削力模型并没有考虑润滑工况的影响。针对现有磨削力模型对磨粒所处状态区分不明确、没有以单颗磨粒受力状态为基础计算磨削力等问题,本章研究低速准静态条件下材料去除机理,并率先建立基于材料断裂去除和塑性堆积原理的不同工况下的磨削力新模型。对应切削阶段和耕犁阶段,模型将动态有效磨粒分为切削磨粒与耕犁磨粒,在不同阶段磨粒具有不同的切削效率。考虑润滑工况对摩擦力的影响,进行工件材料和砂轮材料间的摩擦磨损实验,求得不同润滑工况下的摩擦系数代入磨削力模型。进一步建立普通砂轮模型并模拟磨削区动态有效磨粒数及对应的切削深度,然后采用切削效率区分动态有效磨粒所处阶段,从而根据磨粒状态计算相应单颗磨粒磨削力。最后与磨损摩擦力整合得出总磨削力,并通过磨削力实验进行验证。

2.2　单颗磨粒磨削力模型

在磨削过程中,大切削深度的单颗磨粒先后经历滑擦阶段、耕犁阶段和切削阶段。而在固定时刻,又可根据切削深度判断磨削区中的磨粒所处的阶段,分别命名为滑擦磨粒、耕犁磨粒和切削磨粒。从工件材料断裂去除及塑性堆积机理考虑,切削磨粒、耕犁磨粒、滑擦磨粒分别克服了工件材料的断裂极限、屈服极限、弹性极限[1]。处于三种状态的磨粒与工件作用原理不同,滑擦磨粒克服弹性变形、耕犁磨粒克服材料的屈服极限使材料发生塑性变形、切削磨粒克服材料的断裂极限形成切屑。

单颗磨粒与工件材料接触过程中,圆锥形磨粒通过与工件接触的圆锥面向工件施加垂直于接触面的推力,沿磨削进给方向可将推力分解为切向力、法向力和轴向力。由于磨粒呈对称形态,轴向力近似为 0。因此不同阶段的磨粒通过金属变形受力条件,可反求磨粒与工件接触表面应力分布,进一步可反求单颗磨粒受到的切向力和法向力。而三种状态磨粒中,切削磨粒受力情况复杂,本节着重对切削磨粒与工件接触表面应力分布进行研究。

磨粒作为砂轮参与切削的主要部分,对加工工件表面质量产生了非常大的影响。Lee 等[2]把当前磨粒的形状主要归纳为四类:圆锥形、球形、圆台形和四棱锥形,如图 2-1 所示。在此次研究中采用的磨粒为金刚石磨粒,通过扫描电镜(scanning electron microscope,SEM)观察可知,磨粒形态为锥角 120° 的圆锥体。在以下分析中,采用圆锥体磨粒模型作为研究对象。

在此部分内容中,单颗磨粒干涉机理将在 2.2.1 节中讨论,2.2.2 节将对切削磨粒进行磨削力建模，2.2.3 节对耕犁磨粒进行磨削力建模，2.2.4 节对摩擦力进行磨削力建模。

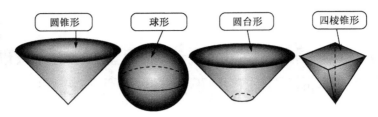

| 圆锥形 | 球形 | 圆台形 | 四棱锥形 |

图 2-1　磨粒形状

2.2.1　磨粒与工件干涉机理及切削深度

在磨粒切削阶段只有未变形工件材料被去除，发生塑性变形的工件材料以塑性流动的方式堆积于犁沟两侧。因此，单颗磨粒的材料去除机理应综合考虑材料断裂去除和塑性堆积理论。

如图 2-2 所示，随着磨粒切入工件后磨粒的切削深度 a_g 由 0 逐渐增大到最大未变形切屑厚度 a_{gmax}，而后逐渐减小直到切出工件[3]。磨粒先后经历耕犁和切削阶段，并以临界切削深度 a_{gc} 为状态转变临界值。当磨粒切削深度小于 a_{gc} 时磨粒处于耕犁状态，当磨粒切削深度大于等于 a_{gc} 时磨粒处于切削状态。在本次研究中，临界切削深度 a_{gc} 将通过单颗磨粒滑擦实验获得。

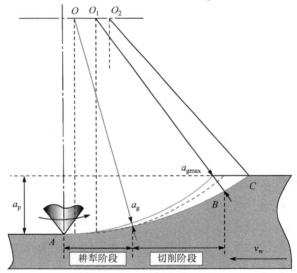

图 2-2　单颗磨粒切削深度

1. 塑性堆积机理

（1）当 $a_g < a_{gc}$ 时，磨粒处于耕犁阶段，如图 2-3（a）所示。由于磨粒切削深度较小，磨粒与材料干涉过程中材料的应变较小，没有达到材料的断裂极限，因此材料被推挤至犁沟两侧形成塑性隆起。

（2）当 $a_g \geqslant a_{gc}$ 时，磨粒处于切削阶段，如图 2-3（b）所示。在此状态下同时存在材料断裂去除和塑性堆积。Chen 和 Rowe[4]在研究中也发现，在磨削切削阶段不但存在材料去除，而且一部分磨屑通过塑性变形的方式流动至犁沟两侧形成塑性隆起。此时，磨粒两侧的工件材料应变较小，没有达到断裂极限，从而被挤压至犁沟两侧。而处于磨粒成屑区的材料变形中具有足够的应变,达到断裂极限后即以磨屑形式排出。在两个区域中存在边界线,处于边界线上的材料所受应力为断裂极限值。

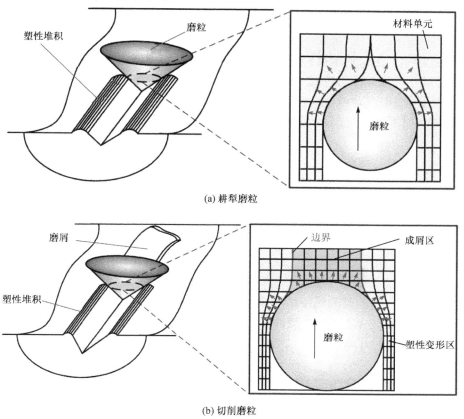

(a) 耕犁磨粒

(b) 切削磨粒

图 2-3 磨粒干涉材料变形机理

因此,在此次研究中将磨粒接触区划分为成屑区 $(0 \sim \alpha_1)$ 和塑性变形区 $(\alpha_1 \sim \pi/2)$。图 2-4 展示了塑性变形和材料去除的临界角 α_1 的位置关系,其与工件材料的力学性能有关。对于脆性材料,磨削过程中几乎不存在塑性变形,因而也不存在塑性变形区;对于塑性材料,磨粒切削过程中工件材料会发生弹塑性变形,从而存在弹塑性变形区,区域的大小取决于工件材料的屈服极限和断裂极限。

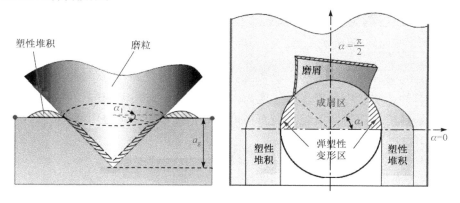

图 2-4 塑性堆积原理

杜海军等[5]引入切削效率 β 用来量化磨粒切削过程中材料的塑性堆积程度，其定义为：在磨粒切削得到的犁沟形貌上，被去除的材料体积与形成的犁沟总体积的比值。结合图 2-4，临界角 α_1 与切削效率的关系为

$$\alpha_1 = \arccos\sqrt{\beta} \tag{2-1}$$

值得注意的是，无论耕犁磨粒还是切削磨粒都符合塑性堆积理论。在耕犁阶段切削效率接近于 0，在切削阶段切削效率接近于 1。因此，可将切削效率作为磨粒处于切削阶段或耕犁阶段的判断依据。相比以往磨削力模型采用经验判断方法：当磨粒与工件材料切入重合度达磨粒半径的 5%时即发生切削，切削效率判断的方法能够针对不同材料显著提高磨削力模型精度。

2. 材料断裂去除机理

材料的断裂去除效应是磨粒切削阶段的重要理论。磨削过程的复杂性导致磨削机理具有多样化特点，Setti 等[6]通过观察磨屑形态研究了磨屑成型机理，不同磨削工况下得到的磨屑形态存在较大差异。在磨削机理研究初期，Doyle 等[7,8]对磨屑进行了观测，发现磨屑微观形貌与切屑非常相似，不规则的磨屑形状形成与磨粒形状和磨粒切削深度有关；磨屑形状主要分为以下三类：带状、节状、球状。球状磨屑经历了极快的熔化和固化阶段，节状磨屑是由于磨削过程中产生大量的磨削热使材料软化，磨屑发生剪切层间的塑性流动从而形成节状结构。在此次研究中，首先通过 440C 工件材料的磨削加工实验（v_s=20m/s、v_w=2m/min、a_p=15μm）获得磨屑，对磨屑进行了观测，通过磨屑形态进一步确定成屑机理。磨屑 SEM 图及成屑卡片模型如图 2-5 所示。

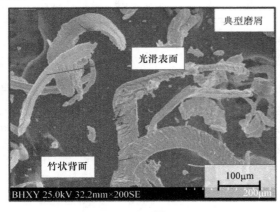

(a) SEM图　　　　　　　　　　　　(b) 卡片模型

图 2-5　磨屑 SEM 图和成屑卡片模型

由图 2-5 可知，实验中磨屑主要呈现为内表面光滑、外表面粗糙、曲率半径较大的带状形态。其中，磨粒前刀面与磨屑光滑表面相接触(内表面)。磨屑与切削加工中的切屑相比存在以下两点差异：

(1)磨屑曲率较小，部分磨屑甚至接近直线状；

(2)磨屑后表面呈现竹节状，而切屑后表面较光滑。

导致磨屑和切屑差异的起因为磨削机理与切削机理存在差异。Piispanen[9]建立了切削区

卡片模型，假设切削第一变形区中的被去除材料为极薄的平面，随着切削进行，切屑便形成了理想化的卡片层，伴随着刀具切削，卡片层间将发生滑移。将卡片模型应用于成屑机理，观察到的现象能够得到合理的解释。

（1）工件切削层经历"卡片滑移"形成磨屑，由于磨粒负前角特性，卡片层磨屑后表面塑性堆积形成竹节状；切削由于正前角特性，成屑角度较小，切屑前后表面较光滑。

（2）与切削机理不同的是，卡片层方向发生了较大的变化，引发塑性变形的同时消除了变形内应力，因此磨屑较切屑具有较小曲率。

（3）由磨屑机理可以推论，磨屑形成过程中发生塑性变形，由于材料各向同性，磨屑/磨粒接触表面沿磨粒表面法向应呈现均布趋势。

3. 磨粒与工件干涉区应力分布

磨粒应力分布的确定是磨削力建模的关键部分，依据塑性堆积和材料断裂去除机理，磨粒与工件材料干涉的应力分布如图 2-6 所示。假设材料各向同性，材料在变形流动过程中与磨粒表面呈垂直方向，因此应力方向为通过圆心向外发散。

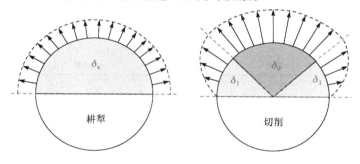

图 2-6　磨粒应力分布示意图

对于切削磨粒，将磨粒沿运动方向分为对称的两部分，两部分（0°～90°）受力情况相同。基于材料断裂去除及塑性堆积原理，沿磨粒周向、磨粒与工件接触面法线方向应力分布具有以下特点。

（1）0°～90°：由于工件材料各向同性，沿接触面周向应力应呈现连续变化趋势，不存在应力突变。

（2）α_1～90°（成屑区）：在成屑区，磨粒与磨屑接触表面沿法向应呈现均布趋势；同时，磨粒提供应力 δ_0 和应满足磨屑分离边界的材料断裂条件，沿磨屑断裂方向应力应大于材料的断裂极限 δ_b；另外，由卡片原理可推论，磨粒提供的应力还应使磨屑发生塑性变形。

（3）0°～α_1（塑性区）：随着 α 增大，工件材料由弹性变形过渡至塑性变形，至临界角 α_1 发生材料断裂，因此应力 δ_1 呈现线性增大趋势；在磨粒的高速切削过程中，0°处材料发生弹性变形后以较慢的速度反弹，因此应力应为 0。

4. 单颗磨粒滑擦实验求解 $\beta(a_g)$

尽管在以上分析中已经获得磨粒耕犁阶段和切削阶段的应力分布，然而磨粒的耕犁阶段和切削阶段的界限仍然需要进一步求解。Chen 和 Öpöz[10]通过单颗磨粒的实验研究，发现随着磨粒切削深度的增加，磨粒切削效率呈现上升的趋势。因此，通过切削效率随切削深度变化来区分两个阶段具有理论可能。因此，在此次研究中进行了单颗磨粒滑擦实验，实验中工件材料采用不锈钢 440C（$Ra=0.04\sim0.05\mu m$）。表 2-1 列举了不锈钢 440C 的物理性能。图 2-7 是滑擦实验结果。

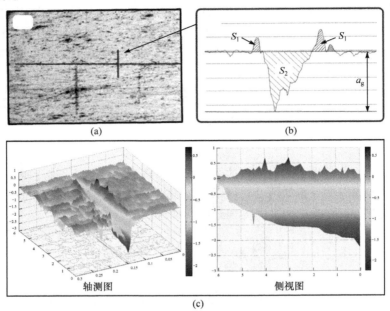

(a)　　　　　　　　　　　　　(b)

轴测图　　　　　　　　　　　　侧视图

(c)

图 2-7　滑擦实验结果（单位：μm）

表 2-1　440C 的元素组成

元素	C	Si	S	Cu	Mn	Mo	Cr	P	Ni
成分	0.95	1.00	余量	0.3	1.00	0.75	16~18	0.035	0.60

图 2-7（a）为划痕表面形貌图，采用表面粗糙度仪 TIME3220 在垂直于划痕的方向测量一条直线上的划痕二维表面轮廓数据，图 2-7（b）为测量结果。在每条曲线的二维表面轮廓中，测量犁沟深度（切削深度）和塑性堆积率，形成犁沟深度与塑性堆积率相关的数据库，以此求解塑性堆积率随切削深度的变化规律。通过二维表面轮廓构建三维表面轮廓数据，采用 MATLAB 对数据进行拟合，以达到划痕表面轮廓重构的目的，如图 2-7（c）所示。

如图 2-7 所示，随着切削深度的不断增加，始终存在塑性堆积现象。这证明了前面对磨粒耕犁、切削机理的分析，磨粒在切削过程中确实同时存在弹塑性变形区和成屑区。进一步观察表面形貌图可知，随着切削深度持续增加，塑性堆积高度呈现下降的趋势。

采用 MATLAB 对测量得到的每个二维表面轮廓数据进行了处理，求解了切削深度和相对应的切削效率。计算原理如图 2-7（b）所示，编程测算犁沟表面形貌的塑性堆积部分的截面积和去除工件材料的截面积；进一步切削效率计算公式为：在磨粒切削得到的犁沟形貌上，被去除的材料体积与形成的犁沟总体积的比值，$\beta=1-(S_1+S_3)/S_2$。切削效率 β 随切削深度 a_g 的变化规律如图 2-8 所示。由此构建了不同切削深度和相对应切削效率的数据库，进一步对这些数据进行拟合求解切削效率随切削深度变化的表达式。拟合结果如图 2-8 所示。

根据数据切削效率 β 随切削深度 a_g 变化的数据点阵可知，随着切削深度的增加，切削效率的变化趋势呈现 S 形增长趋势。而根据前面对磨粒切削机理的分析可知，磨粒切削始终存在塑性堆积现象，变化趋势也同实验得到的数据点阵趋势相同。然而实验的数据范围是切削深度为 0～4.5μm，对于切削深度大于 4.5μm 的变化趋势预测也同样重要。当切削深度大于 4.5μm 时，其变化趋势应该是斜率趋近于常数的线性变化趋势。

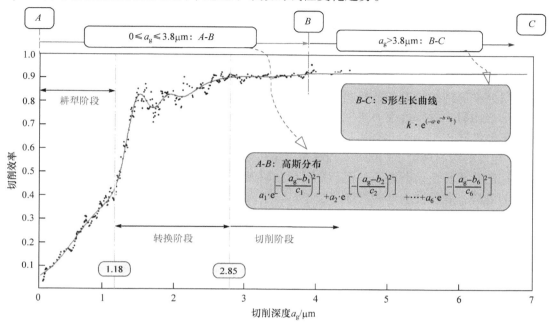

图 2-8　切削效率的变化规律

因此，切削效率随切削深度的变化趋势应该呈现 S 形生长曲线，在切削深度进一步增大时切削效率呈现为常数。因此为了得出具体的变化函数曲线，对数据点进行拟合，采用高斯拟合，R^2 达到了 0.9729，结合拟合曲线可知拟合优度达到了多种函数中的最优值。然而高斯拟合在 a_g 为 3.8μm 以后的变化趋势不符合切削效率变化的本质规律。因此采用分段函数的方法解决这个问题。拟合后变化规律函数如下。拟合公式常数值如表 2-2 所示(置信区间为 95%)。

$$\beta(a_g) = \begin{cases} a_1 \cdot e^{\left[-\left(\frac{a_g-b_1}{c_1}\right)^2\right]} + a_2 \cdot e^{\left[-\left(\frac{a_g-b_2}{c_2}\right)^2\right]} + \cdots + a_6 \cdot e^{\left[-\left(\frac{a_g-b_6}{c_6}\right)^2\right]}, & 0 \leqslant a_g \leqslant 3.8\mu m \\ k \cdot e^{\left(-a \cdot e^{-b \cdot a_g}\right)}, & a_g > 3.8\mu m \end{cases} \tag{2-2}$$

表 2-2　$\beta(a_g)$ 的参数(95%置信区间)

参数	值	参数	值	参数	值
a_1	-6.351×10^{11}	b_1	71.85	c_1	12.85
a_2	0.02612	b_2	2.732	c_2	0.1701
a_3	0.7112	b_3	2.319	c_3	1.517
a_4	2.051	b_4	5.66	c_4	2.302
a_5	0.06955	b_5	1.881	c_5	0.1619
a_6	0.3025	b_6	1.444	c_6	0.2253
k	0.9215	a	5.21	b	2.004

如图 2-8 所示,根据切削效率曲线曲率,可将区域分为三部分:耕犁阶段、转换阶段、切削阶段。通过观察切削效率函数变化规律可以发现:

(1)耕犁现象出现在 a_g=0.023μm,即 a_g=0~0.023μm 为滑擦阶段,相比 Hahn 和 Lindsay[11] 研究结果,滑擦阶段所占比例较小;考虑到 Hahn 和 Lindsay 采用测量磨削力区分的宏观性和砂轮磨粒分布的随机性,划痕实验结果具有合理性。

(2)在图 2-8 中的 3 个区域中,曲线斜率变化趋势存在明显差异,耕犁阶段切削效率呈现缓慢上升的趋势。传统磨削理论论述:耕犁作用过程中不产生磨屑,仅存在工件材料的塑性变形。研究中得到的结论和磨削理论并不矛盾,在耕犁阶段切削效率大于零的表征并不指切除材料形成切屑。耕犁过程中减少的材料部分可能是由磨粒耕犁导致材料体积压缩、部分材料黏附于磨粒等。

(3)与传统磨削理论不同的是,当耕犁结束后切削效率曲线急剧上升进入转换阶段,耕犁阶段向切削阶段转换是渐进的过程,并不存在明显的转换值。在转换阶段切削效率先呈现急剧上升的趋势,后缓慢上升并逐渐趋于稳定。进入切削阶段后切削效率逐渐趋于常数。

表 2-3 为不同磨粒阶段对应的切削深度。

表 2-3 磨粒阶段切削深度

切削深度 a_g	磨粒阶段
1.18μm 以下	耕犁阶段
1.18~2.85μm	转换阶段
2.85μm 以上	切削阶段

2.2.2 切削力模型

1. 成屑区切削力模型(α_1~π/2)

令成屑区磨粒作用于工件的应力为 δ_0,由能量守恒定律可知:随磨粒运动产生的能量一部分用于接触面工件材料的塑性变形(F_{01}、E_{01}、δ_{01}),另一部分用于材料的断裂成屑(F_{02}、E_{02}、δ_{02})。由于工件材料各向同性,材料的塑性变形极限为屈服极限 δ_s,因此成屑区——塑性变形应力 $\delta_{01}=\delta_s$。如图 2-9 所示,积分单元 ds 的计算公式为

$$ds = \frac{a_g^2 \cdot \tan\theta}{2 \cdot \cos\theta} \cdot d\alpha \tag{2-3}$$

成屑区——塑性变形力是 a_g 的函数,切向/法向力表达式为

$$F_{tc(01)}(a_g) = \int_{\alpha_1}^{\frac{\pi}{2}} \delta_s \cdot a_g^2 \cdot \tan\theta \cdot \cos\alpha \cdot d\alpha \tag{2-4}$$

$$F_{nc(01)}(a_g) = \int_{\alpha_1}^{\frac{\pi}{2}} \delta_s \cdot a_g^2 \cdot \tan^2\theta \cdot d\alpha = \left(\frac{\pi}{2} - \alpha_1\right) \cdot \delta_s \cdot a_g^2 \cdot \tan^2\theta \tag{2-5}$$

式中,δ_s 为工件材料的屈服极限;a_g 为磨粒切削深度;θ 为磨粒半顶角;α_1 为塑性堆积临界角;$F_{tc(01)}(a_g)$ 为切向成屑区——塑性变形力;$F_{nc(01)}(a_g)$ 为法向成屑区——塑性变形力。

由图 2-9 可知,固定时刻材料的断裂成屑的面积应为 A_m,而实现材料断裂完成切削需克服材料的断裂极限 δ_b,因此成屑区——材料去除应力 δ_{02} 和切向成屑区——材料去除力

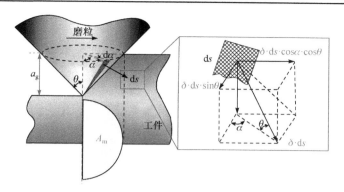

图 2-9　磨粒切削力计算原理

$F_{tc(02)}(a_g)$ 的关系式为

$$F_{tc(02)}(a_g) = \int_{\alpha_1}^{\frac{\pi}{2}} \delta_{02} \cdot a_g^2 \cdot \tan\theta \cdot \cos\alpha \cdot d\alpha = \delta_b \cdot A_m \qquad (2\text{-}6)$$

根据式 (2-6) 可求出 δ_{02} 为

$$\delta_{02} = \frac{\pi \cdot \tan\theta}{2 \cdot (1 - \sin\alpha_1)} \cdot \delta_b \qquad (2\text{-}7)$$

根据 δ_{02} 可求出法向成屑区——材料去除力为

$$F_{nc(02)}(a_g) = \int_{\alpha_1}^{\frac{\pi}{2}} \delta_{02} \cdot a_g^2 \cdot \tan^2\theta \cdot d\alpha = \frac{\pi \cdot \left(\dfrac{\pi}{2} - \alpha_1\right)}{2 \cdot (1 - \sin\alpha_1)} \cdot \delta_b \cdot a_g^2 \cdot \tan^3\theta \qquad (2\text{-}8)$$

综上，成屑区应力 δ_0 应为

$$\delta_0 = \delta_{01} + \delta_{02} = \delta_s + \frac{\pi \cdot \tan\theta}{2 \cdot (1 - \sin\alpha_1)} \cdot \delta_b \qquad (2\text{-}9)$$

2. 弹塑性变形区力模型（0～α_1）

随着角度增加（0～α_1），弹塑性变形区应力 δ_1 由 0 线性增至 δ_0，因此应力 δ_1 随 α 变化的函数可表示为

$$\delta_1(\alpha) = \left[\frac{\delta_s}{\alpha_1} + \frac{\pi \cdot \delta_b \cdot \tan\theta}{\alpha_1 \cdot (1 - \sin\alpha_1)}\right] \cdot \alpha \qquad (2\text{-}10)$$

进一步可求出弹塑性变形区磨粒切削力为

$$F_{tc(1)}(a_g) = \int_0^{\alpha_1} \delta_1(\alpha) \cdot a_g^2 \cdot \tan\theta \cdot \cos\alpha \cdot d\alpha \qquad (2\text{-}11)$$

$$F_{nc(1)}(a_g) = \int_0^{\alpha_1} \delta_1(\alpha) \cdot a_g^2 \cdot \tan^2\theta \cdot d\alpha \qquad (2\text{-}12)$$

3. 切削磨粒磨削力模型

综合成屑区和弹塑性变形区力公式，可求得切削力的计算公式为

$$F_{tc}(a_g) = F_{tc(1)}(a_g) + F_{tc(01)}(a_g) + F_{tc(02)}(a_g)$$

$$= \int_0^{\alpha_1} \delta_1(\alpha) \cdot a_g^2 \cdot \tan\theta \cdot \cos\alpha \cdot d\alpha + \int_{\alpha_1}^{\frac{\pi}{2}} \delta_s \cdot a_g^2 \cdot \tan\theta \cdot \cos\alpha \cdot d\alpha + \delta_b \cdot A_m \qquad (2\text{-}13)$$

$$F_{nc}(a_g) = F_{nc(1)}(a_g) + F_{nc(01)}(a_g) + F_{nc(02)}(a_g)$$

$$= \left[\int_0^{\alpha_1} \delta_1(\alpha) \cdot d\alpha + \frac{\pi \cdot \left(\frac{\pi}{2} - \alpha_1\right)}{2 \cdot (1 - \sin\alpha_1)} \cdot \delta_b \cdot \tan\theta + \left(\frac{\pi}{2} - \alpha_1\right) \cdot \delta_s \right] \cdot a_g^2 \cdot \tan^2\theta \qquad (2\text{-}14)$$

式中，塑性堆积临界角 α_1 是 a_g 的函数，其函数关系在下面的划痕实验中计算。公式中其他参数是和工件材料属性相关的已知参数，因此切削力计算公式是磨粒切削深度 a_g 的函数，代入切削深度 a_g 即可得到具体的切削力数值。

2.2.3　耕犁力模型

耕犁阶段的实质为材料在耕犁力的作用下发生塑性变形，而材料的塑性变形极限为屈服极限。由于材料各向同性，不同磨粒表面发生塑性变形力方向均垂直于表面且大小相等，因此单颗磨粒的耕犁力计算公式为

$$F_{tp}(a_g) = \int_0^{\frac{\pi}{2}} \delta_s \cdot a_g^2 \cdot \tan\theta \cdot \cos\alpha \cdot d\alpha \qquad (2\text{-}15)$$

$$F_{np}(a_g) = \int_0^{\frac{\pi}{2}} \delta_s \cdot a_g^2 \cdot \tan^2\theta \cdot d\alpha = \frac{\pi}{2} \cdot \delta_s \cdot a_g^2 \cdot \tan^2\theta \qquad (2\text{-}16)$$

式中，其他参数是和加工材料属性相关的已知参数，因此耕犁力计算公式是磨粒切削深度 a_g 的函数，代入切削深度 a_g 即可得到具体的耕犁力数值。

2.2.4　摩擦力模型

在目前的研究中，学者普遍认为摩擦力由磨平的磨粒顶部与工件材料滑擦导致。实际上，摩擦力还应包含磨粒前刀面与磨屑、磨粒侧面与划痕侧壁的摩擦力。

1. 磨粒前刀面和侧面摩擦力计算

在磨削过程中，磨粒耕犁、切削工件材料从而形成塑性堆积和磨屑。在耕犁过程中只产生塑性堆积现象，在切削阶段既存在塑性堆积现象，又存在成屑现象，而这都需要磨粒将一定的应力施加于工件。磨粒与工件摩擦力由此产生。力的大小一方面取决于磨粒在耕犁、切削过程中与工件间的应力，另一方面取决于磨粒与工件间的润滑情况。在固定时刻，磨屑相对于磨粒向砂轮运动，磨屑受到的摩擦力方向与磨粒与工件界面平行并指向工件。在塑性堆积现象中磨粒向外挤压输送材料流，工件材料相对于磨粒向砂轮方向运动；塑性变形材料受到的摩擦力方向与磨粒与工件界面平行并指向工件。磨粒与工件摩擦力示意图如图 2-10 所示。对于耕犁磨粒和切削磨粒，接触应力不同导致摩擦力不同。

1）耕犁磨粒计算公式

耕犁磨粒的磨粒与工件摩擦力 $F_{pf}(a_g)$ 计算公式为

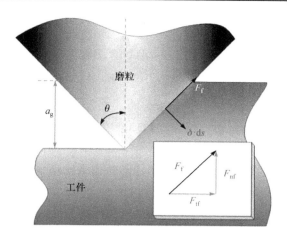

图 2-10　磨粒前刀面及侧面的摩擦力

$$F_{pf}\left(a_g\right) = 2\cdot\int_0^{\frac{\pi}{2}}\mu\cdot\delta_s\cdot\mathrm{d}s = \int_0^{\frac{\pi}{2}}\mu\cdot\delta_s\cdot a_g^2\cdot\frac{\tan\theta}{\cos\theta}\cdot\mathrm{d}\alpha \tag{2-17}$$

式中，μ 为工件材料/磨粒摩擦副之间的摩擦系数。

进而，将摩擦力分解至切向和法向，即

$$F_{tpf}\left(a_g\right) = F_{pf}\left(a_g\right)\cdot\sin\theta = \int_0^{\frac{\pi}{2}}\mu\cdot\delta_s\cdot a_g^2\cdot\tan^2\theta\cdot\mathrm{d}\alpha \tag{2-18}$$

$$F_{npf}\left(a_g\right) = F_{pf}\left(a_g\right)\cdot\cos\theta = \int_0^{\frac{\pi}{2}}\mu\cdot\delta_s\cdot a_g^2\cdot\tan\theta\cdot\mathrm{d}\alpha \tag{2-19}$$

2）切削磨粒计算公式

切削磨粒的磨粒与工件摩擦力 $F_{cf}(a_g)$ 计算公式为

$$F_{cf}\left(a_g\right) = 2\cdot\left(\int_{\alpha_1}^{\frac{\pi}{2}}\mu\cdot\delta_0\cdot\mathrm{d}s + \int_0^{\alpha_1}\mu\cdot\delta_1\cdot\mathrm{d}s\right)$$

$$= \int_{\alpha_1}^{\frac{\pi}{2}}\mu\cdot\delta_0\cdot a_g^2\cdot\frac{\tan\theta}{\cos\theta}\cdot\mathrm{d}\alpha + \int_0^{\alpha_1}\mu\cdot\delta_1\cdot a_g^2\cdot\frac{\tan\theta}{\cos\theta}\cdot\mathrm{d}\alpha \tag{2-20}$$

进而，将摩擦力分解至切向和法向，即

$$F_{tcf}\left(a_g\right) = F_{cf}\left(a_g\right)\cdot\sin\theta = \int_{\alpha_1}^{\frac{\pi}{2}}\mu\cdot\delta_0\cdot a_g^2\cdot\frac{\tan\theta}{\cos\theta}\cdot\mathrm{d}\alpha + \int_0^{\alpha_1}\mu\cdot\delta_1\cdot a_g^2\cdot\frac{\tan\theta}{\cos\theta}\cdot\mathrm{d}\alpha \tag{2-21}$$

$$F_{ncf}\left(a_g\right) = F_{cf}\left(a_g\right)\cdot\cos\theta = \int_{\alpha_1}^{\frac{\pi}{2}}\mu\cdot\delta_0\cdot a_g^2\cdot\tan\theta\cdot\mathrm{d}\alpha + \int_0^{\alpha_1}\mu\cdot\delta_1\cdot a_g^2\cdot\tan\theta\cdot\mathrm{d}\alpha \tag{2-22}$$

切削磨粒和耕犁磨粒的磨粒与工件摩擦力计算公式中，塑性堆积临界角 α_1 是 a_g 的函数，其函数关系在下面的划痕实验中计算；摩擦系数 μ 与润滑工况有关，其大小通过不同工况下的摩擦磨损实验求得；式中其他参数是和工件材料属性相关的已知参数。因此磨粒与工件摩擦力计算公式是磨粒切削深度 a_g 的函数，代入切削深度 a_g 即可得到具体的力数值。

2. 磨粒磨损摩擦力

在以前的研究中，通过式(2-23)和式(2-24)计算磨粒磨损摩擦力为

$$f_n = N_d \cdot S_w \cdot \overline{p} \tag{2-23}$$

$$f_t = \mu \cdot N_d \cdot S_w \cdot \overline{p} \tag{2-24}$$

式中，N_d 为磨削区动态有效磨粒数；S_w 为磨粒顶部磨损区域面积；$\overline{p}$ 为磨粒与工件间的平均接触压力。

采用抛物线模拟磨粒切削轨迹，则砂轮半径磨粒切削路径半径 R_c 的偏差 Δ 为[12]

$$\Delta = \frac{2}{D} - \frac{1}{R_c} \tag{2-25}$$

$$\Delta = \pm \frac{4 \cdot v_w}{v_s \cdot d_e} \tag{2-26}$$

式中，d_e 为砂轮当量直径，对于平面磨削加工有 $d_e \approx D$。

根据 Malkin[12]的研究可知，随着偏差 Δ 的增大，平均接触压力 $\overline{p}$ 呈现线性上升的趋势，关系式为

$$\overline{p} = P_0 \cdot \Delta = \frac{4 \cdot P_0 \cdot v_w}{v_s \cdot D} \tag{2-27}$$

平均接触压力 $\overline{p}$ 随着磨削工艺参数的变化而变化。P_0 是一个常数，可以通过实验获得。将式(2-26)和式(2-27)代入式(2-23)和式(2-24)，则法向摩擦力和切向摩擦力可表示为

$$f_n = N_d \cdot S_w \cdot \overline{p} = \frac{4 \cdot P_0 \cdot S_w \cdot N_d \cdot v_w}{v_s \cdot D} = \frac{4 \cdot K_1 \cdot N_d \cdot v_w}{v_s \cdot D} \tag{2-28}$$

$$f_t = \mu \cdot N_d \cdot S_w \cdot \overline{p} = \frac{4 \cdot \mu \cdot P_0 \cdot S_w \cdot N_d \cdot v_w}{v_s \cdot D} = \frac{4 \cdot \mu \cdot K_1 \cdot N_d \cdot v_w}{v_s \cdot D} \tag{2-29}$$

$$K_1 = P_0 \cdot S_w \tag{2-30}$$

磨粒磨损摩擦力计算公式中，摩擦系数 μ 与润滑工况有关，其大小通过不同工况下的摩擦磨损实验求得；K_1 是与砂轮磨粒磨损情况相关的物理量，可通过磨削实验反求；式中其他参数是已知参数。

3. 摩擦磨损实验求解摩擦系数

无论采用单颗磨粒磨削实验还是整体的磨削实验确定摩擦系数，都难以高精度地求解摩擦分力并存在局限性。研究者仅研究干磨削工况下的摩擦分力，若加入润滑工况，复杂的摩擦学特性导致摩擦系数求解更缺乏准确性。因此，采用旋转摩擦磨损实验的方法对摩擦系数进行求解并代入摩擦力公式，分别以工件材料 440C 和刚玉砂轮圆盘作为两个摩擦副。在摩擦磨损实验中分别模拟干磨削、浇注式磨削、MQL 磨削、NMQL 磨削四种工况的摩擦条件，测量砂轮与工件材料间的摩擦系数。实验设置如图 2-11 所示，刚玉砂轮参数如表 2-4 所示，摩擦磨损实验参数如表 2-5 所示。

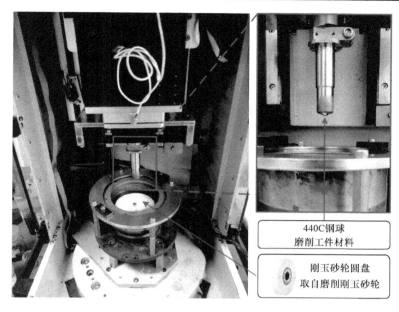

图 2-11　摩擦磨损实验设置

表 2-4　刚玉砂轮参数

型号	尺寸/mm	磨粒尺寸/目	硬度	黏结剂
WA80H12V	$\phi 50 \times 2$	80	中等	陶瓷

表 2-5　摩擦磨损实验参数

条件	值
测试温度 / ℃	25 ± 5
测试持续时间 / s	1200
负载 / N	10
频率 / Hz	2
钢球材料	440C
钢球直径 / mm	9.5
钢球硬度 / HRC	58~60

通过实验结果可知，在磨削参数为 $v_s = 20$ m / s, $v_w = 2$ m / min, a_p=15μm 的情况下，四种工况下的摩擦系数分别如下：干磨削为 0.607，浇注式磨削为 0.446，MQL 磨削为 0.505，NMQL 磨削为 0.417，如图 2-12 所示。

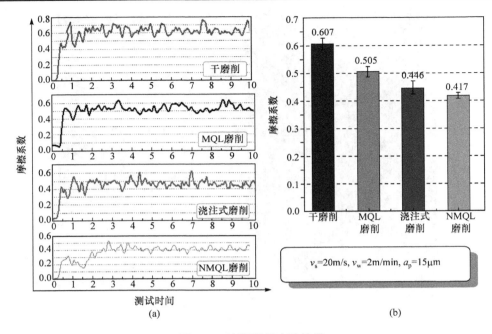

图 2-12　摩擦磨损实验结果

2.3　普通砂轮模型及动态有效磨粒

2.2 节中已经建立了磨粒切削和耕犁状态下的力学计算公式。本节将建立磨削区动态有效磨粒及其磨削深度计算公式。

2.3.1　磨削区磨粒突出高度

磨粒在砂轮表面上的分布是随机、不均匀的，Zhang 等[13]假设砂轮中的磨粒粒径分布为正态分布，从而磨粒的平均直径 d_{mean} 为

$$d_{mean} = \frac{d_{max} + d_{min}}{2} \tag{2-31}$$

式中，d_{max} 为最大磨粒粒径；d_{min} 为最小磨粒粒径。

根据正态分布函数特性，可获得磨粒粒径分布的标准差 σ 为[14]

$$\sigma = \frac{d_{max} - d_{min}}{6} \tag{2-32}$$

根据正态分布函数的概率密度公式，可得出磨粒的粒径 d 分布函数为

$$\phi(d) = \frac{1}{\sqrt{2\pi} \cdot \sigma} \cdot e^{\left[-\frac{(d-d_{mean})^2}{2\sigma^2} \right]} \tag{2-33}$$

对于固定型号的砂轮，根据砂轮组织号 S_0 可计算得出砂轮体内磨粒的体积含量 V_g 为

$$V_g = 2 \cdot (31 - S_0) \tag{2-34}$$

砂轮中的磨粒为均匀分布，由此可计算得到理论磨粒间距 L_r 为

$$L_r = d_{mean} \cdot \left(\sqrt{\frac{\pi}{4V_g}} - 1 \right) \qquad (2\text{-}35)$$

根据磨粒的理论间距、砂轮磨削宽度 b 和磨削区接触弧长 L_g，可以求得沿砂轮周向和轴向的磨粒数 N_x 和 N_y 分别为

$$N_x = \frac{L_g}{d_{mean} + L_r} \qquad (2\text{-}36)$$

$$N_y = \frac{b}{d_{mean} + L_r} \qquad (2\text{-}37)$$

因此，取样砂轮总的磨粒数 N 为

$$N = N_x \cdot N_y \qquad (2\text{-}38)$$

通过求得的粒径概率密度分布函数和磨削区内的总磨粒数 N，利用 MATLAB 编程可生成总数为 N 的磨粒群模型矩阵 $G(d)$ 为

$$G(d) = \begin{bmatrix} d_{11} & d_{12} & \cdots & d_{1N_y} \\ d_{21} & d_{22} & \cdots & d_{2N_y} \\ \vdots & \vdots & & \vdots \\ d_{N_x1} & d_{N_x2} & \cdots & d_{N_xN_y} \end{bmatrix} \qquad (2\text{-}39)$$

磨粒在砂轮基体突出高度方向位置是随机分布的，青岛理工大学王胜[15]在建立砂轮模型的过程中，对磨粒在突出高度方向采用磨粒振动法模拟磨粒位置，并且其认为磨粒在砂轮表面服从均匀分布。进一步研究发现，80#砂轮当振动次数大于 800 后横截面积标准差减小至最小值并趋于平稳。磨粒轴向振动的迭代方程为

$$z_{gkn} = z_{gk0} + \delta \cdot z_{gk0} + \delta \cdot z_{gk1} + \cdots + \delta \cdot z_{gkn} \qquad (2\text{-}40)$$

式中，k 为磨粒的编号；n 为振动次数；z_{gk0} 为磨粒的初始 z 向坐标值；$\delta \cdot z_{gk1}$ 为随机数；z_{gkn} 为磨粒的最终 z 向坐标值，满足 $[-L_r, L_r]$ 区间的均匀分布。

因此在此次研究的磨削力建模过程中，磨粒初始 z 向坐标值设置为 0、振动次数为 800。生成磨粒的轴向位置数组为

$$G(z) = \frac{G(d)}{2} + G(z_g) = \begin{bmatrix} z_{11} & z_{12} & \cdots & z_{1N_y} \\ z_{21} & z_{22} & \cdots & z_{2N_y} \\ \vdots & \vdots & & \vdots \\ z_{N_x1} & z_{N_x2} & \cdots & z_{N_xN_y} \end{bmatrix} \qquad (2\text{-}41)$$

2.3.2　静态有效磨粒

如图 2-13 所示，处于磨削区内的磨粒可分为以下几种状态：未接触、滑擦、耕犁、切削，对工件材料变形起作用的为切削、耕犁、滑擦三种状态磨粒。而这三种状态区别于磨粒的切削深度，在一定切削深度情况下取决于磨粒突出高度。在实际生产中，砂轮对刀寻找相对零点时，要求砂轮恰好磨到工件表面。因此当给定磨削深度 a_p 后，以最高突出磨粒为基准，在磨粒数组 $G(z)$

中与工件干涉的磨粒突出高度应在$[z_{max}-a_p，z_{max}]$区间内。由此可由 $G(z)$ 筛选求出静态有效磨粒矩阵 $G(c)$，进一步可求出静态有效磨粒数组中各个磨粒的磨削深度矩阵 $G(a_p)$ 为

$$G(a_p) = G(c) - z_{max} + a_p \tag{2-42}$$

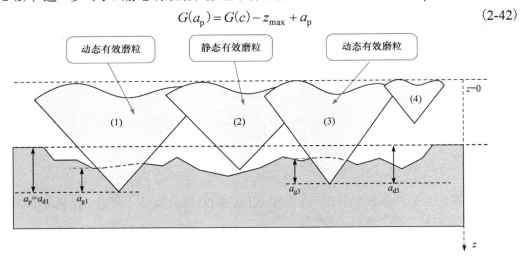

图 2-13　磨削区的静态和动态有效磨粒

2.3.3　动态有效磨粒及其切削深度

在磨削过程中由于磨粒的突出高度不同,并非所有静态有效磨粒都会参与到切削过程中。一个磨粒是否与工件干涉取决于与前一个磨粒的距离和突出高度差。另外,随着磨削参数的改变,磨削区内的动态有效磨粒数和对应的切削深度也会发生变化。如图 2-14 所示,静态有效磨粒 2 并未与工件发生干涉。静态有效磨粒是否与工件发生干涉取决于与前一个动态有效磨粒的距离与磨粒本身的突出高度。

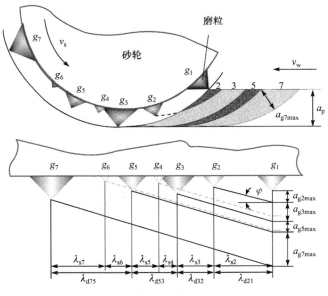

图 2-14　动态有效磨粒的最大未变形切屑厚度

根据磨削原理可知,对于两个连续切削磨粒,通过几何关系可求出其最大未变形切屑厚度为

$$a_{g\,max} = 2 \cdot \lambda \cdot \frac{v_w}{v_s} \cdot \sqrt{\frac{a_p}{D}} \tag{2-43}$$

式中，$a_{g\,max}$ 为磨粒最大未变形切屑厚度；λ 为连续切削磨粒间距。

对于工程化砂轮，磨粒间距离和突出高度相等，磨削区内的所有磨粒都会参与磨削过程，λ 为平均磨粒间距 (L_r+d)。但对于普通砂轮，λ 为有效切削磨粒的间距。进一步考虑动态有效磨粒的突出高度不同，因此推导出第 n 个磨粒的最大未变形切屑厚度为

$$a_{g\,max(n)} = 2 \cdot \lambda_{(n\sim n-1)} \cdot \frac{v_w}{v_s} \cdot \sqrt{\frac{a_p}{D}} \left(a_{p(n)} - a_{p(n-1)} \right) \tag{2-44}$$

式中，$a_{g\,max(n)}$ 为第 n 个动态有效磨粒的最大未变形切屑厚度；$\lambda_{(n\sim n-1)}$ 为第 n 个和第 $n-1$ 个动态有效磨粒间距；$a_{p(n)}$ 为第 n 个动态有效磨粒突出高度；$a_{p(n-1)}$ 为第 $n-1$ 个动态有效磨粒突出高度。

此外，学者将磨粒切削平均切削深度定义为 $a_{g\,mean}=0.5a_{g\,max}$。因此，动态有效磨粒数 N_d 以及相应的切削深度 a_g 能够通过模拟仿真获得并生成动态有效磨粒数组 $G(a_g)$。前面提出了随着磨削参数的改变，磨削区内的动态有效磨粒数和对应的切削深度会发生变化。为了研究不同磨削参数对磨削区动态有效磨粒的影响规律，采用以上模型进行了仿真研究。研究发现，砂轮圆周速度和进给速度对动态有效磨粒的影响很小，相反，磨削深度对动态有效磨粒数和最大未变形切屑厚度产生了较大影响。如图 2-15 所示，随着磨削深度的增加，动态有效磨粒数和最大未变形切屑厚度均呈现增大的趋势。

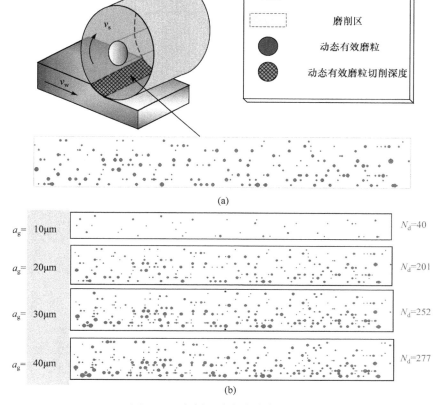

图 2-15　磨削区动态有效磨粒和 a_g

2.4　普通砂轮磨削力模型及预测

2.4.1　磨削力模型建立

磨削力预测流程如图 2-16 所示，分为以下几步：① 输入砂轮参数和磨削工艺参数（表 2-6），可获得动态有效磨粒 N_d 及其切削深度 a_g，动态有效磨粒根据切削深度分为切削磨粒（数量为 N_c）和耕犁磨粒（数量为 N_p）；② 输入工件物理性能参数，各部分力将通过公式计算，如切削力（式（2-13）和式（2-14））、耕犁力（式（2-15）和式（2-16））、摩擦力（式（2-18）、式（2-19）、式（2-21）式（2-22）、式（2-28）、式（2-29））。普通砂轮磨削力模型可表示为

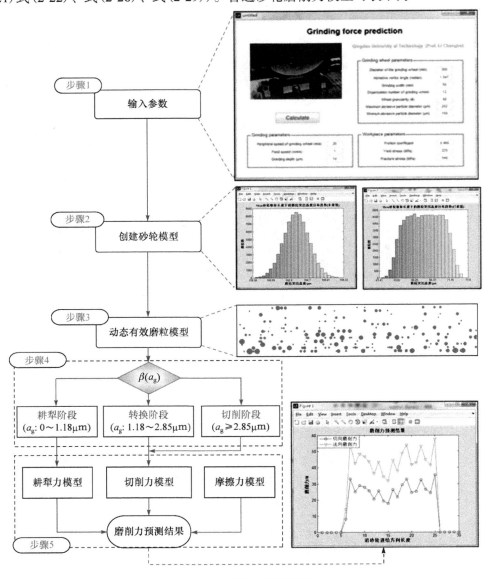

图 2-16　磨削力预测流程

$$F_t = \sum_{n=1}^{N_c} \left[F_{tc}\left(a_{gn}\right) + F_{tcf}\left(a_{gn}\right) \right] + \sum_{m=1}^{N_p} \left[F_{tp}\left(a_{gm}\right) + F_{tpf}\left(a_{gm}\right) \right] + f_t \tag{2-45}$$

式中，F_t 为切向磨削力；$F_{tc}\left(a_{gn}\right)$ 为第 n 个切削磨粒的切向切削力；$F_{tcf}\left(a_{gn}\right)$ 为第 n 个切削磨粒的切向磨粒与工件摩擦力；a_{gn} 为第 n 个切削磨粒的切削深度，$1 \leqslant n \leqslant N_c$；$F_{tp}\left(a_{gm}\right)$ 为第 m 个耕犁磨粒的切向耕犁力；$F_{tpf}\left(a_{gm}\right)$ 为第 m 个耕犁磨粒的切向磨粒与工件摩擦力；a_{gm} 为第 m 个耕犁磨粒的切削深度，$1 \leqslant m \leqslant N_p$，$N_c + N_p = N_d$；$f_t$ 为切向磨粒磨损摩擦力。

$$F_n = \sum_{n=1}^{N_c} \left[F_{nc}\left(a_{gn}\right) - F_{ncf}\left(a_{gn}\right) \right] + \sum_{m=1}^{N_p} \left[F_{np}\left(a_{gm}\right) - F_{npf}\left(a_{gm}\right) \right] + f_n \tag{2-46}$$

式中，F_n 为法向磨削力；$F_{nc}\left(a_{gn}\right)$ 为第 n 个切削磨粒的法向切削力；$F_{ncf}\left(a_{gn}\right)$ 为第 n 个切削磨粒的法向磨粒与工件摩擦力；$F_{np}\left(a_{gm}\right)$ 为第 m 个耕犁磨粒的法向耕犁力；$F_{npf}\left(a_{gm}\right)$ 为第 m 个耕犁磨粒的法向磨粒与工件摩擦力；f_n 为法向磨粒磨损摩擦力。

表 2-6　输入参数

类型	参数	值
砂轮参数	砂轮直径 D / mm	300
	颗粒顶角 θ /(°)	120
	砂轮粒度/目	80
	砂轮组织号	12
	最大磨粒粒径 d_{max} / mm	0.202
	最小磨粒粒径 d_{min} / mm	0.158
磨削参数	砂轮的圆周速度 v_s / (m/s)	10~30
	进给速度 v_w / (m/min)	0.5~3.0
	磨削深度 a_p / mm	0.01~0.04
	磨削宽度 b / mm	50
工件材料	屈服极限 δ_s / MPa	225
	断裂极限 δ_b / MPa	540
	摩擦系数	干磨削 (0.607)

2.4.2 磨削力预测

模拟仿真采用白刚玉砂轮 (WA80H12V)，具体参数为：尺寸 300mm×50mm×76.2mm，磨粒粒度 80 目，最高线速度 35m/s。不锈钢 440C 作为工件。模型中仅存在一个未知参数 K_1 (表征磨粒磨损状态的物理量)，可通过一组实验测得的磨削力进行求解。磨削参数为 v_s=20m/s，v_w=2m/min，a_p=15μm，K_1=18.36。

2.5 磨削力实验验证

2.5.1 实验设置

采用单因素实验方法对不同工件参数(v_w, v_s, a_p)下的磨削力进行了实验测量。进一步对四种润滑工况进行单因素实验，分别为干磨削、浇注式、微量润滑、纳米流体微量润滑。实验中采用MoS_2纳米粒子和棕榈油配制质量分数为4%的纳米流体，用于纳米流体微量润滑磨削实验。

2.5.2 预测值与实验值对比分析

图2-17为不同工况下的磨削力预测及实验结果。

根据图2-17可知，磨削力预测值和实验值具有很高的吻合度，对于法向磨削力，预测值与实验值的平均偏差为4.19%；对于切向磨削力，预测值与实验值的平均偏差为4.31%。选中一组磨削工况进行分析（干磨削，v_s=20m/s，v_w=2m/min，a_p=15μm），切向摩擦力占总磨削力的89.17%，法向摩擦力占总磨削力的90.71%。剩余部分是切削力和耕犁力的和。当磨削工艺参数不变时，微量润滑磨削摩擦力占总磨削力的比例下降至切向力86.52%，法向力89.43%。

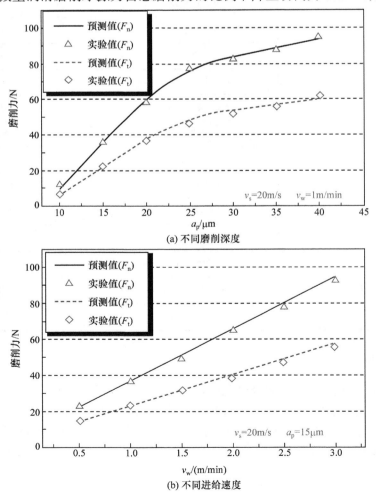

(a) 不同磨削深度

(b) 不同进给速度

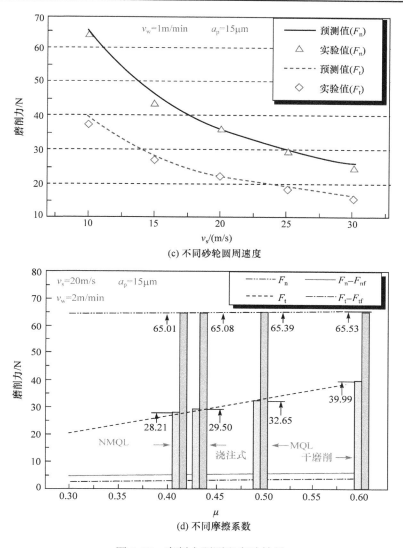

(c) 不同砂轮圆周速度

(d) 不同摩擦系数

图 2-17　磨削力预测和实验结果

2.5.3　磨削力变化趋势分析

随着磨削深度 a_p 的增加，磨削区动态有效磨粒数以及对应的切削深度均增加，因此切削力、耕犁力、摩擦力均呈现上升趋势。随着砂轮转速 v_s 增加，磨削区切削磨粒数量 N_c 及其切削深度变化不大，但摩擦力显著减小。随着工件进给速度 v_w 增加，磨削区切削磨粒数量 N_c 及其切削深度变化不大，但摩擦力显著上升，从而总体磨削力上升。在不同的冷却润滑工况下，摩擦系数变化时摩擦力也发生相应改变。对于不锈钢材料 440C 的磨削加工，纳米流体微量润滑得到了最小的摩擦系数（0.42）和最小的磨削力（F_n=65.01N，F_t=28.21N）。随着摩擦系数的变化，切向力较法向力的变化率更大。

2.6 结 论

针对现有磨削力模型对磨粒所处状态区分不明确、没有以单颗磨粒受力状态为基础计算磨削力等问题，本章对低速准静态磨削工况下的磨削区材料去除机理及力学行为进行了理论研究，并建立了磨削力预测模型。具体研究内容如下。

（1）研究了磨削区材料去除机理，磨粒与工件材料干涉同时存在材料断裂去除效应和塑性堆积效应，通过单颗磨粒滑擦实验研究得到磨粒切削深度 a_g 和磨粒切削效率 β 的影响关系，并通过关系函数将不同切削深度磨粒精准地划分为切削磨粒和耕犁磨粒。

（2）率先提出了基于塑性堆积和材料断裂去除原理的磨削力模型，并建立了切削力、耕犁力、摩擦力的理论计算公式，实现了不同切削深度的单颗磨粒磨削力精准预测。

（3）建立了工件磨削区动态有效磨粒及其切削深度计算模型，考虑每个磨粒的受力状态进行磨削力建模仿真，相比目前普遍采用的平均磨粒切削深度方法，此方法能够更好地还原磨削区磨粒切削状态。

（4）进行了工件与砂轮材料的摩擦磨损实验并获得不同润滑工况下的摩擦系数，将摩擦系数代入磨削力预测模型对不同润滑工况进行表征。纳米流体微量润滑由于具有优异的冷却润滑性能，取得了最小的摩擦系数。

（5）通过磨削加工实验对磨削力预测得到的结果进行验证，结果表明，磨削力预测值和实验值具有很高的吻合度，对于法向磨削力，预测值与实验值的平均偏差为 4.19%；对于切向磨削力，预测值与实验值的平均偏差为 4.31%。

参 考 文 献

[1] CAO J, WU Y, LI J, et al. A grinding force model for ultrasonic assisted internal grinding(UAIG) of SiC ceramics[J]. International Journal of Advanced Manufacturing Technology, 2015, 81(5-8): 875-885.

[2] LEE P H, NAM J S, LI C, et al. An experimental study on micro-grinding process with nanofluid minimum quantity lubrication(MQL)[J]. International Journal of Precision Engineering and Manufacturing, 2012, 13(3): 331-338.

[3] ZHOU M, ZHENG W. A model for grinding forces prediction in ultrasonic vibration assisted grinding of SiCp/Al composites[J]. International Journal of Advanced Manufacturing Technology, 2016, 87(9-12): 1-14.

[4] CHEN X, ROWE W B. Analysis and simulation of the grinding process. Part II: Mechanics of grinding[J]. International Journal of Machine Tools & Manufacture, 1996, 36(8): 883-896.

[5] 杜海军, 芮延年, 王锐, 等. MATLAB 的平磨工件表面三维模型仿真方法[J]. 现代制造工程, 2009(2): 48-51.

[6] SETTI D, SINHA M K, GHOSH S, et al. Performance evaluation of Ti-6Al-4V grinding using chip formation and coefficient of friction under the influence of nanofluids[J]. International Journal of Machine Tools & Manufacture, 2015, 88(88): 237-248.

[7] DOYLE E D, DEAN S K. An insight into grinding from a materials viewpoint[J]. CIRP Annals - Manufacturing Technology, 1980, 29(2): 571-575.

[8] DOYLE E D, AGHAN R L. Mechanism of metal removal in the polishing and fine grinding of hard metals[J]. Metallurgical & Materials Transactions B, 1975, 6(1): 143-147.

[9] PIISPANEN V. Theory of formation of metal chips[J]. Journal of Applied Physics, 1948, 19(10): 876-881.

[10] CHEN X, ÖPÖZ T T. Effect of different parameters on grinding efficiency and its monitoring by acoustic

emission[J].Production & Manufacturing Research, 2016, 4(1): 190-208.

[11] HAHN R S, LINDSAY R P. Principle of grinding, part I, II [J]. Machinery, 1971, 77(7): 55-62.

[12] MALKIN S. Theory and Application of Machining with Abrasives[M]. Chichester: Ellis Horwood Limited, 1989.

[13] ZHANG J H, LI H, ZHANG M, et al. Study on force modeling considering size effect in ultrasonic-assisted micro-end grinding of silica glass and Al_2O_3 ceramic[J]. International Journal of Advanced Manufacturing Technology, 2017, 89(1-4): 1173-1192.

[14] WANG S, LI C H, ZHANG D, et al. Modeling the operation of a common grinding wheel with nanoparticle jet flow minimal quantity lubrication[J]. International Journal of Advanced Manufacturing Technology, 2014, 74(5-8): 835-850.

[15] 王胜. 纳米粒子射流微量润滑磨削表面形貌创成机理与实验研究[D]. 青岛: 青岛理工大学, 2013.

第3章 不同润滑工况的速度效应及材料去除力学行为

3.1 引　言

在第 2 章建立了低速磨削不同润滑工况下的基于塑性力学理论的磨削力学模型，实现了微量润滑、纳米流体微量润滑磨削力的精准预测。随着磨削理论及技术的发展，高速/超高速磨削技术展现出更大的优势[1]，更高的磨削速度下极高的应变率对材料去除机理和比磨削能造成影响。不仅如此，高速下磨粒与切屑、磨粒与工件界面的摩擦学特性也会发生改变，同时材料去除力学行为也区别于低速磨削工况下的一般塑性力学行为。

在磨削加工中，磨削区存在循环往复的多个磨粒切削工件材料从而形成新鲜表面。这一特性使磨削加工区别于切削加工：一方面，磨粒的负前角切削特性使材料去除机理发生变化，从而需要更高的比磨削能，也产生了大量的磨削热；另一方面，磨粒间的位置关系以及磨削工艺参数的变化对磨粒切削工件材料的干涉曲线具有较大的影响，使磨削加工过程具有高度的复杂性和随机性。因此，单颗磨粒切削机理的研究是研究磨削机理最基本的方法[2]，同时是深入理解磨削区冷却润滑机理以及材料去除力学行为的重要基础[3]。

因此，本章的主要目的是通过研究微量润滑和纳米流体微量润滑高速磨削的输出参数变化，从而揭示磨削区材料去除机理、界面冷却润滑机理及界面摩擦学特性和有关参数的影响趋势，进一步理解高应变率条件下的材料去除力学行为。

3.2 不同润滑工况高速磨削材料去除力学行为

3.2.1 磨粒与工件干涉几何学模型

磨粒与工件干涉几何学模型是研究磨粒切削行为的基础，切屑、划痕是磨粒与工件干涉后的产物。在以往的研究中，对于顶角为 θ 的磨粒切削得到的磨屑，学者将磨屑三维模型简化为截面为三角形的棱形体。事实上，这种建模方法忽略了本次磨粒切削的前一个动态有效磨粒的切削行为对本次磨屑三维模型的影响。在普通砂轮磨削过程中，由于相邻两颗动态有效磨粒具有不同的形状特征，考虑磨粒形貌的磨屑三维建模的难度较大，而且并不能以较高还原度模拟普通砂轮磨削过程。而单颗磨粒砂轮在磨削过程中只有一个磨粒参与切削，在磨削参数固定的情况下每次切削均可得到相同的磨屑。因此，下面将建立考虑磨粒形貌的磨屑三维模型。

1. 磨屑形态

单颗磨粒磨削得到的磨屑自由表面是上一次磨粒切削后形成的新鲜表面，磨粒前刀面去除材料后在磨屑上形成光滑表面，同时在工件上形成新鲜表面。如图 3-1 所示，单颗磨粒在恒定工艺参数工况下切削去除材料部分(即磨屑去除前形态)呈现为船形。

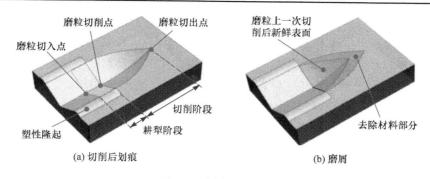

图 3-1　磨屑三维模型

根据图 3-1，单颗磨粒与工件材料干涉过程描述如下。

（1）磨粒由切入点切入后进入滑擦/耕犁阶段，沿运动方向磨粒与工件的干涉横截面积由 0 逐渐增大。此时不形成切屑，磨粒与工件干涉部分材料向划痕两侧流动发生塑性变形，形成塑性隆起。磨粒只承受材料塑性变形产生的耕犁力。

（2）磨粒进入切削点后进入切削阶段，沿运动方向磨粒与工件的干涉横截面积逐渐增大。如图 3-2(b)所示，随着磨粒向前切削运动，磨粒切削深度逐渐增大，直到 D—D 界面后达到最大值（即最大未变形切屑厚度 $a_{g\,max}$）。此时存在塑性堆积与材料去除，磨粒承受材料塑性变形和材料断裂去除所产生的力。

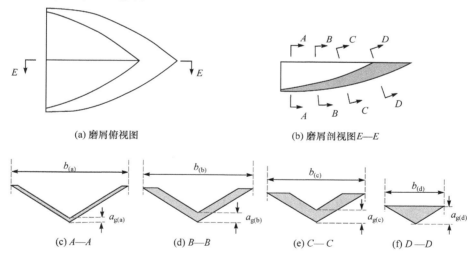

图 3-2　磨屑三维模型视图及不同切削深度处的横截面

磨粒切削进程中，除了磨粒切削深度发生变化，沿磨粒运动方向磨屑的横截面形状和面积也将发生变化。如图 3-2 所示，A、B、C、D 四个截面位置的剖视图分别为图 3-2(c)～(f)。尽管由 A 到 D 磨粒的切削深度增加并在 D 点达到了最大未变形切屑厚度，然而 D 点的横截面积并非最大值；另外，横截面积中的每个单元材料的变形机理不同，从而具有不同的磨削力贡献率。因此，要研究磨粒切削工件材料的力学行为，应先建立磨粒与工件干涉几何学模型。

2. 磨屑厚度

对于单颗磨粒高速切削实验，磨削参数恒定的情况下每次形成的切屑形状一致，其厚度最大处的切屑厚度称为最大未变形切屑厚度 $a_{g\,max}$。在以往研究中，研究者将磨屑的形成所受的力计算为一个值，其与最大未变形切屑厚度 $a_{g\,max}$ 成正比。这种研究方法既忽略了磨屑形成动态过程中磨屑形态的变化，也忽略了磨粒切削深度、干涉材料横截面积变化对磨削力的影响。如图 3-2 所示，自磨粒切入工件起至磨粒切出工件，磨粒的切削深度先增大后减小，在 B 处达到最大值 $a_{g\,max}$。现在以磨粒摆角 ψ 作为自变量，建立磨粒切削深度 a_g 的计算公式。如图 3-3 所示，由于磨粒切削深度在 B 点前后呈现不同的变化趋势，现将 a_g 函数分为 $A\text{-}B$、$B\text{-}C$ 两部分讨论。

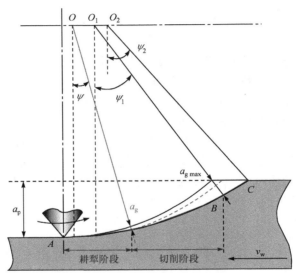

图 3-3　磨粒切削深度及摆角

(1) 在 $A\text{-}B$ 阶段 ψ 区间为 $[0, \psi_1)$，根据几何关系可得

$$\psi_1 = \arccos \frac{D - 2a_p}{D - 2a_{g\,max}} \tag{3-1}$$

当磨粒切削至 B 点时，磨屑切削厚度为最大未变形切屑厚度，对于单颗磨粒切削，磨粒间距 λ 等于砂轮盘周长 πD，因此可表示为

$$a_{g\,max} = 2 \cdot \pi \cdot \frac{v_w}{v_s} \cdot \sqrt{a_p D} \tag{3-2}$$

当磨粒切削至 $\psi (0 \leqslant \psi < \psi_1)$ 时，磨粒与切入点垂直距离 a_p 和摆角 ψ 的几何关系可表示为

$$a_p(\psi) = \frac{D}{2}(1 - \cos\psi) \tag{3-3}$$

将式 (3-3) 中磨粒与切入点垂直距离 $a_p(\psi)$ 代入式 (3-2) 代替 a_p，即可求得在摆角 ψ_1 处的磨粒切削深度。因此磨粒切削深度可表达为

$$a_g(\psi) = \pi \cdot D \cdot \frac{v_w}{v_s} \cdot \sqrt{2(1 - \cos\psi)} \tag{3-4}$$

(2) 在 $B\text{-}C$ 阶段 ψ 区间为 $[\psi_1, \psi_2]$，根据几何关系可得

$$\psi_2 = \arccos \frac{D - 2a_p}{D} \tag{3-5}$$

建立单颗磨粒切削点位置坐标系,磨削路径 AC 为水平方向移动和磨粒圆周旋转运动复合形成的摆线,给定单颗磨粒切削工艺参数,可得出磨粒切削点轨迹方程随磨粒切削摆角变化的关系式为

$$\begin{cases} x = \dfrac{D}{2}\left(\sin\psi + \dfrac{\psi v_w}{v_s} \right) \\ y = \dfrac{D}{2}(1 - \cos\psi) \end{cases} \tag{3-6}$$

当磨粒切削至 $\psi_1(\psi_1 \leqslant \psi \leqslant \psi_2)$ 时,根据几何关系可求得

$$a_g(\psi) = \frac{a_p - y(\psi)}{\cos\psi} = \frac{a_p - \dfrac{D}{2}(1 - \cos\psi)}{\cos\psi} \tag{3-7}$$

根据以上分析,最终磨粒的切削深度公式可表达为

$$a_g(\psi) = \begin{cases} \pi \cdot D \cdot \dfrac{v_w}{v_s} \cdot \sqrt{2(1 - \cos\psi)}, & 0 \leqslant \psi < \psi_1 \\[3mm] \dfrac{a_p - \dfrac{D}{2}(1 - \cos\psi)}{\cos\psi}, & \psi_1 \leqslant \psi \leqslant \psi_2 \end{cases} \tag{3-8}$$

3. 磨屑截面形状及面积

图 3-4 为磨屑横截面示意图,根据磨粒切削路径与磨屑截面高度 h 的几何关系,可得出 h 的计算公式为

$$h(\psi) = \frac{a_p - \dfrac{D}{2}(1 - \cos\psi)}{\cos\psi} \tag{3-9}$$

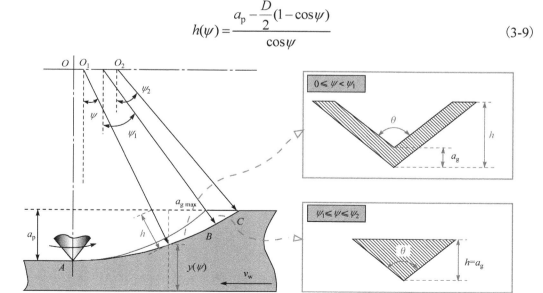

图 3-4　不同摆角处的磨屑截面形状

在 A-B 阶段磨屑截面形状为 V 形，随着磨粒摆角 ψ 逐渐增加，V 形截面高度 h 逐渐减小，V 形磨屑横截面积 S_{v} 计算公式为

$$S_{\mathrm{v}} = h^2(\psi) \cdot \tan\frac{\theta}{2} - \left[h(\psi) - a_{\mathrm{g}}(\psi)\right]^2 \cdot \tan\frac{\theta}{2}$$
$$= a_{\mathrm{g}}(\psi) \cdot \tan\frac{\theta}{2} \cdot \left[2h(\psi) - a_{\mathrm{g}}(\psi)\right] \tag{3-10}$$

在 B-C 阶段磨屑截面为三角形，随着磨粒摆角 ψ 逐渐增加，三角形截面高度 $h=a_{\mathrm{g}}$ 逐渐减小，三角形磨屑横截面积 S_{t} 计算公式为

$$S_{\mathrm{t}} = h^2(\psi) \cdot \tan\frac{\theta}{2} \tag{3-11}$$

因此磨屑横截面积 S 计算公式为

$$S(\psi) = \begin{cases} a_{\mathrm{g}}(\psi) \cdot \tan\dfrac{\theta}{2} \cdot \left[2h(\psi) - a_{\mathrm{g}}(\psi)\right], & 0 \leqslant \psi < \psi_1 \\ h^2(\psi) \cdot \tan\dfrac{\theta}{2}, & \psi_1 \leqslant \psi \leqslant \psi_2 \end{cases} \tag{3-12}$$

图 3-5 为 $v_{\mathrm{s}} = 100\mathrm{m/s}$、$v_{\mathrm{w}} = 0.01\mathrm{m/s}$、$a_{\mathrm{p}} = 50\mu\mathrm{m}$ 工况下磨粒切削深度函数 $a_{\mathrm{g}}(\psi)$ 和磨粒切削磨屑横截面积函数 $S(\psi)$ 曲线图、一次磨削力波形。随着摆角 ψ 增加，磨屑长度不断增加，$a_{\mathrm{g}}(\psi)$ 呈现接近线性的变化趋势，在 B 点（$\psi=\psi_1$）处达到最大值（$a_{\mathrm{g\ max}}$）后减小至 0；而 $S(\psi)$ 呈现二次函数变化趋势，在 A 点（$\mathrm{d}S(\psi)=0$）达到最大值后逐渐降低至 0。显然，磨粒横截面积最大值处 A 点并非最大未变形切屑厚度，A 点位置更接近于磨屑中点位置。通过单颗磨粒测量磨削力的信号图可知，在一次磨粒切削过程中，磨削力的最大值也出现在中点附近。因此，采用磨屑横截面积方程作为自变量描述单颗磨粒磨削过程、磨削力等参数更具合理性。

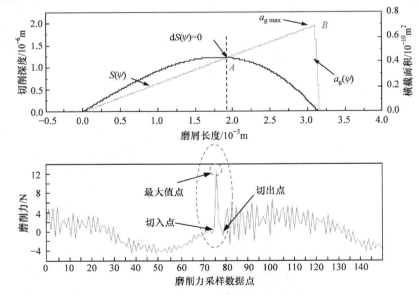

图 3-5　切削深度及磨屑横截面积函数、磨削力信号图

4. 磨屑横截面积修正模型

磨屑横截面积的计算公式基于磨粒顶角为 θ 的圆锥体这一假设，忽略了磨粒前刀面的微观形貌以及磨粒顶角钝圆特性；另外，在实际切削中磨粒的实际干涉曲线往往和理论干涉曲线具有一定差距。因此，前面得到的磨屑横截面积计算公式适用于普通砂轮磨削过程中的工件表面形貌预测、磨削力建模仿真等，这种工况下众多磨粒的形貌不均、切削状态各不相同，采用理论计算公式是目前最有效的模拟仿真方式。然而对于单颗磨粒磨削，磨粒形貌、划痕形貌可通过技术手段捕捉，这为进一步对理论磨屑横截面积计算公式进行修正提供了条件，模型修正方法可用于磨削性能预测和磨削性能参数分析。

通过观测磨粒形貌并建立磨粒边界模型代替圆锥体磨粒模型，可实现磨削力、磨痕形貌等磨削参数的预测。如图 3-6 所示，通过 SEM 拍摄可获得金刚石磨粒的形状信息，建立如图 3-6 所示坐标系，根据磨粒前刀面视图建立单颗磨粒的二维数学模型 $g(x)$，通过建模可得

$$g(x) = a_0 + a_1\cos(wx) + b_1\sin(wx) + \cdots + a_4\cos(4wx) + b_4\sin(4wx) \tag{3-13}$$

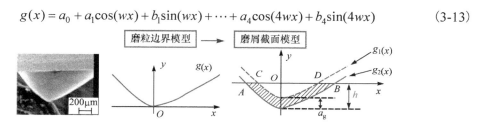

图 3-6　基于磨粒边界模型的磨屑截面函数

表 3-1 列举了置信度 95%条件下的参数拟合值及置信区间。

表 3-1　参数拟合值及置信区间

参数	数值	置信区间	参数	数值	置信区间
a_0	166.1	(44, 288.2)	w	0.005433	(0.002743, 0.008123)
a_1	−152.1	(−271.8, −32.41)	b_1	−58.23	(−106.3, −10.2)
a_2	−6.915	(−14.87, 1.04)	b_2	27.63	(−9.265, 64.53)
a_3	−0.5167	(−5.108, 4.074)	b_3	−8.489	(−23.95, 6.968)
a_4	−6.535	(−13.51, 0.4424)	b_4	1.545	(−12.93, 16.02)

给定磨削参数后，在磨粒摆角为 $\psi(0 \leqslant \psi < \psi_1)$ 时磨屑截面形状如图 3-7 所示。此磨屑截面上边界为 $g_1(x) = g(x) - h(\psi) + a_g(\psi)$，磨屑截面下边界为 $g_2(x) = g(x) - h(\psi)$。分别令 $g_1(x) = 0$、$g_2(x) = 0$，得出 A、B、C、D 四个点的 x 坐标值关于磨粒摆角 ψ 的函数 $X_A(\psi)$、$X_B(\psi)$、$X_C(\psi)$、$X_D(\psi)$，则在 $0 \leqslant \psi < \psi_1$ 区间内磨屑横截面积为

$$S(\psi) = \left| \int_{X_B(\psi)}^{X_A(\psi)} g_2(x)\mathrm{d}x \right| - \left| \int_{X_D(\psi)}^{X_C(\psi)} g_1(x)\mathrm{d}x \right| \tag{3-14}$$

同理，在 $\psi_1 \leqslant \psi \leqslant \psi_2$ 区间内磨屑横截面积为

$$S(\psi) = \left| \int_{X_B(\psi)}^{X_A(\psi)} g_2(x) \mathrm{d}x \right| \tag{3-15}$$

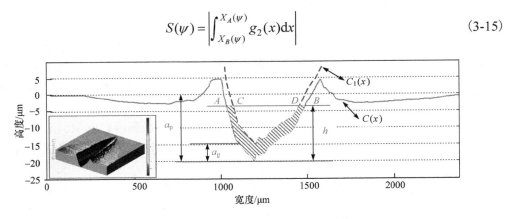

图 3-7　基于划痕模型的磨屑横截面积函数

采用相同的方法，通过观测单颗磨粒划痕形貌并测量划痕边界矩阵，代替圆锥体磨粒模型求解磨屑横截面积，可实现磨粒切削过程还原，结合所测得的磨削性能参数实现精准评价。如图 3-7 所示，通过三维形貌仪测量划痕三维形状信息，建立坐标系，并获得求解划痕界面的形貌矩阵 $C(x)$。

给定磨削参数后，在磨粒摆角为 $\psi(0 \leqslant \psi < \psi_1)$ 时磨屑截面形状如图 3-7 所示。此磨屑截面上边界为 $C_1(x) = C(x) + a_g(\psi)$，磨屑截面下边界为 $C(x)$。分别令 $C(x) = h$、$C_1(x) = h$，得出 A、B、C、D 四个点的 x 坐标值关于磨粒摆角为 ψ 的函数 $X_A(\psi)$、$X_B(\psi)$、$X_C(\psi)$、$X_D(\psi)$，则在 $0 \leqslant \psi < \psi_1$ 区间内磨屑横截面积为

$$S(\psi) = \left| \int_{X_B(\psi)}^{X_A(\psi)} (C(x) + h) \mathrm{d}x \right| - \left| \int_{X_D(\psi)}^{X_C(\psi)} (C_1(x) + h) \mathrm{d}x \right| \tag{3-16}$$

同理，在 $\psi_1 \leqslant \psi \leqslant \psi_2$ 区间内磨屑横截面积为

$$S(\psi) = \left| \int_{X_B(\psi)}^{X_A(\psi)} (C(x) + h) \mathrm{d}x \right| \tag{3-17}$$

3.2.2　成屑区力学作用机理及材料应变率

1. 成屑区材料变形机理及力学行为

单颗磨粒磨削区材料变形机理如图 3-8 所示，在磨削加工中成屑区的材料变形机制与切削加工相同，同时存在第一变形区和第二变形区。南京航空航天大学 Ding 等[4]对单颗磨粒高速切削高温镍基合金工件材料进行了模拟仿真，同样观察到以上现象。而与切削加工不同的是，磨粒负前角切削的形式使磨粒与磨屑之间的力学作用机理不同，剪切角 φ、摩擦角 β_f 以及应变率计算公式发生了变化，同时磨削工艺参数、润滑工况对材料去除机理的影响趋势也完全相同。单颗磨粒磨削区材料受力分析如图 3-9 所示，材料受力及变形机理可做以下描述。

(1) 在第一变形区，图 3-9(a) 为 A 点受力分析图，摩擦力 F_f 与挤压力 F_n 的合力为 F_r，按材料力学理论，材料断裂成屑方向（剪切带方向 F_s）与合力 F_r 夹角为 $\pi/4$，剪切角 φ 在水平线上。此时摩擦力 F_f 方向沿磨粒与切屑界面向上，摩擦力对材料断裂成屑起推动作用。因此根据各个角度间几何关系可求得剪切角 φ 表达式为

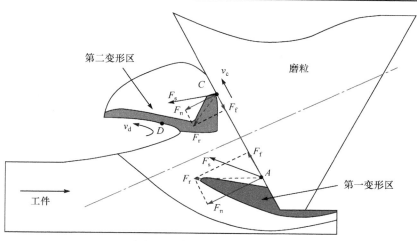

图 3-8 成屑区材料变形机理

$$\varphi_1 = \frac{\pi}{4} + \beta_f - \gamma_0 \qquad (3\text{-}18)$$

磨粒切削加工中磨屑的厚度与长度之比约为 1/100[5]，因此磨粒切削时负前角为 $\gamma_0 \approx \theta/2$，摩擦角为 $\beta_f = \arctan\mu$，其中 μ 为磨粒前刀面与切屑间的摩擦系数。将 γ_0 和 β 的计算关系式代入式(3-18)，可得

$$\varphi_1 = \frac{\pi}{4} + \arctan\mu - \frac{\theta}{2} \qquad (3\text{-}19)$$

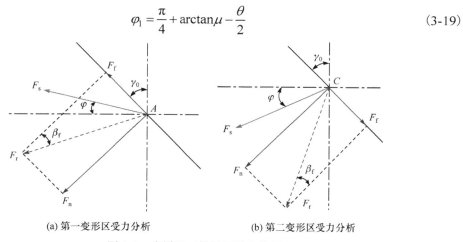

(a) 第一变形区受力分析   (b) 第二变形区受力分析

图 3-9 成屑区工件材料受力分析

(2)在第二变形区，图 3-9(b)为 C 点受力分析图，摩擦力 F_f 与挤压力 F_n 的合力为 F_r，按材料力学理论，材料断裂成屑方向(剪切带方向 F_s)与合力 F_r 夹角为 $\pi/4$，剪切角 φ 在水平线下。此时摩擦力 F_f 方向沿磨粒与切屑界面向下，摩擦力对磨屑的流动起阻碍作用。从运动学角度分析，由于摩擦力磨粒与磨屑界面运动速度较低，而磨屑自由面速度较高；在高速切削工况下，磨屑应变率较高导致磨粒与磨屑界面和磨屑自由面产生瞬间速度差从而产生剪切带，从而形成第二变形区。因此根据各个角度间几何关系可求得剪切角 φ 表达式为

$$\varphi_2 = \beta_f + \gamma_0 - \frac{\pi}{4} = \arctan\mu + \frac{\theta}{2} - \frac{\pi}{4} \qquad (3\text{-}20)$$

2. 成屑区应变率及其影响因素

对于高速磨削加工，应变率的变化是影响材料去除机制的主要因素。对于切削加工，切削过程中应变率高达 $10^4 \sim 10^5 \mathrm{s}^{-1}$；而对于低速磨削加工($v_s \leqslant 30\mathrm{m/s}$)，由于存在磨粒负前角特性，去除材料应变率高达 $10^7 \sim 10^8 \mathrm{s}^{-1}$。由此推测，高速磨削加工工况下其应变率比低速砂轮磨削加工还要高出 1 或 2 个数量级。在高速磨削加工工况下，由材料应变率引起的应变硬化效应和应变率强化效应对材料去除机理产生显著影响。金滩[14]建立的磨粒剪切区剪应变及应变率公式为

$$\gamma = \frac{\cos\dfrac{\theta}{2}}{\sin\varphi\cos\left(\varphi+\dfrac{\theta}{2}\right)} \tag{3-21}$$

$$\dot{\gamma} = \frac{2\lambda_1 v\cos\dfrac{\theta}{2}\sin\varphi}{a_{g\max}\cos\left(\varphi+\dfrac{\theta}{2}\right)} \tag{3-22}$$

式中，φ 为剪切角；θ 为磨粒顶角；λ_1 为剪切区平均长宽比($\lambda_1 = 6 \sim 12$)；v 为磨削速度，对于单颗磨粒磨削 $v \approx v_s$。将最大未变形切屑厚度式(3-2)和第一变形区剪切角式(3-19)、第二变形区剪切角式(3-20)分别代入式(3-22)，可进一步得到磨屑在两个变形区的应变率计算公式分别为

$$\dot{\gamma}_1 = \frac{\lambda v_s^2\cos\dfrac{\theta}{2}\sin\left(\dfrac{\pi}{4}+\arctan\mu-\dfrac{\theta}{2}\right)}{\pi v_w\sqrt{a_p D}\cos\left(\dfrac{\pi}{4}+\arctan\mu\right)} \tag{3-23}$$

$$\dot{\gamma}_2 = -\frac{\lambda v_s^2\cos\dfrac{\theta}{2}\sin\left(\arctan\mu+\dfrac{\theta}{2}-\dfrac{\pi}{4}\right)}{\pi v_w\sqrt{a_p D}\cos\left(\arctan\mu+\theta-\dfrac{\pi}{4}\right)} \tag{3-24}$$

根据式(3-23)可知，影响单颗磨粒切削过程中工件材料应变率的因素分为磨削参数(v_s、v_w、a_p)、磨粒形状(顶角 θ)和磨粒与磨屑界面润滑特性(摩擦系数 μ)。在此次研究中，由于 $v_s/v_w = 1\times10^4$，磨粒形状不变，下面讨论磨削速度 v_s、磨削深度 a_p 和摩擦系数 μ 对应变率的影响趋势。

如图 3-10(a)所示，在其他参数不变的情况下，当 v_s 由 30m/s 提高至 120m/s 时(剪切角 φ 也有所增大)第一变形区和第二变形区的应变率 $\dot{\gamma}$ 均呈现线性增大的趋势，相比第一变形区，第二变形区应变率具有更大的增长率。如图 3-10(b)所示，当摩擦系数 μ 由小增大时(表征润滑工况)，第一变形区的应变率呈现二次函数增加的趋势，这是由于在第一变形区摩擦力对材料去除起增益作用，摩擦力增大后应变率增加，从而更有利于成屑；第二变形区的应变率呈现二次函数减小的趋势，在第二变形区摩擦力对磨屑的流出起阻碍作用，磨屑的流动方向由指向磨粒逐渐转向沿磨粒表面，因此应变率逐渐降低。如图 3-10(c)所示，随着磨削深度的增加，应变率呈线性减小的趋势。由于此次研究针对高速磨削加工中的速度效应和润滑效应，考虑磨削速度和摩擦系数对应变率的影响趋势，图 3-10(d)为第一变形区和第二变形区在磨削速度、摩擦系数影响下的变化趋势图。

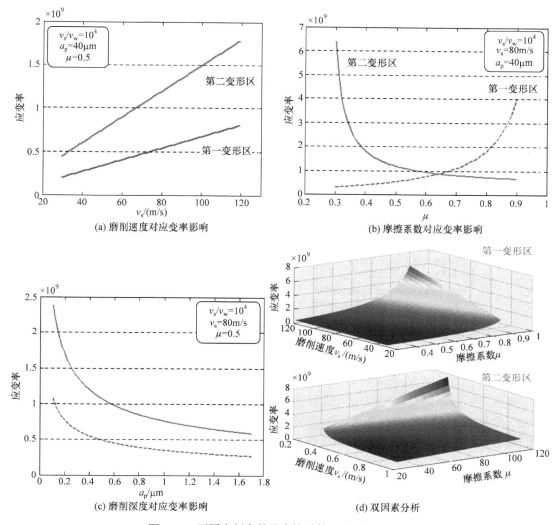

图 3-10　不同磨削参数及摩擦系数工况下的应变率

3.2.3　磨屑、划痕形成机理

高速磨削加工磨屑、划痕形成过程是磨粒与工件干涉情况下，工件材料经历塑性变形、断裂去除的过程，这一过程往往伴随着应变硬化、应变率强化效应和热软化效应等。

1. 磨屑形成机理及影响因素

磨屑的形态是塑性变形、断裂去除、应变硬化、应变率强化效应和热软化效应这几种现象的综合体现，冲击动力学将高速下材料的变形行为描述为绝热剪切过程。绝热剪切作用是指材料在冲击载荷下的本构失稳(热黏塑性失稳)。材料去除剪切区在冲击负荷的作用下具有极高的应变率，在极短时间内剪切区为绝热环境。此时，材料变形过程中的非弹性能转换为大量磨削热，从而导致剪切区材料温度急剧上升，材料在温升环境下硬度下降(软化)。此时热软化效应超过应变硬化和应变率强化效应，形成剪切带并导致材料失稳。因此，磨粒作用下的成屑过程是高应变率下的动态应力和热耦合作用过程。

金属材料的去除过程源于材料应变增加后的塑性变形，在以往研究中学者进行了大量的动态材料拉伸试验[6]，证明了应变硬化、应变率强化现象。如图 3-11 所示，随着应变率的变化，材料的去除过程可根据应力-应变曲线的不同分为以下 3 种。

（1）如图 3-12 所示，在准静态条件下（$\dot{\gamma} = 10^{-3}\,\mathrm{s}^{-1}$），随着应变的增加，材料应力显著增加，这说明工件材料存在明显的应变硬化效应，当应力增加至材料断裂极限 σ_{b1} 后形成磨屑，切屑自由面呈现为周期性的隆起（竹状），这是磨屑形成过程中的挤压变形所致。但是由于速度较低，材料变形的应变率较低，没有形成明显的剪切带现象。

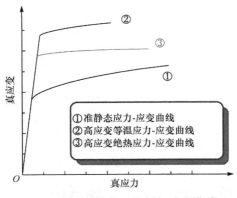

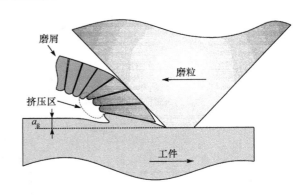

图 3-11　速度效应下的应力-应变曲线　　　　　图 3-12　准静态条件下的成屑机理

（2）如图 3-13 所示，在高应变率条件下（$\dot{\gamma} = 10^{3}\,\mathrm{s}^{-1}$），假设磨屑剪切区为等温环境，材料应力的应变硬化效应要远高于准静态条件，这种现象称为材料塑性变形的应变率强化效应，在应变率强化效应下材料的变形抗力得到提升。此时由于磨粒对材料具有强冲击效应，工件材料在高应变率条件下形成剪切层，从而形成磨屑，剪切层间的断裂极限应力为高应变率条件下的材料断裂极限 σ_{b2}。磨屑自由面呈现明显的周期性剪切滑移层，此时剪切层滑移距离明显高于准静态条件，而且速度越高，应变率越高，从而剪切层滑移距离越大，甚至会由于断崖式的断裂过程而导致剪切层间彻底断裂脱离。

（3）如图 3-14 所示，在高应变率条件下（$\dot{\gamma} = 10^{3}\,\mathrm{s}^{-1}$），考虑磨粒-磨屑界面温升，此时材料的塑性变形过程是应变率强化效应和热软化效应的综合结果，即绝热剪切过程。如图 3-11 所示，绝热剪切作用下应力-应变曲线介于准静态条件（曲线①）和高应变等温条件（曲线②）中，这是由于在应变率强化作用下，大量磨削热使材料软化从而降低变形抗力，而且随着应变率的增加，传入剪切区的热量越多，热软化效应越明显，三种边界条件下的材料断裂极限关系为：$\sigma_{b2} > \sigma_{b3} > \sigma_{b1}$。此时磨屑剪切层间同时存在材料断裂和材料热软化后的塑性流动。

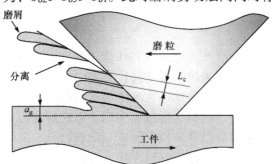

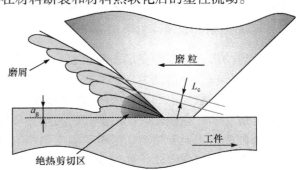

图 3-13　高应变等温条件下的成屑机理　　　　　图 3-14　高应变绝热条件下的成屑机理

因此，研究磨削参数、润滑工况对应变率效应、热软化效应的影响并建立评价模型是研究高速磨削条件下材料去除机理的关键问题。

2. 划痕形成机理及影响因素

第 2 章论述了低速磨削工况下的塑性堆积效应，并探索了准静态条件下不同切削深度对切削效率的影响趋势。通过本次实验结果可知，在高速磨削加工中塑性堆积效应依然存在。图 3-15 为沿磨粒切削的俯视图方向观察磨粒堆积效应示意图。

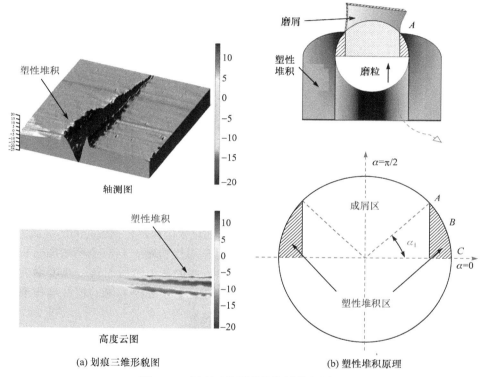

图 3-15　划痕三维形貌及塑性堆积原理

Öpöz 和 Chen[7]进行了单颗磨粒切削实验和理论仿真，发现随着磨削速度的升高，塑性堆积现象减弱。然而该研究中并未给出在塑性堆积效应下的材料变形机理。

由于磨屑两侧为轴对称关系，只分析磨粒右侧边缘材料受力变形情况，设在 A 点处（$\alpha=\alpha_1$）材料断裂成屑。如图 3-16 所示，由材料力学关系可知，磨粒向前切削过程中被去除材料与未去除材料之间的理论剪切变形区应与磨粒运动方向相同。由摩擦力 F_f 和挤压力 F_n 组成的合力为 F_r，材料实际断裂力 F_s 与 F_r 夹角为 $\pi/4$。将合力分解至与磨粒运动相同方向 F_y 和垂直方向 F_x。下面对材料去除变形机理进行分析。

（1）假设磨削参数不变，随着 α 的增大，材料实际断裂力 F_s 方向与理论剪切变形区的夹角 φ 不断减小，与此同时用于材料去除的分力 F_y 逐渐增大，直到增大到 $\alpha=\alpha_1$（$\varphi=0$）后，F_y 匹配材料断裂极限应力，从而形成切屑；而在 $\alpha\in[0,\alpha_1]$，F_y 没有达到材料断裂极限应力，以塑性堆积的形式流动至划痕两侧。换言之，随着 α 增大，磨粒切削的负前角 γ_0 逐渐减小，即磨粒越锋利，材料越容易发生断裂。这很好地解释了塑性堆积形成的过程。

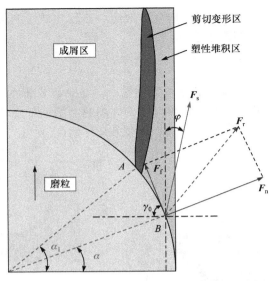

图 3-16　磨粒边缘工件材料变形机理及受力分析

(2) 现在针对 B 点讨论磨削速度对塑性堆积的影响趋势。B 点处的材料去除过程可简化为负前角 γ_0 刀具的切削，随着磨削速度的增加，B 点去除材料的应变率呈现上升的趋势。而根据应变率强化效应可知，当材料应变率增加时，材料的断裂应力和应变相应增大。根据金属加工理论[8,9]可知，当应变率增大时金属去除材料的延性与应变率强化效应和热软化效应间的强弱关系相关。

① 不考虑温升对磨削区带来的影响，即假设磨削温度恒定，当应变率增加时材料硬度增加，从而工件去除材料的延性下降。对于磨粒去除工件的三个阶段而言，速度增大会导致耕犁作用减弱，已经有学者证实了这一观点[10]。同样地，对于划痕两侧的塑性堆积现象，由于延性降低，隆起所占比例同样下降，即切削效率增大。

② 考虑温升对磨削区的热软化效应，材料去除的延性与应变率强化效应和热软化效应间的强弱关系相关。当应变率强化效应强于热软化效应时，划痕两侧隆起所占比例将减小；相反，当热软化效应强于应变率强化效应时，划痕两侧隆起所占比例将增大。此工况下的材料塑性指标如图 3-17(a) 所示。

(3) 当材料去除过程中的润滑工况不同时，会改变应变率强化效应和热软化效应间的强弱关系。具有较高摩擦系数和较差换热能力的润滑工况的热软化效应会增强；而具有较低摩擦系数和较好换热能力的润滑工况在产生较少摩擦热的同时，冷却润滑介质会带走更多的磨削热，从而降低了热软化效应的影响权重，如图 3-17(b) 所示。

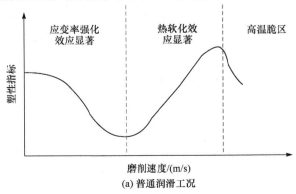

(a) 普通润滑工况

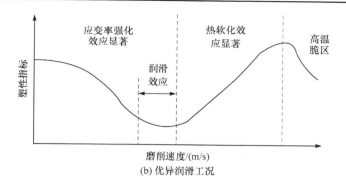

图 3-17　不同润滑工况对材料去除速度效应的影响

3.3　单颗磨粒高速磨削实验方法

3.3.1　实验平台搭建

1. 单颗磨粒/普通砂轮高速精密磨削实验平台

为满足高速磨削实验条件，团队搭建了单颗磨粒/普通砂轮高速精密磨削实验平台。该实验平台主要实现了单颗磨粒磨削力测量与分析、磨屑收集、磨痕表面形貌观察分析等。其中高速精密磨床主要参数如下：主轴最大输出功率为 5.5kW；最大转速为 18000r/min（采用200mm直径砂轮最高线速度可达 180m/s）；X/Y 方向工作台移动精度为 1μm，Z 方向工作台移动精度为 0.1μm。实验平台如图 3-18 所示。

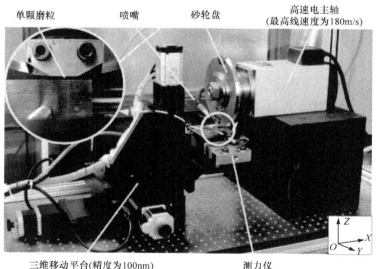

图 3-18　单颗磨粒/普通砂轮高速精密磨削实验平台

2. 单颗磨粒砂轮

单颗磨粒砂轮的设计制造是整个实验平台的关键，砂轮盘和夹持块采用 45 钢材料加工而成，金刚石镶嵌于阶梯芯轴顶端，磨粒突出高度约为 550μm，磨粒顶角为 122°，如图 3-19 所示。

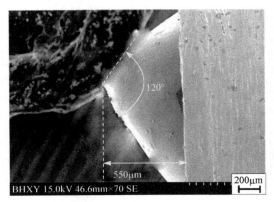

(a) 金刚石侧面　　　　　　　　　　　　　　　(b) 金刚石正面

图 3-19　单颗金刚石磨粒表面形貌

装配过程中，金刚石阶梯芯轴安装于夹持块内阶梯孔实现定位，同时阶梯孔后端采用内六角全螺纹螺钉对圆柱体夹紧。带有金刚石磨粒的夹持块装于砂轮盘方槽内，依靠周向宽度公称尺寸与夹持块宽度相同的方槽对其进行周向定位，并采用两个铰制孔螺栓实现夹持块的径向定位。砂轮高速旋转过程中，夹持块的离心力由铰制孔螺栓承担，切削作用产生的切向磨削力由方槽侧面承担。同时，在带有金刚石的夹持块的轴对称位置装有不带金刚石的夹持块，起配重作用。单颗磨粒砂轮设计制造中，安全转速满足最低 200m/s。装配完成后，委托青岛四砂泰益超硬研磨股份有限公司进行了高速动平衡调试。装置图如图 3-20 所示。

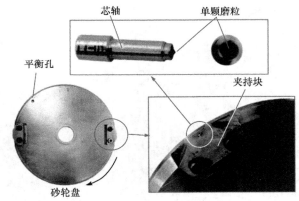

图 3-20　单颗磨粒的装夹

3. 磨削力动态采集系统

高速磨削实验中，测力单元采用基于压电石英三维力传感器的 YDM-Ⅲ99 三向磨削测力仪，其 X、Y 方向固有频率在 5kHz 以上，Z 向固有频率在 25kHz 以上。力信号由测力仪输出后通过电荷放大器接入电信号采集模块（凌华 ADLINK USB-1902），采集模块的采集频

率可达 X、Y、Z 每通道 80kHz。最终力信号图输入磨削力动态采集系统并输出图像。在本次实验中，最高磨削线速度达到 120m/s，单颗磨粒与工件材料干涉后产生的力信号频率小于 200Hz，所采用磨削力动态采集系统能够实现高速磨削工况下的力信号采集。磨削力动态采集系统如图 3-21 所示。

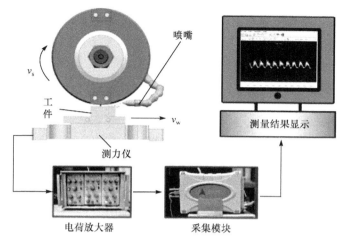

图 3-21　单颗磨粒切削实验磨削力动态采集系统

3.3.2　以往单颗磨粒实验方法论述

单颗磨粒切削去除材料得到的磨屑为楔形，从磨粒切入工件至磨粒切出工件，切削深度呈现先增大后减小的变化趋势，在最大切削深度处成为最大未变形切屑厚度。因此材料去除机理随切削深度改变，根据切削深度由小到大将成屑过程分为三个阶段：滑擦、耕犁和成屑。单颗磨粒高速切削实验旨在还原砂轮磨削过程中的磨粒切削行为。目前学者针对不同的实验目的和磨削工艺参数设计了多种单颗磨粒切削实验方法，最基本的方法可总结为以下三种：等切厚切削、梭形切削和三角形切削，如图 3-22 所示。

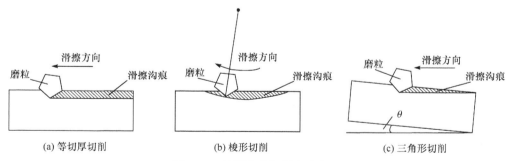

图 3-22　单颗磨粒切削实验方法

（1）等切厚切削。这种方法实现了磨粒切削深度为定值，磨粒的切削深度为砂轮在切削深度方向的进给量。由于该种方法具有恒定的磨削工艺参数，理论上每次磨粒切削都具有相同的切削路径，同时获得相同的切屑形状。Ohbuchi[11]首先采用等切厚切削方法进行实验研究。而车削式切削是最常用的等切厚切削方法之一，实验中将工件材料加工为圆柱体装于车床同时将磨粒装于车刀处，或者将工件材料加工为圆盘状安装于磨床主轴同时将磨粒安装于磨床工作台。

(2)梭形切削。这种方法生成的切屑形状类似于梭子,两头尖中间厚。德国 Klocke 等[12]将单颗磨粒固定于砂轮盘对水平工件进行了梭形切削实验,英国 Öpöz 和 Chen[7]也采用相同的方法进行了不同切削深度对塑性堆积率影响的单颗磨粒实验研究,原理图如图 3-23(a)所示。华侨大学吴海勇等[13]采用梭形切削方法进行了金刚石切削 Ta12W 材料的实验研究。而湖南大学金滩教授[14]在博士学位论文中将单颗磨粒固定于磨床工作台,同时将圆弧形工件装夹于砂轮盘,也实现了梭形切削,原理图如图 3-23(b)所示。这种方法的不足是,在工件旋转一周形成磨痕后磨粒依然会对生成的磨痕进行第二次甚至多次切削。特别对于高速切削,这一特点并不完全吻合真实的磨粒切削加工行为。

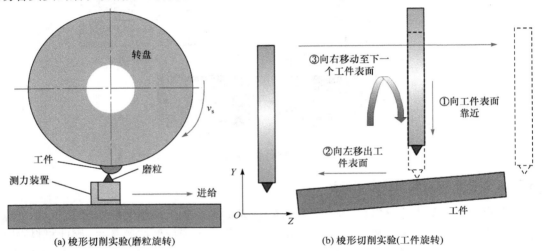

(a) 梭形切削实验(磨粒旋转)　　　　　　　(b) 梭形切削实验(工件旋转)

图 3-23　单颗磨粒梭形切削实验方法

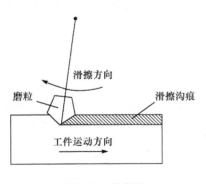

图 3-24　单步法

(3)三角形切削。这种方法采用单颗磨粒逐渐切入具有一定角度的工件,观察随切削深度逐渐增大工况下的磨削现象[15]。由于这种方法对工件的夹装角度设置精度要求很高,很难在实验中使用,学者更多地在模拟仿真中采用这种方法。

以上三种方法各有利弊,南京航空航天大学陈珍珍[16]采用等切厚切削和梭形切削结合方法(命名为单步法,如图 3-24 所示),将金刚石磨粒钎焊在砂轮盘上,对水平进给的工件以一定的切削深度进行切削。这种方式得到的切屑形状与真实磨削中吻合,而且避免了因砂轮转速太快造成的重复磨削问题。

南京航空航天大学田霖博士等[17]在单步法的基础上提出了两步法,如图 3-25 所示。第一步为初始滑擦,砂轮中心相对于工件沿与 x 轴呈 θ 角的方向运动,磨粒切削工件表面形成初始划痕;第二步砂轮中心只沿 x 轴方向运动,磨粒切削工件表面形成二次划痕。两次磨粒切削划痕的干涉区所形成的磨屑呈楔形,而且切削深度逐渐增大。这种方法实现了滑擦、耕犁和成屑三阶段的观察,目前也是研究尺寸效应最好的方法。

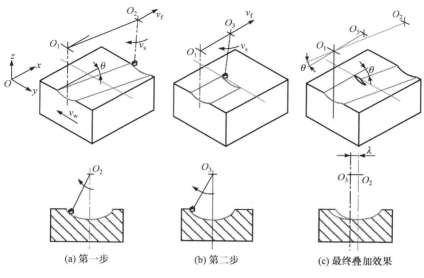

图 3-25　两步法

3.3.3　不同润滑工况单颗磨粒高速磨削实验方法

本实验目的为研究微量润滑、纳米流体微量润滑单颗磨粒高速磨削工况下，速度效应和润滑效应对磨粒切削材料的力学行为和摩擦学特性的影响机制。改变磨削速度和润滑工况，观察切削效率、磨削力、磨屑形貌和划痕形貌。因此，采用单步法进行实验研究可满足实验要求。

1. 实验方案

选定固定速度比 $v_s/v_w=10^4$ 的速度参数，同时选定磨削深度 $a_p=50\mu m$，即可保证不同速度下单颗磨粒形成相同厚度的磨屑。磨削工艺参数如表 3-2 所示。

表 3-2　磨削工艺参数

实验条件	实验编号及对应切削参数									
v_s/(m /s)	30	40	50	60	70	80	90	100	110	120
v_w/(10^{-4}m /s)	30	40	50	60	70	80	90	100	110	120
干切削	D-1	D-2	D-3	D-4	D-5	D-6	D-7	D-8	D-9	D-10
微量润滑	M-1	M-2	M-3	M-4	M-5	M-6	M-7	M-8	M-9	M-10
纳米流体微量润滑	N-1	N-2	N-3	N-4	N-5	N-6	N-7	N-8	N-9	N-10

2. 试样制备

实验工件表面应按以下步骤进行预处理：首先对工件的实验表面进行磨削加工处理，要求表面粗糙度 Ra 达到 0.3μm 以下；然后对工件表面进行抛光处理，目的在于去除磨削加工后留下的划痕，处理后工件表面粗糙度 Ra 达到 0.04～0.05μm。

3. 纳米流体质量分数

采用 MoS_2 与 CNTs 混合纳米粒子和棕榈油制备质量分数为 8%的纳米流体，作为实验的磨削液。

3.4　实验结果及讨论

微量润滑/纳米流体微量润滑高速磨削加工中，由于砂轮磨削速度、润滑工况的不同，磨削力、磨屑形貌、单颗磨粒划痕形貌等实验参数均发生变化，结合实验结果对高速磨削的速度效应和润滑效应进行分析。

3.4.1　磨屑形貌及材料去除机理

1. 不同磨削速度对磨屑形貌的影响

如图 3-26 所示，在 30m/s 砂轮转速、干磨削工况下，对普通砂轮磨削和单颗磨粒切削得到的磨屑进行对比可知，单颗磨粒切削得到的磨屑形貌与普通砂轮磨削相似度很高。这证明单颗磨粒切削实验很好地还原了实际砂轮磨削的材料去除过程。

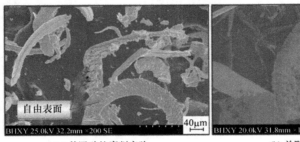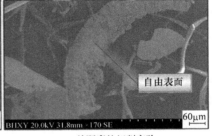

(a) 普通砂轮磨削实验　　　　　　　　　(b) 单颗磨粒切削实验

图 3-26　单颗磨粒切削与普通砂轮磨削实验磨屑对比

干磨削条件下不同磨削速度形成切屑形貌如图 3-27 所示。由图可知，不同磨削速度条件下切屑具有类似的特征：磨粒与磨屑接触界面(统称切削面)较光滑，而磨屑自由表面呈现为具有一定排布规律的片层状结构。磨屑特征说明，在材料变形过程中由于材料应变率极高从而发生绝热剪切现象。

绝热剪切现象是指在冲击载荷作用下，被去除材料应变率极高，发生塑性变形并在短暂时间产生大量热；当工件材料的导热系数很低时(例如，高温镍基合金 GH4169 导热系数约为 14.7W/(m·K))，磨屑材料内形成绝热环境，大量热聚集在磨屑的剪切滑移区导致局部高温，增强了热软化效应并导致剪切失稳。同样磨削工艺参数条件下，导热系数较高的工件材料(例如，铝合金导热系数为 121～151 W/(m·K))不会发生剪切滑移现象。与切削加工相比，磨削加工由于具有负前角切削特征，其应变率更高、切削面摩擦更剧烈，从而更容易发生绝热剪切。

如图 3-27 所示，磨削速度为 40～120m/s 采集到的磨屑自由面均发生了绝热剪切现象，因此高温镍基合金在此速度范围下材料去除机理以绝热剪切为主。此外，随着磨削速度的升高，绝热剪切层的滑移距离增加，这是由于磨削速度的提高大大提升了磨屑材料应变率，从而加剧了绝热剪切现象，使磨屑剪切层滑移更远的距离。另外，绝热剪切效应下的锯齿形剪切层分布具有明显的周期性，切削原理中采用集中剪切频率来定量描述锯齿形切屑的形成特点，集中剪切频率 f 的计算公式如下：

$$f = \frac{1}{T} = \frac{v}{L_c}　\qquad\qquad (3\text{-}25)$$

式中，v 为切屑流动速度，对于单颗磨粒切削，$v=v_s$；L_c 为剪切层间距。

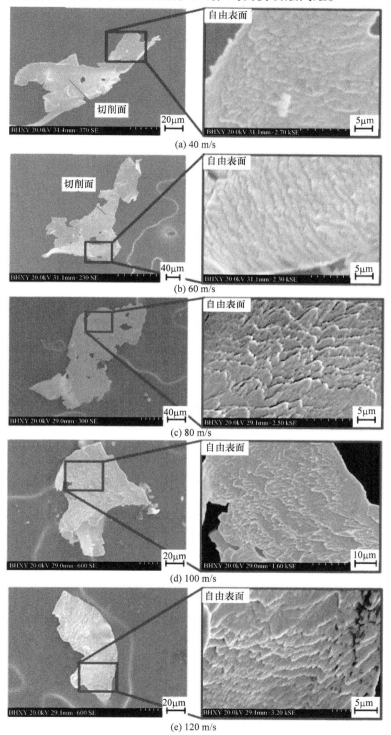

(a) 40 m/s

(b) 60 m/s

(c) 80 m/s

(d) 100 m/s

(e) 120 m/s

图 3-27　不同磨削速度下的磨屑形貌

根据式(3-25),对每种速度下的磨屑 SEM 形貌剪切层间距进行测量,测量方法如下(图3-28)。

(1)使用 MATLAB 软件读取磨屑形貌图并转换为像素点矩阵,使用点测绘功能捕捉标尺点 P_3、P_4 的像素点坐标,计算单个像素点的真实长度比例 Δl 为

$$\Delta l = \frac{L}{X_4 - X_3} \tag{3-26}$$

式中,L 为标尺长度(μm),X_3、X_4 分别为点 P_3、P_4 的 X 坐标值。

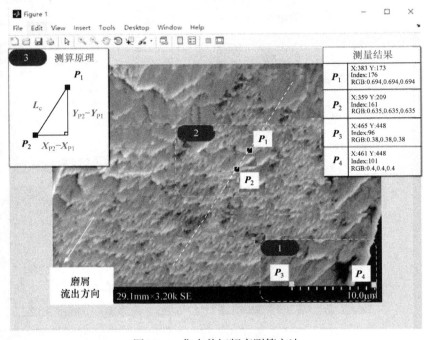

图 3-28　集中剪切频率测算方法

(2)使用点测绘功能捕捉磨屑剪切层起始点 P_1、磨屑剪切层终止点 P_2 的像素点坐标,磨屑剪切层间距 L_c 可表示为

$$L_c = \Delta l \cdot \sqrt{(X_2 - X_1)^2 + (Y_2 - Y_1)^2} \tag{3-27}$$

式中,X_1、Y_1 为点 P_1 的横纵坐标值;X_2、Y_2 为点 P_2 的横纵坐标值。

在每种速度下的磨屑 SEM 形貌中选取 10 组相邻剪切层并测量剪切层间距,取平均值后计算集中剪切频率。不同磨削速度下集中剪切频率如图3-29所示。

如图3-29所示,随着磨削速度的增加,磨屑剪切层间距和集中剪切频率均呈现上升趋势,速度为 120m/s 时磨屑剪切层间距达到了 4.14μm、集中剪切频率达到了 29.01MHz,相比速度 30m/s 的磨屑剪切层间距和集中剪切频率分别上升了 60.47% 和 149.42%。一方面,磨屑剪切层间距的增大归因于磨削应变率的大幅提高,在磨粒冲击作用下具有更强的向前滑移趋势;另一方面,随着磨削速度增加,磨粒与磨屑间摩擦作用加剧、材料应变率大幅提高等现象产生大量磨削热,磨屑的绝热剪切现象更加剧烈,从而增强了磨屑材料的热软化效应,为剪切层滑移更远的距离降低了约束力。

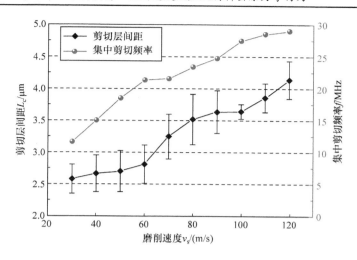

图 3-29　不同磨削速度下的集中剪切频率

　　另外，由于应变率的大幅提高和热软化效应的显著增强，集中剪切频率也大幅提升，这说明绝热剪切现象随着磨削速度的增大越发明显。在这种效应下磨屑剪切层的单元结块面积减小、绝热剪切的临界变形能降低，有利于降低单位磨削力和比磨削能。

2. 不同润滑工况对磨屑形貌的影响

　　不同润滑工况下的磨屑形貌如图 3-30 所示。

　　在 40m/s 磨削速度下，三种工况的磨屑形状类似，呈连续带状切屑。这是由于较低速度情况下材料的应变率较低，磨削区的热软化效应较小。在 80m/s 磨削速度下，三种工况磨屑的自由表面均观测到明显的剪切带，说明在较高速度情况下，材料成型过程中经历了绝热剪切过程；而不同的是，干磨削工况得到的磨屑剪切滑移层距离较小，而 MQL 工况磨屑剪切滑移层距离更大，NMQL 工况下磨屑剪切滑移层距离最大，甚至出现断裂情况。

　　一方面，由于三种工况的润滑效果依次增强、摩擦系数依次减小，三种工况在同样速度下材料的第一变形区应变率依次增加，磨屑剪切滑移层距离依次增加；另一方面，三种工况的润滑效果依次增强使摩擦热产生量减少、三种工况冷却效果依次增强使传出剪切区热量增加，从而在 NMQL 切屑形成过程中的热软化效应要低于干磨削，磨屑剪切滑移更多以材料断裂为主、塑性流动为辅，因此磨屑剪切滑移层间距更大，甚至出现磨屑断裂。在 120m/s 磨削速度下，以上提到的规律再次放大，干磨削由于热软化效应依然形成带状切屑，而 MQL 工况也出现了剪切滑移层间距过大导致的磨屑断裂，NMQL 的断裂情况进一步加剧。

　　通过以上分析可知，不同润滑工况对磨屑形成机理的影响显著。三种工况的冷却润滑性能得到了验证，NMQL 由于纳米流体的优异摩擦学特性和强化换热性能，对磨削区的冷却润滑效果最佳。在单颗磨粒磨削实验中，对不同工况下的划痕形貌进行了测量，如图 3-31 所示。在干磨削工况下得到的划痕表面存在由于磨屑黏附和材料剥离后再碾压黏附层，具有较差的冷却润滑性能。而 MQL 工况下的划痕形貌内仅存在微观划痕，在划痕边缘发现部分黏附，冷却润滑性能有所提高。在 NMQL 工况下得到最优的工件表面，具有最优的冷却润滑性能。

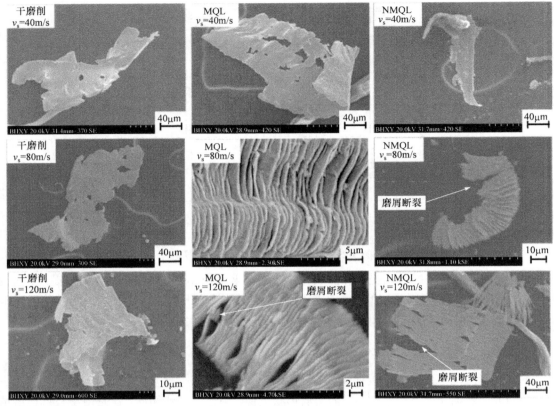

图 3-30　不同润滑工况下的磨屑形貌

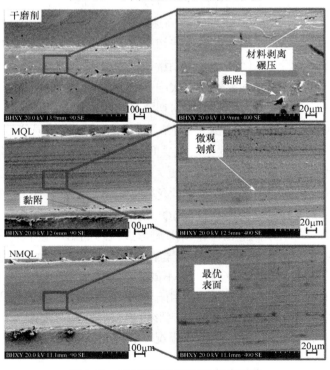

图 3-31　不同润滑工况下的划痕形貌

3.4.2　塑性堆积现象及影响因素

第 2 章对单颗磨粒切削形成的划痕的塑性堆积现象进行了解释，并采用切削效率量化塑性堆积现象的程度，切削效率越大代表划痕的塑性堆积现象越轻。显然切削效率越高，去除率越高、形成的工件表面质量越高。本节对磨屑形成的划痕形貌进行了测量，并得到了不同工况下的划痕三维形貌图和二维形貌图，进一步对测得的二维形貌进行切削效率测算。图 3-32 为典型的划痕三维形貌图、二维形貌图。

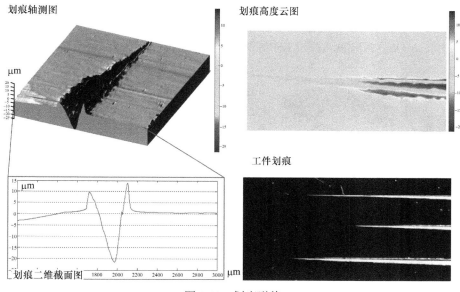

图 3-32　划痕形貌

1. 不同磨削速度和润滑工况对塑性堆积的影响

干磨削、MQL、NMQL 磨粒切削效率随磨削速度的变化趋势如图 3-33 所示（磨削深度为5μm）。

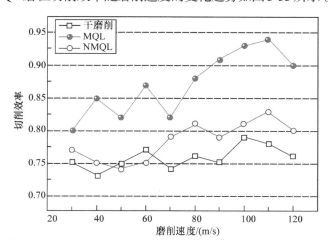

图 3-33　不同工况下的切削效率

　　随着磨削速度的增加，干磨削的切削效率在 0.73～0.79 上下浮动，总体趋势持平。这是由于在干磨削工况下应变率强化效应与热软化效应始终保持平衡、相互抵消。干磨削工况下切削效率的浮动值 0.06 是均值 0.758 的 7.9%，变化幅度较小。而 MQL、NMQL 工况下的切削效率呈现缓慢上升的趋势，这是由于纳米流体优异的换热性能降低了热软化效应的影响权重，因此在应变率强化效应作用下切削效率上升。相比 MQL，NMQL 具有更优异的冷却润滑性能，从而切削效率具有更大的上升幅度。

2. 不同切削深度对塑性堆积的影响

干磨削、MQL、NMQL 磨粒切削效率随切削深度的变化趋势如图 3-34 所示。

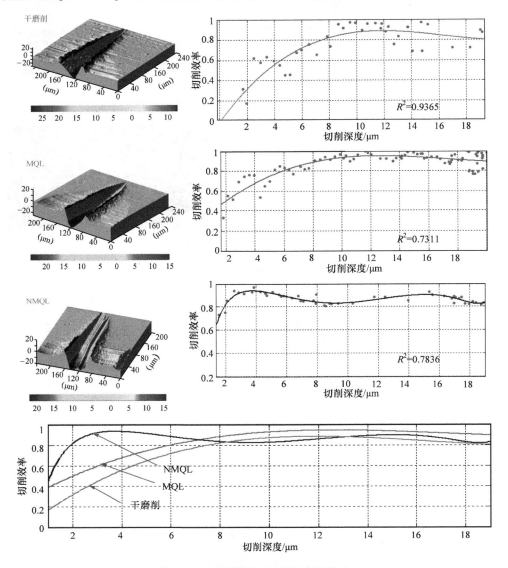

图 3-34　切削深度对切削效率的影响

随着切削深度的增加，划痕切削效率呈现上升趋势，在到达一定值后平稳波动。这是由于随着切削深度逐渐增大，磨粒干涉工件材料先后经历耕犁阶段、切削阶段，而且切削效率呈现上升趋势，直到切削效率拐点后上下浮动平稳。而不同工况下，到达切削效率拐点的位置不同。干磨削工况下切削深度为 10μm 时切削效率保持平稳；MQL 工况曲线变化趋势与干磨削相同，不同的是 MQL 工况在 9μm 左右达到了切削效率稳定值；而 NMQL 工况下，切削效率在 3μm 左右即达到稳定值。这是由于 NMQL 优异的冷却润滑性能使成屑区温度降低，被去除材料的热软化效应降低，被去除材料变形更多地体现为材料断裂，这有可能降低了磨屑形成的临界切屑厚度，从而更早地进入切削阶段。

3.4.3　不同润滑工况及速度效应对单位磨削力的影响

1. 单位磨削力测算方法

实验对磨粒切削过程中的磨削力信号进行了采集，原始磨削力信号如图 3-35 所示。与普通磨削得到的磨削力信号不同，单颗磨粒信号为一定频率的脉冲信号，脉冲信号频率随着磨削速度的提高而减小。在每段脉冲信号最大值处是磨屑横截面积达到最大的磨削力。根据法向力和切向力的信号图变化趋势可知，随着磨削时间的进行，磨削力脉冲信号最大值呈现先增大后减小的趋势。根据变化趋势可将磨削力信号划分为切入区、平稳磨削、切出区三个阶段。

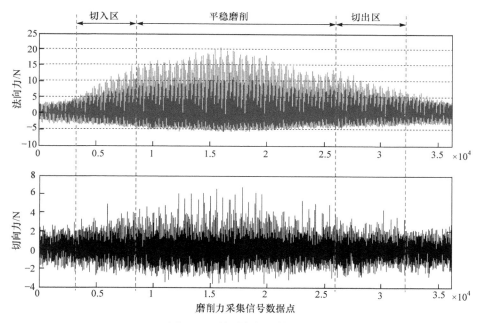

图 3-35　单颗磨削力信号图

在单颗磨粒实验中，由于工件材料本身的不均匀性、工件表面存在平整度误差，在给定切削深度后磨削力信号最大值在一定范围内浮动。仅通过求解所有脉冲信号最大值的平均值这种方法势必会与实验值存在较大偏差。因此，在此次研究中采用新的磨削力数据采集整理方法，消除以上因素导致的实验值偏差，计算方法如图 3-36 所示。

（1）采用二维形貌仪测量与划痕切入点一定距离的划痕截面二维形貌，随着测量距离的增加，划痕切削深度逐渐增大，在划痕全长范围内等分测量 10 组数据。

（2）采用磨屑横截面积修正模型，在二维形貌建立坐标系并获得求解划痕界面的形貌矩阵 $C(x)$，结合磨削工艺参数建立此工况下磨屑横截面积计算公式 $S(\psi)$，进一步解析 $dS(\psi)=0$ 处的最大磨屑横截面积。

（3）定位力信号图中与划痕二维形貌磨削距离相对应的脉冲信号，在定位脉冲信号左右各取 2 个信号脉冲并测量 5 个脉冲信号的最大磨削力，求平均值后与最大磨屑横截面积相比计算单位磨削力。

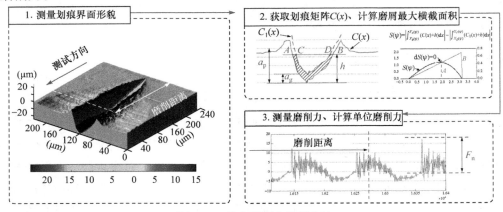

图 3-36　单位磨削力测算方法

2. 单位磨削力实验结果

如图 3-37 所示，不同工况下的单位磨削力具有不同的变化趋势。随着磨削速度的增加，干磨削工况下单位磨削力保持总体不变的趋势，单位磨削力在 $0.4\mathrm{N}/\mu\mathrm{m}^2$ 上下浮动。南京航空航天大学田霖博士[10]也发现了这一规律，他认为这是由于在绝热剪切现象中，应变率强化效应带来的断裂应力提高值和热软化效应导致的断裂应力下降值抵消，因而总体单位磨削力不会发生变化。

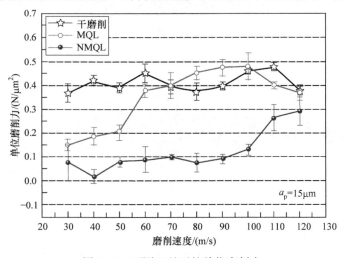

图 3-37　不同工况下的单位磨削力

在微量润滑（MQL）工况下，随着磨削速度的增加，单位磨削力整体呈现上升趋势，在 30m/s 时，其单位磨削力为 $0.15\ \mathrm{N}/\mu\mathrm{m}^2$，相比干磨削同样速度下的 $0.37\ \mathrm{N}/\mu\mathrm{m}^2$ 下降了 59%。这是由于微量润滑的润滑性能使摩擦力降低，从而单位磨削力下降。而当磨削速度升至70m/s后，单位磨削力进入干磨削阈值范围，此后也在0.4N/μm²波动。这说明，在70m/s之前，由于微量润滑方式具有一定的冷却润滑能力，带走大量磨削热，从而降低了热软化效应的影响权重，因此在应变率强化效应下材料断裂应力不断增大。

在纳米流体微量润滑（NMQL）工况下，随着磨削速度的增加，单位磨削力总体保持缓慢上升的趋势。在30m/s时单位磨削力为0.07N/μm²，较干磨削和微量润滑工况分别下降81%和53%。这是由于纳米粒子优异的润滑特性使磨削区摩擦系数降低，从而降低了单位磨削力。而在30～120m/s速度范围内，由于纳米流体优异的换热性能，热软化效应的影响权重始终小于应变率强化效应。

按应变率强化效应分析，由于NMQL工况具有更好的冷却性能，热软化效应相比MQL工况弱，所以断裂应力更高。单位磨削力是材料去除力和摩擦力总和，NMQL工况润滑性能更好，大幅降低了摩擦力，从而单位磨削力相比干磨削和MQL工况更小。

3.5　结　　论

本章结合干磨削、微量润滑、纳米流体微量润滑工况，对高速磨削加工材料去除机理进行了理论研究和实验验证，具体结论如下。

（1）建立了高速磨削工况下单颗磨粒与工件干涉几何学模型和磨屑三维模型，揭示了不同磨削工艺参数下磨粒与工件干涉横截面积变化趋势并建立了横截面积计算公式。磨粒横截面积最大值与最大未变形切屑厚度出现位置并不相同，更接近于磨屑长度中点位置。进一步依据磨粒形貌和划痕形貌建立了修正的磨粒与工件干涉横截面积计算公式$S(\psi)$，更精准地还原、预测磨粒去除过程。

（2）揭示了磨粒成屑区工件材料变形机理及力学行为，建立了第一变形区、第二变形区应变率计算公式，研究了磨削速度v_s、磨削深度a_p和摩擦系数μ对应变率的影响规律，揭示了速度效应、润滑效应对材料去除机理的影响机制；在其他参数不变的情况下，当v_s由30m/s提高至120m/s时（剪切角φ也有所增大），第一剪切区和第二剪切区的应变率$\dot{\gamma}$均呈现线性增大的趋势。

（3）研究了应变硬化效应、应变率强化效应、热软化效应共同作用下的磨屑形成机制和塑性堆积机理，研究了不同工艺参数对绝热剪切现象、划痕塑性堆积现象的影响趋势。

（4）搭建了单颗磨粒/普通砂轮高速精密磨削实验平台，开展了不同工况下的单颗磨粒高速磨削实验研究，通过磨屑形貌、划痕形貌、磨削力等实验结果对以上理论进行验证。结果表明，当材料去除过程中的润滑工况不同时，会改变应变率强化效应和热软化效应间的强弱关系，从而改变材料去除机理；纳米流体微量润滑工况下，切削效率更高（最高值达到94%）、单位磨削力更低（较干磨削和微量润滑工况分别下降81%和53%）。

参 考 文 献

[1] CHEN J, SHEN J, HUANG H, et al. Grinding characteristics in high speed grinding of engineering ceramics with brazed diamond wheels[J]. Journal of Materials Processing Technology, 2010, 210(6-7): 899-906.

[2] ZHANG T, JIANG F, YAN L, et al. Research on the stress and material flow with single particle—Simulations and experiments[J]. Journal of Materials Engineering & Performance, 2017, 26(6): 2689-2697.

[3] YANG M, LI C, ZHANG Y, et al. Maximum undeformed equivalent chip thickness for ductile-brittle transition of zirconia ceramics under different lubrication conditions[J]. International Journal of Machine Tools & Manufacture, 2017, 122: 55-65.

[4] DING W, DAI J, ZHANG L, et al. An investigation on the chip formation and forces in the grinding of Inconel 718 alloy using the single-grain method[J]. Issues in Mental Health Nursing, 2014, 28(1): 1-2.

[5] 任敬心, 华定安. 磨削原理[M]. 北京: 电子工业出版社, 2011.

[6] 张军, 汪洋, 王宇. TC11钛合金应变率相关力学行为的实验和本构模型[J]. 中国有色金属学报, 2017, 27(7): 1369-1375.

[7] ÖPÖZ T T, CHEN X. Experimental investigation of material removal mechanism in single grit grinding[J]. International Journal of Machine Tools & Manufacture, 2012, 63(3): 32-40.

[8] 陈森灿, 叶庆荣. 金属塑性加工原理[M]. 北京: 清华大学出版社, 1991.

[9] KACZMAREK J. 切削、磨料及腐蚀加工原理[M]. 高希正, 等译. 北京: 机械工业出版社, 1976.

[10] 田霖. 基于磨粒有序排布砂轮的高速磨削基础研究[D]. 南京: 南京航空航天大学, 2013.

[11] OHBUCHI Y. Finite element modeling of chip formation in the domain of negative rake angle cutting[J]. Journal of Engineering Materials & Technology, 2003, 125(3): 324-332.

[12] KLOCKE F, WIRTZ C, MUELLER S, et al. Analysis of the material behavior of cemented carbides(WC-Co) in grinding by single grain cutting tests [J]. Procedia CIRP, 2016, 46: 209-213.

[13] 吴海勇, 黄辉, 徐西鹏. 单颗金刚石划擦Ta12W的试验研究[J]. 摩擦学学报, 2015, 35(5): 635-645.

[14] 金滩. 高效深切磨削技术的基础研究[D]. 沈阳: 东北大学, 1999.

[15] 林思煌, 黄辉, 徐西鹏. 单颗金刚石划擦玻璃的试验研究[J]. 金刚石与磨料磨具工程, 2008, 167(5): 21-24.

[16] 陈珍珍. 多孔复合结合剂立方氮化硼砂轮高效磨削研究[D]. 南京: 南京航空航天大学, 2014.

[17] 田霖, 傅玉灿, 杨路, 等. 基于速度效应的高温合金高速超高速磨削成屑过程及磨削力研究[J]. 机械工程学报, 2013, 49(9): 169-177.

第4章 纳米流体微液滴粒径概率密度分布规律及对流换热机理

4.1 引　言

众所周知，常温下固体的导热系数相对流体大几个数量级，例如，铜的导热系数比水大700倍，而CNTs的导热系数比水大5000倍[1]，可以推测，将固体粒子加入流体中会提升其导热系数。1995年，美国阿贡国家实验室的Choi和Eastman[2]首次提出"纳米流体"的概念，即将液体和适量非金属或金属的纳米粒子通过一定步骤混合后所形成的均匀悬浮液。在混入纳米粒子后，基液的导热性能及热力学性能得到显著提高。纳米粒子所具备的小尺寸效应使纳米流体显露出区别于传统的单一液体和固液两相混合物的热物理特性、结构特性、流动特性及能量传递特性。

喷雾式冷却是通过一定方式使液体雾化后，将其喷射至被冷却物体表面，从而对物体进行有效冷却[3]。雾化方式一般有两种：一种是通过雾化喷嘴借助高压气体使液体雾化，即气体协助雾化喷射；另一种为依赖压力泵使液体雾化，即压力雾化喷射。喷雾式冷却具有成本低、可控性强、安全无污染、冷却均匀、冷却能力可调范围大等优势，近年来已成为冷却领域的研究热点。

纳米流体技术与喷雾式冷却技术都是为解决高热流密度散热问题而产生的，而将纳米流体技术与喷雾式冷却技术相结合的、将纳米流体作为冷却介质应用到喷雾式冷却的纳米流体喷雾式冷却技术已引起大量研究者的关注，在航天器热控制、高温超导体的冷却、薄膜沉积中的热控制、强激光镜的冷却、大功率电子元件的散热、切削加工冷却等领域已得到广泛的应用[4]。目前，在切削加工领域，纳米流体喷雾式冷却润滑已在插齿、铣齿、滚齿、剃齿等齿轮加工领域完全成熟地应用，同时还成熟应用在难加工材料的铣孔、车削、攻丝等领域，并且成功应用在轨道交通、航空航天以及高端零部件精密制造等行业[5]。

对流换热系数(h)包含所有与对流换热相关的影响因素，是表征冷却介质热交换能力的最直接参数[6]。喷雾式冷却技术中，对喷雾介质的换热性能产生影响的因素呈多元性及耦合性，使得其换热机理非常复杂，目前并没有一种方法或理论对喷雾式冷却的对流换热系数进行计算。喷雾式冷却性能最直接的影响参数是喷雾液滴的分布特性。

本章将研究喷雾机理及喷雾特性，对喷雾液滴粒径进行概率密度统计分析及计算，在此基础上建立纳米流体喷雾式冷却条件下的对流换热系数数学模型。

4.2 纳米流体喷雾式冷却对流换热机理研究现状

纳米流体喷雾式冷却具有优异的冷却性能，目前国内外已经有很多机械加工领域的团队对其进行基础性理论研究。

4.2.1 磨削区纳米流体换热机理研究现状

长沙理工大学的毛聪教授团队对纳米流体喷雾式磨削中的沸腾换热机理进行了深入研究。邹洪富[7]对采用 Al_2O_3 纳米粒子及去离子水的纳米流体导热系数、比热容、黏度、密度等开展了理论研究，探讨了喷雾液滴粒径与速度的相关影响因素。根据纳米流体沸腾换热特性随磨削表面温度分布的变化规律，构建了纳米流体喷雾式冷却换热系数理论模型；分析并计算了磨削加工的磨削区的热量输入与分配；分别对纳米流体微量润滑、纯水微量润滑、干磨削三种冷却润滑方式下磨削的温度分布和变化规律进行比较，证明了纳米流体微量润滑具有良好的换热性能。Mao 等[8,9]探讨了喷嘴尺寸、液体性能、气体压力以及气液质量比等对喷雾液滴速度和直径的影响。根据在不同磨削温度情况下液滴表现出的换热特性的不同，将磨削区分为稳定膜态沸腾、过渡沸腾、核态沸腾和无沸腾四个区域，在此基础上，建立了喷雾式冷却条件下磨削区对流换热系数的理论模型。Mao 等[10]对浇注式、干磨削、纯油喷雾式及油-水混合喷雾式磨削进行了实验研究，结果表明，与纯油喷雾式磨削相比，油-水混合喷雾式磨削的磨削温度较低、影响层厚度较小。

青岛理工大学李长河教授研究团队针对纳米流体喷雾式磨削的换热机理开展了深入研究。刘占瑞[11]分析了纳米流体的组成要素和制备过程，测量了纳米流体的导热系数，对纳米流体喷雾式润滑冷却方式下陶瓷的磨削加工进行了有限元仿真，并计算了磨削区热量的分配。实验及仿真结果表明，纳米流体的导热性能相对于其他传统单一流体介质更加优异，能够有效地将磨削区的热量传递出，避免因材料组织受磨削高温影响而引起的组织变化。张东坤[12]研究了纳米流体微量润滑、微量润滑、浇注和干磨削四种冷却润滑方式的冷却和润滑性能，通过分析磨削界面的对流换热，建立纳米流体微量润滑冷却条件下的热源分布模型和传入工件的热分配系数数学模型，并通过仿真结果分析了磨削热传入工件后形成的温升趋势，得出 MoS_2 和 CNTs 换热效果较好，且纳米流体的导热系数随着纳米粒子体积分数的增大而增大。李本凯[13]采用多种植物油（玉米油、蓖麻油、大豆油、花生油、棕榈油、菜籽油和葵花油）及纳米粒子（Al_2O_3、金刚石、MoS_2、CNTs、ZrO_2 和 SiO_2）分别制备了纳米流体，并对高温镍基合金进行了微量润滑磨削实验，分析了不同纳米流体的物理特性（接触角、导热系数、黏度）对换热机理的影响，通过仿真和实验研究得出 2%体积分数的纳米流体具备最佳的冷却润滑效果。刘国涛[14]提出将高速的低温气体代替常规纳米流体喷雾式冷却润滑采用的常温高压气体，从而进一步提升纳米流体喷雾式冷却的强化换热能力。从原理上对低温气体雾化纳米流体微量润滑供给系统及喷嘴装置进行了创新并且从结构上进行了改进，对低温气体雾化纳米流体喷雾式冷却润滑方式下的强化换热机理进行了研究，并建立了沸腾换热系数模型，在此基础上建立了温度场模型，通过对比分析实验温度与仿真温度，验证了所建模型的正确性。张建超[15]对涡流管的冷流比对冷风纳米流体微量润滑磨削换热机理的影响进行了研究，从纳米流体表面张力和接触角、比磨削能、磨削区雾化及沸腾换热效果、纳米流体黏度等方面对不同涡流管冷流比下磨削区的冷却润滑机理进行了分析，进而得出了磨削区冷却换热效果最优的冷流比。

国外对 NMQL 方式下的磨削区换热机理进行了实验研究和初步的理论分析。Lee 等[16]进行了纳米流体喷雾式微磨削研究，基于计算流体力学方法，建立了微尺度磨削热源分布模型及热流密度模型，采用响应面法通过输入工件初始温度和磨削热通量来估算工件亚表面温度。结果表明：与喷雾式微磨削相比，纳米流体喷雾式微磨削能显著降低工件亚表面温度。

4.2.2 喷雾式冷却对流换热系数研究现状

研究者大多采用对流换热系数表征冷却介质从磨削区带走热量的能力。Sienski 等[17]总结了几种典型换热方式的对流换热系数范围，如图 4-1 所示，以水作为冷却介质的喷雾式冷却技术具有更高的对流换热系数。相对于其他冷却方式，该技术在可以获得更好的表面温度均匀性的同时需要更低的冷却液质量流量，因此具备更大的优势。

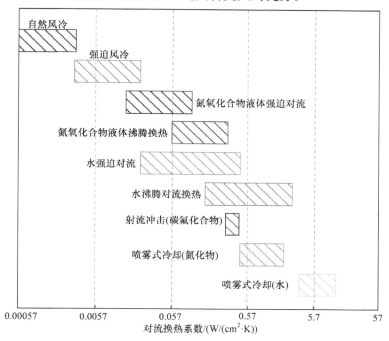

图 4-1　几种典型换热方式的对流换热系数范围

对于喷雾式冷却在磨削加工中的应用，目前主要由邹洪富[7]和 Shen[18]对其对流换热系数进行了计算。邹洪富采用的射流参数如下：气体供给流量为 20m³/h，气体压力为 0.5MPa，冷却液流量为 5ml/min。冷却介质为 5%体积分数的 Al_2O_3 纳米粒子-去离子水纳米流体，喷嘴的直径为 1.2mm，喷雾靶距为 30mm，工件的磨削表面的尺寸为 8mm×4mm，喷雾液滴径向分布尺寸为 8 mm，所以，喷雾液滴能够完全覆盖磨削表面。计算结果如图 4-2 所示。

（1）在无沸腾区（$T<105℃$，T 为磨削温度），对流换热系数为 0.01W/(mm² · K)。

（2）在核态沸腾区（105 ℃<T<148℃），对流换热系数会伴随着磨削温度的升高而升高，在临界点会达到最大值 0.052 W/(mm² · K)。

（3）在过渡沸腾区（148 ℃<T<320℃），对流换热系数会伴随磨削温度的升高而降低。

（4）在稳定膜态沸腾区（$T>320℃$），对流换热量曲线会随磨削温度的升高而呈现近似水平直线。对流换热系数是换热热流密度与温度差的比值，因而这一区域内的对流换热系数会呈递减趋势，并且在 320℃处，对流换热系数降至 0.006W/(mm² · K)。

由此可以得到喷雾式冷却对流换热系数与磨削温度的关系，如图 4-2 所示，即在无沸腾区内，对流换热系数随磨削温度的升高而保持不变；在核态沸腾区内，对流换热系数随着磨削温度的升高而快速升高，在临界热流密度处对流换热系数达到最大值；而到达过渡沸腾区与稳定膜态沸腾区时，对流换热系数会随温度的升高而下降，且在过渡沸腾区内降低的幅度较大，并在稳定膜态沸腾区内趋于缓和。

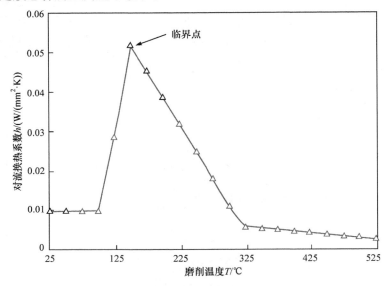

图 4-2　对流换热系数随磨削温度的变化趋势[7]

　　Shen[18]对纳米流体微量润滑磨削温度场进行了深入的研究，如图 4-3 所示，将工件与冷却介质对流换热区域划分为砂轮与工件前缘、接触区及后缘，对磨削区对流换热系数进行了估算，如式(4-1)所示，计算结果如表 4-1 所示。

$$\begin{cases} h_{\text{contact}}(x) = h_1 + \dfrac{h_2 - h_1}{l_{\text{c}}}\left(x + \dfrac{l_{\text{c}}}{2}\right) \\ \overline{h}_{\text{contact}} = \dfrac{h_1 + h_2}{2} \\ h_{\text{trailing}} = h_1 \end{cases} \tag{4-1}$$

式中，l_{c} 为磨削区砂轮与工件接触弧长；h_1、h_2 为对流换热系数中间变量。

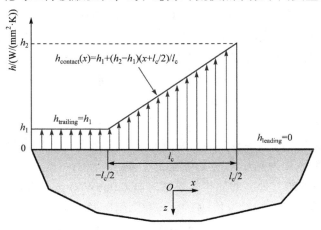

图 4-3　工件与冷却介质对流换热区域[18]

表 4-1　不同换热区域的对流换热系数[18]

冷却方式	流量/(ml/min)	对流换热系数 h/(W/(mm²·K))		
		h_2	接触区	后缘
MQL(大豆油)	5	0.039	0.025	0.01
浇注式(5%体积分数 Cimtech 500 磨削液)	5400	0.74	0.42	0.095

从文献检索来看，国内外研究者多通过调整射流参数(喷嘴角度、喷嘴距离、气液比、纳米粒子体积分数)等对纳米流体喷雾式磨削温度场进行宏观研究,而没有从纳米流体喷雾液滴粒径分布、单颗纳米流体液滴换热特性等微观方面对磨削区对流换热机理进行探索。为了揭示纳米流体液滴粒子群在磨削区的强化换热机理,对纳米流体喷雾式冷却性能进行量化表征,急需建立纳米流体喷雾式冷却条件下的对流换热系数数学模型。

4.3　纳米流体喷雾式冷却对流换热系数理论模型

4.3.1　纳米流体雾化机理及液滴粒径概率密度分布规律

喷雾式冷却是指利用高压气体(气体协助雾化喷射)或依赖压力泵(压力雾化喷射),通过雾化喷嘴使冷却介质雾化,将喷雾液滴喷射到被冷却物体表面,从而实现物体有效冷却。液体的黏性对液体现有形状的稳定性起到增进作用,同时,液体本身有表面张力,在表面张力的作用下,液体会形成圆球状。当气动力、压力、静电力等外力作用在液体上时,所加外力会与黏性力和表面张力相互作用,从而使液体表面呈现出扰动现象;当外力的作用强度增大至比黏性力和表面张力的共同作用强度大时,液体便被雾化,产生雾化现象[19]。

在冷却介质雾化的过程中,所喷射出液滴的粒径分布是雾化质量及喷雾特性评定的重要指标。由特定喷嘴所形成的液滴粒径分布规律主要取决于冷却介质自身物理属性、高压气体的压力及喷嘴出口雾化区周围气体的物理属性等因素。此外,喷雾液滴的粒径分布是气液间及液固间传质和传热过程的主要影响因素[20]。

当冷却介质经喷嘴出口处被雾化成小液滴时,液体会在表面张力的作用下阻止其本身的破裂和变形,并且使特定体积的液滴保持最小表面积,即表面张力使液滴保持球状。而描述球状液滴的最佳尺寸参数是液滴粒径,其粒径集中在一定的区间内。对喷雾液滴的粒径分布进行准确描述,需借助精确和可靠的理论模型。柱形直方图作为统计学中最为直观明了的方法,广泛应用于随机事件的概率统计分析。如图 4-4 所示的不同粒径液滴的离散概率分布图,其纵坐标表示在 ΔD 粒径范围内液滴的数目占液滴总数目的百分比,即喷雾液滴粒径概率密度分布函数 $P(D)$,横坐标表示喷雾液滴的粒径 D,等间距划分横坐标,从而使每段长为 ΔD:

$$\sum_{i=1}^{N} P(D_i) = 1 \tag{4-2}$$

当液滴粒径的变化量无限趋近于 0($\Delta D \rightarrow 0$)时:

$$P(D) = \lim_{\Delta D \to 0} \frac{\tilde{P}(D)}{\Delta D} \tag{4-3}$$

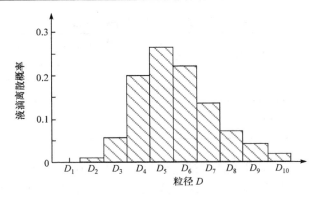

图 4-4　液滴粒径离散概率分布

由此，图 4-4 即可转化为图 4-5 的形式，即喷雾液滴粒径的连续概率密度分布曲线[21]。

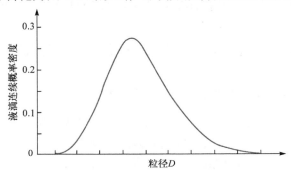

图 4-5　液滴粒径连续概率密度分布

喷雾液滴粒径连续概率密度分布函数 $P(D)$ 需满足下列各项条件：

$$\lim_{D \to 0} \int_0^D P(D)\mathrm{d}D = 0 \tag{4-4}$$

$$\lim_{D \to \infty} \int_D^\infty P(D)\mathrm{d}D = 0 \tag{4-5}$$

$$P(D) \geqslant 0 \tag{4-6}$$

$$\int_0^\infty P(D)\mathrm{d}D = 1 \tag{4-7}$$

根据喷雾液滴粒径的概率密度分布函数，已知粒径为特定值的液滴数量密度 N_t，可以得到液滴的粒径数量密度的分布函数：

$$N(D) = N_t P(D) \tag{4-8}$$

由式 (4-8) 便可以得到喷雾液滴的粒径 m 阶矩方程：

$$m_m = \int_0^\infty D^m N(D)\mathrm{d}D \tag{4-9}$$

根据式 (4-9) 可得液滴的平均粒径的通用表达式 D_{jm}[21]：

$$D_{jm} = \left[\frac{\int_0^\infty D^j N(D)\mathrm{d}D}{\int_0^\infty D^m N(D)\mathrm{d}D} \right]^{\frac{1}{(j-m)}} = \left(\frac{m_j}{m_m} \right)^{\frac{1}{(j-m)}} \tag{4-10}$$

式中，当 $j=1$，$m=0$ 时，d_{10} 为全部液滴粒径的平均值；当 $j=3$，$m=2$ 时，d_{32} 为索特平均粒径（Sauter 平均粒径），其物理意义为由喷雾产生的全部液滴体积均值与全部液滴面积均值的比。研究者普遍采用粒径为 d_{32} 的液滴群来代替原来的液滴群，该液滴群与原来液滴的总体积和表面积相等。d_{32} 的一般表达式为[22]

$$\frac{d_{32}}{d_0}=3.07\left(\frac{\rho_{\mathrm{a}}^{0.5}\Delta p d_0^{1.5}}{\sigma_{\mathrm{t}}^{0.5}\mu}\right)^{-0.259}\tag{4-11}$$

式中，σ_{t} 为液滴的表面张力系数；μ 为喷雾介质动力黏度；ρ_{a} 为喷嘴出口环境介质的密度；Δp 为喷嘴内外压差；d_0 为喷嘴直径。

4.3.2 微磨具周围气流场对液滴分布规律的影响

空气具有黏性，在微磨削过程中，由于微磨具的高速旋转，在磨具表面与空气摩擦以及离心力作用下，磨具带动表面空气产生相对运动，其具有一定的速度和压力，在磨具周边形成了屏障（气障层）。在高速旋转的磨具表面一般存在四种类型的回转气流：内部流、浸透流、径向流及圆周环流，对于金属基体的微磨具，由于金属基体没有气孔，不存在浸透流及内部流，只存在径向流和圆周环流，如图 4-6 所示。径向流是磨具旋转的离心力及磨具表面与周围空气相互作用共同形成的，径向流对于冷却液供给的影响较小；圆周环流是围绕磨具圆周方向旋转的气流，其对磨削液的供给会有阻碍作用[23]。

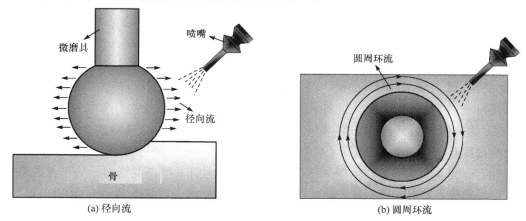

(a) 径向流　　　　　　　　　　　　　　　(b) 圆周环流

图 4-6　微磨具表面气障层示意图

为了进一步确定喷嘴位置，对微磨具周围空气流场分布特性进行仿真分析。设置微磨具球形磨头半径 $r=1$ mm，旋转速度 $\omega=60000$r/min。图 4-7 为微磨具周围气流场，可进一步将圆周环流及径向流的综合气流作用分为进入流、返回流及气障层。最外面一层为气障层，阻碍冷却液进入磨削区，因此射流的位置要避免在气障层之外。进入流则有利于冷却介质到达微磨削区，起到输运冷却介质的作用。返回流则会使部分冷却介质流出磨削区，对冷却介质进入微磨削区起到阻碍作用，因此冷却介质的注入应避免与返回流接触[24]。

由上述分析可知，最佳切削液的注入角度与距离如图 4-7 所示，根据测量，当喷嘴轴线与试样表面呈一定角度（8°～29°）和一定距离（0.45～0.75mm）时，气流场会对冷却介质起到输运的作用，同时返回流对冷却介质的阻碍最小，冷却介质更容易进入磨削区。此时，气流速度为 1.2 m/s，远远小于喷雾式高压气体速度（30～50m/s）。因此，以下对喷雾边界及喷雾液滴粒径概率密度的分析中，将忽略微磨具周围气流场的影响。

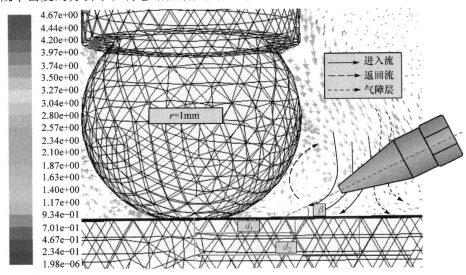

图 4-7　微磨具周围气流场

4.3.3　喷雾边界理论模型

图 4-8 为几种典型的喷雾实验。Silk[25]使用 PF5060 作为冷却介质，喷嘴采用 2×2 阵列、热源表面为 1cm² 的方形铜表面，在保持高度不变(17mm)的前提下，对喷雾倾角(β)分别为 45°、30°、15° 和 0° 时喷雾式冷却的换热性能进行研究；结果显示当喷雾倾角为 30° 时，系统的临界热流密度(critical heat flux，CHF)达到最大。Hsieh[26]研究了以水为冷却介质的实心喷嘴(喷嘴直径为 0.38 mm、0.21 mm，喷射倾角为 60°、80°)倾斜喷射时，不同的喷雾倾角对方形热源换热效果的影响，研究结果显示系统的换热性能在喷雾倾角约为 30° 时最好。Li 等[27]以 PF5060 为介质(21.8 ml/min，26 ℃)，保持单个压力旋转喷嘴(喷雾锥角为 35°±3°)距离热源表面的高度不变(14 mm)，研究了喷雾倾角(60°、50°、40°、20°、0°)对喷雾式冷却热流密度的影响。研究表明，当 β 在 0°～40° 时，系统的换热性能几乎不受影响，随着 β 的增大，喷雾式冷却换热的临界热流密度会略微增大，而系统的换热能力会在 β 大于 40° 时急剧下降。Mudawar 和 Estes[22]的研究结果显示，当热源边界与喷雾边界相内接时，临界热流密度将达到最大值，并在此基础上开展了喷雾式冷却系统换热性能影响因素的相关研究。

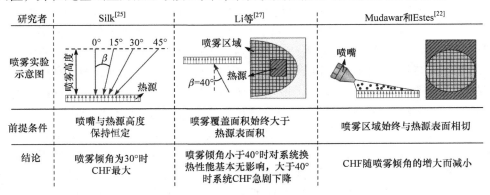

研究者	Silk[25]	Li等[27]	Mudawar和Estes[22]
喷雾实验示意图			
前提条件	喷嘴与热源高度保持恒定	喷雾覆盖面积始终大于热源表面积	喷雾区域始终与热源表面相切
结论	喷雾倾角为30°时CHF最大	喷雾倾角小于40°时对系统换热性能基本无影响，大于40°时系统CHF急剧下降	CHF随喷雾倾角的增大而减小

图 4-8　几种典型的喷雾实验

根据喷嘴高度(H)、喷雾倾角(β)及喷雾锥角(α)的不同,纳米流体液滴群从喷嘴喷出撞击在热源表面后,与热源表面形成的喷雾边界可分为封闭的圆、封闭的椭圆及不封闭的抛物线三种情况[28,29],以下将分别介绍。

(1)当$\beta = \dfrac{\pi}{2}$时,喷嘴垂直喷射于热源表面,显而易见,其喷雾边界为封闭的圆,如图4-9所示,其边界方程为

$$x^2 + y^2 = H^2 \tan^2 \frac{\alpha}{2} \tag{4-12}$$

(2)当$0 < \dfrac{\pi}{2} - \beta < \dfrac{\pi}{2} - \dfrac{\alpha}{2}$时,喷雾边界是封闭的椭圆,如图4-10所示,椭圆边界的长轴为$2l_1$,短轴为$2l_s$,引入中间变量$C\left(C = 2\sin\left(\beta + \dfrac{\alpha}{2}\right)\sin\left(\beta - \dfrac{\alpha}{2}\right)\right)$,则椭圆的边界方程为

$$\frac{(x - x_0)^2}{l_1^2} + \frac{(y - y_0)^2}{l_s^2} = 1 \tag{4-13}$$

式中,$l_1 = H\dfrac{1}{2C}\sin\beta$; $l_s = H\sqrt{\dfrac{1}{C}}\sin\dfrac{\beta}{2}$。

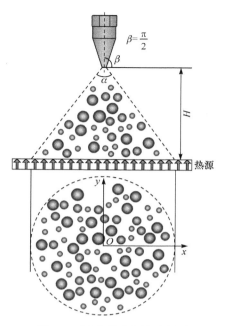

图 4-9　圆形喷雾边界示意图

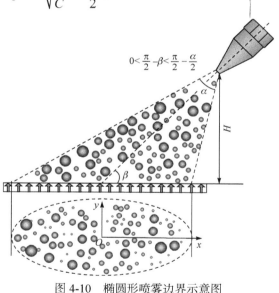

图 4-10　椭圆形喷雾边界示意图

(3)当$\beta = \dfrac{\alpha}{2}$时,其喷雾边界不再封闭,而是抛物线形,如图4-11所示。令F为该抛物线的焦准距,由图4-11知,

$$x_0 = H\tan\left(\alpha - \frac{\beta}{2}\right) \tag{4-14}$$

由抛物线定义,可以得到其边界方程为

$$y^2 = F(x - x_0) \tag{4-15}$$

式中，$F = H\left(\tan\dfrac{\beta}{2} - \tan^2\dfrac{\beta}{2}\tan\alpha\right)$。

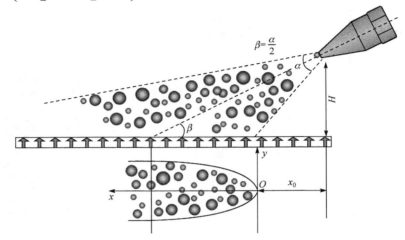

图 4-11　抛物线形喷雾边界示意图

4.3.4　有效换热液滴粒径概率密度统计

由 4.3.3 节可知，对于喷雾式冷却，当喷雾边界为封闭的椭圆时，液滴群覆盖面积达到最大。总液滴数 N_t 为

$$N_t = \frac{Q_f}{V_{d_{32}}f} \tag{4-16}$$

式中，Q_f 为喷雾装置供液流量；f 为微量润滑装置供液频率；$V_{d_{32}}$ 为粒径为 d_{32} 的液滴体积。

假设喷雾液滴均匀地落在骨表面上，则落在磨削区的液滴数为

$$N_z = N_t \cdot s_g / S_e \tag{4-17}$$

式中，s_g 为磨削区面积；S_e 为喷雾边界椭圆面积。

Levy 等[30]的研究发现，对于实心锥角喷雾，采用 χ^2 分布采样的液滴尺寸更符合实际情况。因此，对初始液滴尺寸的描述采用 χ^2 分布：

$$P(D) = \frac{1}{6\overline{D}^4}D^3\mathrm{e}^{\frac{-D}{\overline{D}}} \tag{4-18}$$

式中，$\overline{D}$ 为确定自由度（$\overline{D} = d_{32}/3$），对应 χ^2 分布的概率最大值。

液滴与热源表面发生碰撞后可能会产生的效果取决于液滴的尺寸、入射速度和角度以及热源表面的粗糙度、温度等因素。为了对其进行描述，引入韦伯数 We[31]及拉普拉斯数 La，来控制液滴与热源表面碰撞后的结果：

$$We = \frac{\rho_f D v^2}{\sigma} \tag{4-19}$$

$$La = \frac{\rho_f D \sigma}{\mu^2} \tag{4-20}$$

式中，ρ_f 为喷雾式冷却介质的密度；v 为液滴与在垂直于热源表面上的速度分量。

邹洪富[7]对喷雾液滴的速度进行了详细计算。依据伯努利方程，从喷嘴喷出液滴的速度

与高压气体压力 p_a、磨削液的流量 Q_f 之间的关系为

$$v_0 = \sqrt{\frac{\dfrac{p_a - p_0}{\rho_f} + \dfrac{16Q_f^2}{\pi^2 d_0^{\,2}}}{1 + \xi_r}} \tag{4-21}$$

式中，ξ_r 为阻力系数；p_0 为大气压力。

显而易见，在液滴撞击微磨削区以前，相对于其所受到的周围空气阻力，液滴自身的重力显得非常小，因而，液滴受到的重力可以忽略，只须考虑周围空气黏滞阻力对液滴的影响。依据空气动力学原理，可知液滴周围空气对液滴的阻力为[32]

$$F_D = \frac{C_D S_f \gamma_a}{2 g_a} \cdot (v_a - v_l) \cdot |v_a - v_l| \tag{4-22}$$

式中，v_a 为周围空气速度；γ_a 为空气重度；S_f 为液滴迎面面积；v_l 为液滴速度；C_D 为空气阻力系数。

鉴于液滴周围空气的流动速度远远小于高速液滴的速度，将周围的空气近似地视为静止状态，式(4-22)便可以表示为

$$F_D = -\frac{C_D S_f \gamma_a v_l^2}{2 g_a} \tag{4-23}$$

因此，任意时刻，液滴在撞击试样与磨具表面前的速度可以表示为

$$v_l = \frac{2 v_0}{1 + \sqrt{\dfrac{2 C_D S_f \gamma_a v_0 t}{m g_a} + 1}} \tag{4-24}$$

由 4.3.3 节可知，通过调整喷雾倾角、喷嘴高度，可忽略由于微磨具高速旋转产生的气流场对冷却介质的阻碍作用；且喷嘴出口与磨削区之间的距离非常小(本书为 0.45～0.75 mm)，液滴由喷嘴的出口喷射至磨削区所消耗的时间特别短，因而，可以将液滴碰撞试样表面和微磨具时的速度作为喷雾出口的速度。

如图 4-12 所示，伴随着入射液滴韦伯数的逐步提高，反弹、铺展、飞溅三种行为会依次发生。初始液滴能量较低时，液滴发生反弹；液滴以高能量撞击热源表面时，会形成冠状的液滴飞溅，液滴从冠状的边缘飞离出去，破碎成许多小液滴。两种情况下的液滴都不能有效参与换热，只有液滴发生铺展，即液滴撞击热源表面后沿热源表面铺展成液膜时，才能对热源表面进行有效换热[33]。发生铺展的液滴的临界韦伯数为

$$2.0 \times 10^4 \times La^{-0.2} \leqslant We \leqslant 2.0 \times 10^4 \times La^{-1.4} \tag{4-25}$$

由式(4-25)可计算得到发生铺展(即能有效换热)的液滴粒径 D 的范围为 $D_{\min} \leqslant D \leqslant D_{\max}$，如图 4-12 所示。因此，有效换热液滴所占比例为

$$P = \int_{D_{\min}}^{D_{\max}} \frac{1}{6\overline{D}^4} D^3 \mathrm{e}^{-D/\overline{D}} \mathrm{d}D \tag{4-26}$$

有效换热的液滴数目为

$$N_e = N_z \cdot P(D) \tag{4-27}$$

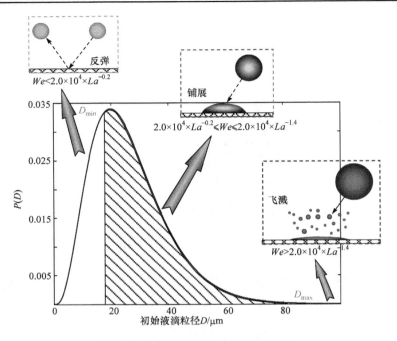

图 4-12　喷雾液滴粒径概率密度分布

4.3.5　纳米流体喷雾式冷却对流换热系数模型

4.3.4 节已揭示了喷雾机理及纳米流体喷雾液滴粒径概率密度分布规律。液滴粒径的分布对气液间传质和传热过程具有极为重要的影响，本节建立微磨削区纳米流体喷雾式冷却条件下对流换热系数模型的思路为：将喷嘴喷向热源表面的纳米粒子、基液、高压气体三相流合并为纳米流体及高压气体两相流。对于纳米流体，采用 4.3.4 节数理统计的方法对磨削区内的有效换热液滴进行概率统计分析，并计算单颗纳米流体液滴的对流换热系数，进而得到纳米流体的对流换热系数。加以高压气体的对流换热系数，即纳米流体喷雾式冷却条件下的对流换热系数。

对于单颗纳米流体液滴，其对流换热系数 h_s 满足[7]：

$$\begin{cases} J = c_f m_d (\Delta T) = q_s A' t_s \\ h_s = \dfrac{q_s}{\Delta T} \end{cases} \tag{4-28}$$

式中，J 为单颗液滴的换热量；c_f 为液滴比热容；m_d 为液滴的质量；ΔT 为换热温差；q_s 为单颗液滴换热的热流密度；A' 为液滴的铺展面积；t_s 为换热时间。关于 A'，有

$$\begin{cases} A' = \pi \cdot r_{surf}^2 \\ r_{surf} = g_c \cdot D \\ g_c = \sqrt[3]{\dfrac{\pi}{3\pi \dfrac{1}{\tan\theta_c}\left(\dfrac{1}{\cos\theta_c}-1\right)\left[1+\dfrac{1}{3}\dfrac{1}{\tan^2\theta_c}\left(\dfrac{1}{\cos\theta_c}-1\right)^2\right]}} \end{cases} \tag{4-29}$$

式中，r_{surf} 为液滴的铺展半径；g_c 为与接触角有关的常数；θ_c 为接触角。

基于 4.3.4 节对磨削区内有效液滴数的计算，可知全部有效换热液滴的对流换热系数为

$$h_n = N_z \int_{D_{min}}^{D_{max}} h_s \frac{1}{6\overline{D}^4} D^3 e^{-D/\overline{D}} dD \tag{4-30}$$

高压气体与热源表面的对流换热系数 h_a 为

$$h_a = k_a Nu/b \tag{4-31}$$

式中，Nu 为努塞尔数，其与雷诺数 Re、普朗特数 Pr 的关系为

$$\begin{cases} Nu = 0.906 Re^{1/2} Pr^{1/3} \\ Re = v_a \rho_a d_0 / \mu_a \\ Pr = \mu_a c_a / \lambda_a \end{cases} \tag{4-32}$$

式中，λ_a 为空气的导热系数；μ_a 为气体动力黏度；c_a 为空气比定压热容。

纳米流体喷雾式冷却的综合对流换热系数为

$$h = h_n + h_a \tag{4-33}$$

由式(4-16)~式(4-33)可知，当喷雾倾角、喷嘴高度一定时，纳米流体喷雾式冷却的对流换热系数由射流参数(喷雾锥角、供液流量、供液频率)、液滴铺展特性参数(表面张力、密度、黏度、接触角、入射速度)及压缩空气的压力决定。同时，有效换热液滴的数量直接影响冷却介质换热性能。在喷雾式冷却过程中，有效换热液滴的数量越多，即 D_{min} 越小、D_{max} 越大，对换热性能的增强越有利。图 4-13 为喷雾液滴 D_{min} 及 D_{max} 随冷却液黏度、表面张力、密度及速度的变化趋势。由图可知，D_{min} 随黏度、表面张力的增加而增加，随密度及速度的增加而减小；D_{max} 随黏度的增加而增加，随表面张力、密度及速度的增加而减小。

以 2%体积分数的 SiO_2 纳米流体为例，模型的输入参数及输出参数如表 4-2 和表 4-3 所示。经计算，采用该纳米流体计算的对流换热系数为 $4.19 \times 10^{-2} W/(mm^2 \cdot K)$。

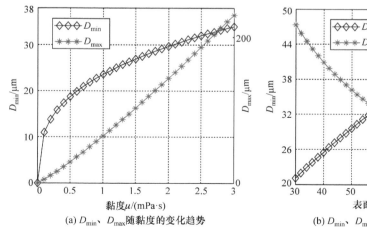

(a) D_{min}、D_{max} 随黏度的变化趋势

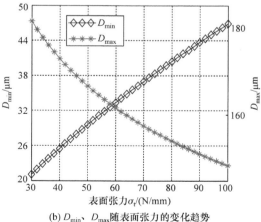

(b) D_{min}、D_{max} 随表面张力的变化趋势

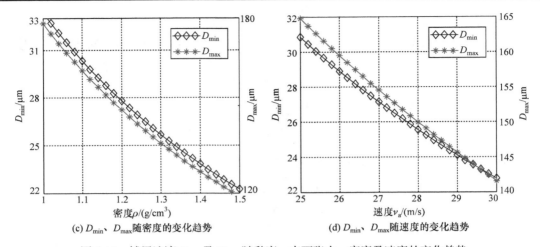

(c) D_{min}、D_{max}随密度的变化趋势　　　　(d) D_{min}、D_{max}随速度的变化趋势

图 4-13　铺展液滴 D_{min} 及 D_{max} 随黏度、表面张力、密度及速度的变化趋势

表 4-2　SiO_2-生理盐水纳米流体喷雾式对流换热系数计算的输入参数

输入参数	值	输入参数	值
喷嘴直径	$d_0=1mm$	喷雾锥角	$\alpha=21°$
喷嘴内外压差	$\Delta p=0.54MPa$	流体密度	$\rho=1.053g/cm^3$
流体动力黏度	$\mu=2.17mPa \cdot s$	流体表面张力	$\sigma_f=48.58N/mm$
供液流量	$Q'=50ml/h$	流体比热容	$c=4018J/(kg \cdot ℃)$
喷雾倾角	$\beta=18°$	液滴接触角	$\theta=83.86°$
喷嘴高度	$H=0.6mm$	气体速度	$v_a=34.5m/s$

表 4-3　SiO_2-生理盐水纳米流体喷雾式对流换热系数计算的输出参数

输出参数	值
索特平均粒径	$d_{32}=21.2\mu m$
总液滴数	$N_t=1.69\times10^8$
落在磨削区的液滴数	$N_z=583\ 361$
确定自由度	$\bar{D}=7.06\mu m$
铺展液滴的最小粒径	$D_{min}=29.35\mu m$
铺展液滴的最大粒径	$D_{max}=162.4\mu m$
有效换热液滴所占比例	$P=0.7362$
全部有效换热液滴的对流换热系数	$h_n=4.18\times10^{-2}\ W/(mm^2 \cdot K)$
自然对流换热系数	$h_a=7.5\times10^{-5}\ W/(mm^2 \cdot K)$
综合对流换热系数	$h=4.19\times10^{-2}\ W/(mm^2 \cdot K)$

4.4　结　　论

本章基于纳米流体雾化机理，对喷雾液滴粒径分布特性进行了分析；建立了基于冷却介质表面张力、黏度、密度及入射速度的喷雾液滴粒径概率密度分布模型，得到了冷却介质热力学性质参数及射流参数对磨削区有效换热液滴数量的影响规律。在此基础上，建立了纳米流体喷雾式冷却对流换热系数模型。得出结论如下。

（1）根据喷嘴高度、喷雾倾角及喷雾锥角的不同，纳米流体液滴群从喷嘴喷出撞击在热源表面后，与热源表面形成的喷雾边界分为封闭的圆、封闭的椭圆及不封闭的抛物线三种情况。当喷雾边界为封闭的椭圆时，液滴群覆盖面积达到最大。

（2）随着入射液滴韦伯数的逐步提高，反弹、铺展、飞溅三种情况会依次发生。初始液滴能量较低时，液滴发生反弹；液滴以高能量撞击热源表面时，液滴从冠状的边缘飞离出去，破碎成许多小液滴。两种情况下的液滴都不能有效参与换热，只有液滴发生铺展，即液滴撞击热源表面后沿热源表面铺展成液膜时，才能对热源表面进行有效换热。

（3）当喷雾倾角及喷嘴高度、供液流量及频率一定时，有效换热液滴数是冷却液表面张力、黏度、密度及速度的函数。在喷雾式冷却过程中，有效换热液滴的数量越多，即 D_{min} 越小、D_{max} 越大，对换热性能的增强越有利。其中，D_{min} 随黏度、表面张力的增加而增加，随密度及速度的增加而减小；D_{max} 随黏度的增加而增加，随表面张力、密度及速度的增加而减小。

（4）当喷雾倾角、喷嘴高度一定时，纳米流体喷雾式冷却的对流换热系数由射流参数（喷雾锥角、供液流量、供液频率）、液滴铺展特性参数（表面张力、密度、黏度、接触角、入射速度）及压缩空气的压力综合决定。

参 考 文 献

[1] 李强. 纳米流体强化传热机理研究[D]. 南京：南京理工大学, 2004.

[2] CHOI S U S, EASTMAN J A. Enhancing thermal conductivity of fluids with nanoparticles[R]. Chicago: Argonne National Lab. , 1995.

[3] KIM J. Spray cooling heat transfer: The state of the art[J]. International Journal of Heat and Fluid Flow, 2007, 28（4）：753-767.

[4] DUURSMA G, SEFIANE K, KENNEDY A. Experimental studies of nanofluid droplets in spray cooling[J]. Heat Transfer Engineering, 2009, 30（13）：1108-1120.

[5] 张彦彬. 植物油基纳米粒子射流微量润滑磨削机理与磨削力预测模型及实验验证[D]. 青岛：青岛理工大学, 2018.

[6] KUWAHARA F, SHIROTA M, NAKAYAMA A. A numerical study of interfacial convective heat transfer coefficient in two-energy equation model for convection in porous media[J]. International Journal of Heat & Mass Transfer, 2001, 44（6）：1153-1159.

[7] 邹洪富. 基于纳米流体微量喷雾冷却的平面磨削温度场研究[D]. 长沙：长沙理工大学, 2013.

[8] MAO C, ZOU H, HUANG Y, et al. Analysis of heat transfer coefficient on workpiece surface during minimum quantity lubricant grinding[J]. International Journal of Advanced Manufacturing Technology, 2013, 66（1-4）：363-370.

[9] MAO C, ZOU H, HUANG X, et al. The influence of spraying parameters on grinding performance for nanofluid minimum quantity lubrication[J]. International Journal of Advanced Manufacturing Technology, 2013, 64（9-12）：

1791-1799.

[10] MAO C, TANG X, ZOU H, et al. Experimental investigation of surface quality for minimum quantity oil-water lubrication grinding[J]. International Journal of Advanced Manufacturing Technology, 2012, 59 (1-4): 93-100.

[11] 刘占瑞. 纳米颗粒射流微量润滑强化换热机理及磨削表面完整性评价[D]. 青岛: 青岛理工大学, 2010.

[12] 张东坤. 纳米粒子射流微量润滑磨削高温镍基合金对流热传递机理与实验研究[D]. 青岛: 青岛理工大学, 2014.

[13] 李本凯. 纳米流体微量润滑磨削温度及对流换热机理分析与实验研究[D]. 青岛: 青岛理工大学, 2016.

[14] 刘国涛. 低温气体雾化纳米流体微量润滑磨削钛合金强化换热机理与实验研究[D]. 青岛: 青岛理工大学, 2017.

[15] 张建超. 冷风纳米流体微量润滑磨削钛合金换热机理与实验研究[D]. 青岛: 青岛理工大学, 2018.

[16] LEE P H, LEE S W, LIM S H, et al. A study on thermal characteristics of micro-scale grinding process using nanofluid minimum quantity lubrication (MQL) [J]. International Journal of Precision Engineering and Manufacturing, 2015, 16 (9): 1899-1909.

[17] SIENSKI K, EDEN R, SCHAEFER D. 3-D electronic interconnect packaging[C]. Aspen: IEEE Aerospace Applications Conference, 1996.

[18] SHEN B. Minimum quantity lubrication grinding using nanofluids[D]. Ann Arbor: The University of Michigan, 2008.

[19] 郭永献. 喷雾液膜流动理论及电子器件喷雾冷却实验研究[D]. 西安: 西安电子科技大学, 2009.

[20] COULALOGLOU C A, TAVLARIDES L L. Drop size distributions and coalescence frequencies of liquid‐liquid dispersions in flow vessels[J]. AIChE Journal, 1976, 22 (2): 289-297.

[21] 贾东洲. 纳米粒子射流微量润滑磨削流场特性对润滑的作用机理及实验研究[D]. 青岛: 青岛理工大学, 2014.

[22] MUDAWAR I, ESTES K A. Optimization and predicting CHF in spray cooling of a square surface[J]. Journal of Heat Transfer, 1996, 118: 672-680.

[23] 韩振鲁. 纳米粒子射流微量润滑磨削区流场建模仿真与实验研究[D]. 青岛: 青岛理工大学, 2012.

[24] 殷庆安. 纳米流体微量润滑端面铣削铣刀/工件界面的摩擦学特性与实验研究[D]. 青岛: 青岛理工大学, 2018.

[25] SILK E A. Investigation of enhanced surface spray cooling[D]. Washington D. C.: University of Maryland, 2006.

[26] HSIEH C C. Two-phase transport phenomena in microfluidic devices[D]. Pittsburgy: Carnegie Mellon University, 2003.

[27] LI B Q, CADER T, SCHWARZKOPF J, et al. Spray angle effect during spray cooling of microelectronics: experimental measurements and comparison with inverse calculations[J]. Applied Thermal Engineering, 2006, 26 (16): 1788-1795.

[28] 李丽荣, 刘妮, 黄千卫. 倾斜式喷雾冷却研究进展[J]. 制冷技术, 2015, 35 (4): 52-56.

[29] PAUTSCH A G, SHEDD T A. Spray impingement cooling with single-and multiple-nozzle arrays. Part I: Heat transfer data using FC-72[J]. International Journal of Heat and Mass Transfer, 2005, 48 (15): 3167-3175.

[30] LEVY N, AMARA S, CHAMPOUSSIN J C. Simulation of a diesel jet assumed fully atomized at the nozzle exit[J]. SAE, 1998, 107 (3): 1642-1653.

[31] KAKAC S, PRAMUANJAROENKIJ A. Review of convective heat transfer enhancement with nanofluids[J]. International Journal of Heat and Mass Transfer, 2009, 52 (13-14): 3187-3196.

[32] 张春燕. MQL 切削机理及其应用基础研究[D]. 镇江: 江苏大学, 2008.

[33] MARUDA R W, KROLCZYK G M, FELDSHTEIN E, et al. A study on droplets size, their distribution and heat exchange for minimum quantity cooling lubrication (MQCL) [J]. International Journal of Machine Tools & Manufacture, 2016, 100: 81-92.

第5章 纳米流体喷雾式冷却对流换热系数测量
系统设计与实验评价

5.1 引　　言

目前，研究者普遍采用管内对流换热系数瞬态测量方法对纳米流体对流换热系数(h)进行测量。原理为：利用热水源使被测流体温度呈周期变化并低速流经测试铜圆管，采用周期变化的流体温度在管壁内的传播特性，通过计算测量流体与管壁温度变化之间的振幅比或相位角差来确定$h^{[1]}$。这种测量方式快速、准确，适用于高温超导体冷却、强激光镜冷却、大功率电子元件散热、航天器热控制、薄膜沉积热控制等的冷却介质对流换热系数的测量。而在切削加工领域，由于冷却介质通过高压气体携带作用以高速射流液滴的形式进入高温磨削区域，这种流体低速流动的管内对流换热系数瞬态测量方法显然不符合实际喷雾式冷却工况。目前并没有一种适用于喷雾式冷却方式下对流换热系数的测量装置，因此，喷雾式冷却对流换热系数的测量是瓶颈问题。

由集总参数分析可知，当冷却介质的毕渥数远小于1时，在同一时刻，导热体所在系统中各个传热介质的温度相差较小，因此，可把系统中的全部介质看成处于平均温度下的一个集总体，此时温度T仅为时间t的函数$^{[2]}$。因此，通过测量系统温度及时间就可以得到对流换热系数。基于此，本章设计并搭建符合喷雾式冷却实际情况的对流换热系数测量系统，分析并计算测量系统的测量误差。以纯生理盐水作为对比实验，分别采用2%体积分数的HA、SiO_2、Fe_2O_3、Al_2O_3、CNTs与生理盐水制备纳米流体，首先测量计算生理盐水及各组纳米流体的热物理特性参数(接触角、密度、导热系数、黏度、表面张力、比热容)；然后利用搭建的对流换热系数测量系统，对生理盐水及各组纳米流体的对流换热系数进行测量；再利用测得的各组纳米流体的对流换热系数对第4章的对流换热系数模型误差进行分析计算。从纳米粒子改变基液结构和纳米粒子微运动两方面分析纳米粒子在纳米流体内部的传热机制。

5.2 对流换热系数测量装置研究现状

在求解表面存在对流换热的热传导问题时，对流换热系数是重要的表征参数之一。对对流换热系数进行直接测量的方法分为稳态法及瞬态法。其中，稳态法需长时间严格要求实验测量环境的稳定性，导致测量系统的稳定性难以控制，使测量误差大；而瞬态法由于实验周期短，散热损伤小，且误差小并且容易操作，近年来被研究者广泛用于对流换热系数的测量$^{[3]}$。以下将对瞬态法测量对流换热系数进行总结。

5.2.1 管内对流换热系数瞬态测量

管内对流换热系数瞬态测量法是目前研究者广泛采用的测量冷却介质对流换热系数的方

法。将实验测得的流体温度波 $T_f(t)$ 利用傅里叶级数分析方法展开,其一次谐波正弦和余弦函数项的系数表达式为[1]

$$
\begin{cases}
u_s = \dfrac{1}{\pi} \displaystyle\int_0^{2\pi} T_f(t)\sin(\omega't)\mathrm{d}t \\[4mm]
u_c = \dfrac{1}{\pi} \displaystyle\int_0^{2\pi} T_f(t)\cos(\omega't)\mathrm{d}t
\end{cases}
\tag{5-1}
$$

则一次谐波可表达为

$$
\theta_1 = u_f\sin(\omega't+\varphi_f)
\tag{5-2}
$$

式中,振幅 $u_f = \sqrt{u_s^2 + u_c^2}$;相位角 $\varphi_f = \arctan(u_c/u_s)$;一次谐波的周期 $P=2t_p$;角速度 $\omega'=\pi/t_p$ 。

管壁周期振荡温度的一次谐波为 $T_w(t)=u_0\sin(\omega't)$,则流体温度相位角 φ_f 和振幅 u_f 分别为

$$
\begin{cases}
\varphi_f = \arctan\left(\dfrac{C_w\omega'}{hF_i + \alpha_0 F_0}\right) \\[4mm]
u_f = \mu_0\sqrt{\left(\dfrac{C_w\omega'}{hF_i}\right)^2 + \left(1 + \dfrac{\alpha_0 F_0}{hF_i}\right)^2}
\end{cases}
\tag{5-3}
$$

因此,由实际测得的相位角 φ_f 或振幅比 u_f/u_0 ,可确定对流换热系数 h 。

管内对流换热系数的瞬态测量装置如图 5-1 所示。实验测试圆管是 1 根直径 17mm、长 60cm 的铜管,流体和管外壁面温度测点的位置有一定距离,管外侧设置保温隔热材料。温度测量使用镍铬-镍硅热电偶,旋转换向阀由微型电机驱动,实现流体冷热周期交替地流经测试圆管,且其冷热交替的时间可控。随着旋转换向阀的切换,在水泵作用下,冷、热流体分别经稳定冷、热水源流经测试圆管,形成温度呈周期变化的稳定管内流动。

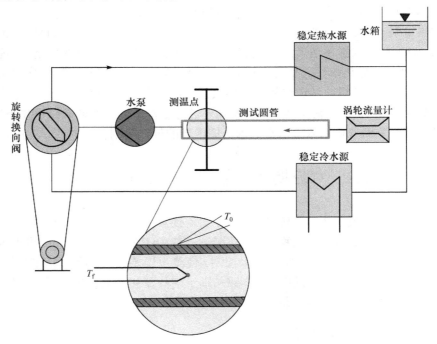

图 5-1　管内对流换热系数瞬态测量装置示意图[1]

管内对流换热系数瞬态测量法快速、准确，流体温度振荡周期对测试结果有一定的影响。

5.2.2　窄环隙流道强迫对流换热系数测量

在已公开的与微细换热通道有关的报道中，研究者通常把矩形流道或者微细圆管作为研究对象。流道直径为几微米到几百微米，流道长度为几十毫米。窄环隙流道周向尺寸与普通流道相同，其周向特征尺寸与微槽道的特征尺寸相同。

如图 5-2 所示，窄环隙流道强迫对流换热系数测量装置的实验段由三根钢管相互套装组成，构成内管、中套管和外套管 3 个通道。为保证内管、中套管、外套管各管之间的同心定位，在环隙流道的截面上利用 Y 形点支撑结构。测量装置的回路采用超细玻璃棉丝包裹绝热，采用称重法对工作介质流量进行测量，实验段进出口的温度采用铜-康铜铠装热电偶测量。测量装置的实验段竖直装在系统回路上，回路系统以水作为工作介质，由 A 和 B 两个回路系统组成。从锅炉流出后，高温水分成两个支路流经涡轮流量计，分别流入实验段的内管及外套管并向下流动，经过循环水泵，又重新回到锅炉内，由此形成闭合回路。B 回路的工作压力是大气压，在泵压头的驱动下，工作介质进入换热元件的中套管并向上流动，参与换热后再次流回水箱[4]。

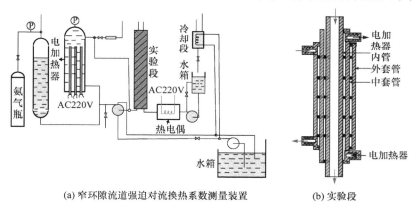

(a) 窄环隙流道强迫对流换热系数测量装置　　　　(b) 实验段

图 5-2　窄环隙流道强迫对流换热系数测量装置及其实验段示意图[4]

5.2.3　内斜齿螺旋槽管内对流换热系数测量

管壳式换热器是一种应用广泛的换热设备。光管由于成本低且加工方便，成为管壳式换热器中最普遍采用的传热管。然而，光管换热面积小、体积大、换热能力差，因此在减小光管体积的同时，提高光管的换热性能是换热器研究的关键。国内外研究者通过对螺旋槽管进行探索，发现了内斜齿螺旋槽管的换热性能比光管更有优势。

内斜齿螺旋槽管内对流换热系数测量装置如图 5-3 所示，装置由换热器本体部分、冷却水系统和蒸汽系统三部分组成。内斜齿螺旋槽管外为蒸汽，螺旋槽管内为冷却介质，一般采用水。采用球阀对蒸汽流量进行控制，来自低压燃油锅炉的蒸汽经过分汽缸进入热交换器，在实验段冷却成冷凝水；冷凝水进一步由疏水阀排出并流入桶内，通过对桶内冷凝水的质量进行称重，对内斜齿螺旋槽管内对流换热性能进行评价。

对于内斜齿螺旋槽管内对流换热系数测量装置，冷却介质在螺旋槽管内低速流动时，螺旋槽管内的凸肩使流体内部产生旋转及涡流，引起边界层以及主流体的旋转，使流体流动边界层层流的底层厚度减小，因此，管内对流换热系数有较大提高[5]。

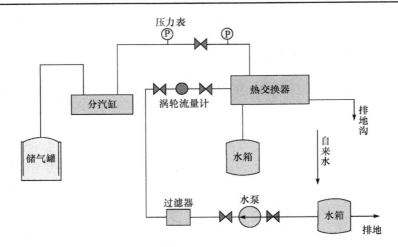

图 5-3　内斜齿螺旋槽管内对流换热系数测量装置示意图[5]

　　综上所述，目前的对流换热系数测量方法中，流体在圆管内(或槽管内)流动，通过改变流体温度或对流体流动回路进行设计对对流换热系数进行测量。而在切削加工领域，由于冷却介质通过高压气体携带作用以高速射流液滴的形式进入高温区域，这种流体低速流动的管内对流换热系数瞬态测量方法显然不符合实际工况，目前并没有一种适用于喷雾式冷却方式下对流换热系数的测量装置。基于此，以下将对喷雾式冷却对流换热系数测量装置进行设计及搭建，并对纯生理盐水喷雾式及纳米流体喷雾式冷却的对流换热系数进行测量。

5.3　纳米流体热物理特性参数表征

5.3.1　医用纳米流体的制备

　　在生物医学领域，HA、SiO$_2$、Fe$_2$O$_3$、Al$_2$O$_3$ 和 CNTs 纳米粒子都具有无毒及良好的生物相容性等特点，是纳米药物缓释系统中常用的药物载体；而生理盐水由于渗透压与人体血浆的渗透压基本相等，是目前临床普遍采用的冷却介质。因此，采用 HA、SiO$_2$、Fe$_2$O$_3$、Al$_2$O$_3$、CNTs(平均直径为 50nm，平均长度为 10～30μm)纳米粒子作为纳米级固体添加物，采用生理盐水作为纳米流体基液制备 HA、SiO$_2$、Fe$_2$O$_3$、Al$_2$O$_3$、CNTs 纳米流体。聚乙二醇 400(PEG400)由于具有优良的润滑性及无毒性，广泛应用于肠镜、胃镜等的润滑，其对人体的安全性已得到临床证实；同时，PEG400 还具有良好的分散性，因此，本节采用 PEG400 作为分散剂。经测试，采用体积分数 2%的纳米粒子、0.2%的分散剂时，纳米流体的悬浮稳定性是最好的。因此，本节采用"两步法"制备纳米流体，即将 2mL 的 HA、SiO$_2$、Fe$_2$O$_3$、Al$_2$O$_3$、CNTs 纳米粒子及 0.2mL 的 PEG400 分别添加到 100mL 生理盐水中，并辅以 15min 的超声波振动。

5.3.2　热物理特性参数表征

　　1. 纳米流体的导热系数[6]

　　1881 年，Maxwell 提出了用于计算悬浮有球形固体粒子的液-固混合物的导热系数理论模型：

$$\frac{k_{\mathrm{nf}}}{k_{\mathrm{f}}} = \frac{k_{\mathrm{p}} + 2k_{\mathrm{f}} - \varphi_{\mathrm{v}}\left(k_{\mathrm{f}} - k_{\mathrm{p}}\right)}{k_{\mathrm{p}} + 2k_{\mathrm{f}} + \varphi_{\mathrm{v}}\left(k_{\mathrm{f}} - k_{\mathrm{p}}\right)} \tag{5-4}$$

式中，k_{nf} 为纳米流体的导热系数；k_{p} 为不连续固体粒子相的导热系数；k_{f} 为基液的导热系数；φ_{v} 为固体粒子的体积分数。该理论模型要求悬浮液的浓度较低、球形固体粒子任意分散在主体介质中，粒子的间距较大，且没有考虑粒子之间相互作用的影响。

1962 年，Hamilton 和 Crosser 在考虑粒子表面形状对两相混合物导热系数影响的基础上，对 Maxwell 理论模型进行了改进，提出了混合物导热系数计算公式为

$$\frac{k_{\mathrm{nf}}}{k_{\mathrm{f}}} = \frac{k_{\mathrm{p}} + (n-1)k_{\mathrm{f}} - (n-1)\varphi_{\mathrm{v}}\left(k_{\mathrm{f}} - k_{\mathrm{p}}\right)}{k_{\mathrm{p}} + (n-1)k_{\mathrm{f}} + \varphi_{\mathrm{v}}\left(k_{\mathrm{f}} - k_{\mathrm{p}}\right)} \tag{5-5}$$

式中，n 为经验形状因子（$n=3/\psi$，ψ 为固体粒子的球形度）。

Choi 和 Yu 等在 Maxwell 理论模型的基础上，考虑到液相在纳米粒子表面的吸附会成为类固相的纳米层，其导热系数要比分散液相介质高，因此可增加纳米粒子的有效体积分数。假设类固相纳米层的厚度为 $h_{\mathrm{s\text{-}n}}$，粒子的半径为 r_{s}，纳米粒子的有效体积为

$$\phi_{\mathrm{c}} = \frac{4}{3}\pi\left(r_{\mathrm{s}} + h_{\mathrm{s\text{-}n}}\right)^3 n' = \frac{4}{3}\pi r_{\mathrm{s}}^3 n'\left(1 + \frac{h_{\mathrm{s\text{-}n}}}{r_{\mathrm{s}}}\right)^3 = \varphi_{\mathrm{v}}\left(1 + \beta_{\mathrm{s}}\right)^3 \tag{5-6}$$

式中，n' 为单位体积内的粒子数；r_{s} 为固体粒子的半径；β_{s} 为纳米层厚度与原始粒子半径的比值。

据有效介质理论，形成的复合粒子的导热系数为

$$k_{\mathrm{pc}} = \frac{\left[2(1-\gamma_{\mathrm{r}}) + (1+\beta_{\mathrm{s}})^3(1+2\gamma_{\mathrm{r}})\right]\gamma_{\mathrm{r}}}{-(1-\gamma_{\mathrm{r}}) + (1+\beta_{\mathrm{s}})^3(1+2\gamma_{\mathrm{r}})} k_{\mathrm{p}} \tag{5-7}$$

式中，γ_{r} 为纳米层的导热系数与纳米粒子的导热系数的比值。

2. 纳米流体的密度

当纳米粒子均匀分散在液相介质之后，纳米流体整体的密度产生变化，如果纳米流体的热物理特性满足现有的理论，密度关系式为[7]

$$\rho_{\mathrm{nf}} = (1-\varphi_{\mathrm{v}}) \cdot \rho_{\mathrm{f}} + \varphi_{\mathrm{v}}\rho_{\mathrm{b}} \tag{5-8}$$

式中，ρ_{nf} 为纳米流体密度；ρ_{f} 为基液密度；ρ_{b} 为纳米粒子块体材料的密度。

3. 纳米流体的比热容

根据纳米流体密度的计算公式，利用加和原理对纳米流体的比热容进行了计算，其计算公式为[8]

$$c_{\mathrm{nf}} = \frac{\varphi_{\mathrm{v}}\rho_{\mathrm{b}}c_{\mathrm{s}} + (1-\varphi_{\mathrm{v}}) \cdot \rho_{\mathrm{f}}c_{\mathrm{f}}}{\rho_{\mathrm{nf}}} \tag{5-9}$$

式中，c_{nf} 为纳米流体比热容；c_{f} 为基液比热容；c_{s} 为纳米粒子块体材料的比热容。

采用的生理盐水（normal saline, NS）以及各纳米粒子块体材料的导热系数、密度、比热容如表 5-1 所示。

表 5-1　纳米粒子块体材料及基液的热物理特性参数

物质		导热系数/(W/(m · K))	密度/(g/cm³)	比热容(J/(kg · ℃))
基液	NS	0.66	1.03	4150
纳米粒子块体材料	HA	2.16	3.61	732
	SiO₂	7.6	2.2	966
	Fe₂O₃	15	5.27	670
	Al₂O₃	40	3.7	882
	CNTs	3000	1.3	692

除了密度、比热容、导热系数，纳米流体热物理特性参数还包括纳米流体的表面张力、接触角及黏度。本节分别采用 DV2TLV 型数字黏度计、JC2000CIB 型接触角测量仪及 BZY-201 型自动表面张力仪对纳米流体的黏度、接触角及表面张力进行测量(图 5-4)。每组参数测量 5 组，取平均值。

　　(a) 数字黏度计　　　　　(b) 接触角测量仪　　　　(c) 自动表面张力仪

图 5-4　黏度、接触角、表面张力测量仪器

图 5-5 为测量的生理盐水及各组纳米流体的表面张力、接触角、黏度及计算的导热系数、密度、比热容。由图可知，纳米粒子对基液的热物理特性参数影响较大。与生理盐水相比，添加了 HA、SiO₂、Fe₂O₃、Al₂O₃、CNTs 纳米粒子的纳米流体，表面张力分别降低了 25.87%、32.48%、29.79%、36.46%、34.79%，接触角分别降低了 5.82%、1.76%、2.4%、3.81%、4.28%，黏度分别增加了 123.83%、116.29%、122.64%、122.05%、121.45%，导热系数分别增加了 2.61%、4.74%、5.36%、5.82%、6.12%，密度分别增加了 5.01%、2.27%、8.23%、5.18%、0.52%，比热容分别降低了 5.50%、3.20%、7.93%、5.38%、2.09%，即纳米粒子对基液黏度影响较大，表面张力次之。

以下将对纳米粒子对基液热物理特性参数的影响机制进行分析。加入纳米粒子后，基液的接触角减小。这是由于纳米粒子会自动地聚集到液体的表面。单个纳米粒子由于尺寸小，重量一般被忽略；然而，单颗纳米流体液滴重量便不能忽略。由于处在表面层的每一个纳米粒子都受到重力，这些纳米粒子都有向液体内部下降的趋势，即尽量铺展液滴的趋势，导致接触角减小。同时，接触角反映了表面张力，表面张力越小，液滴内部分子对表层分子的引力越小，液滴有尽量铺展表面的趋势，因此接触角越小。此外，由杨氏方程[9]也可得知接触角与表面张力的关系(图 5-6)，杨氏方程是描述固气、固液、液气界面张力 γ_{sg}、γ_{sl}, γ_{lg} 及液体与固体表面接触角 θ_c 之间关系的公式，亦称润湿方程，即

$$\gamma_{lg}\cos\theta_c = \gamma_{sg} - \gamma_{sl} \tag{5-10}$$

由式(5-10)及图5-6可知，γ_{lg}减小时，液体与固体表面接触角减小。

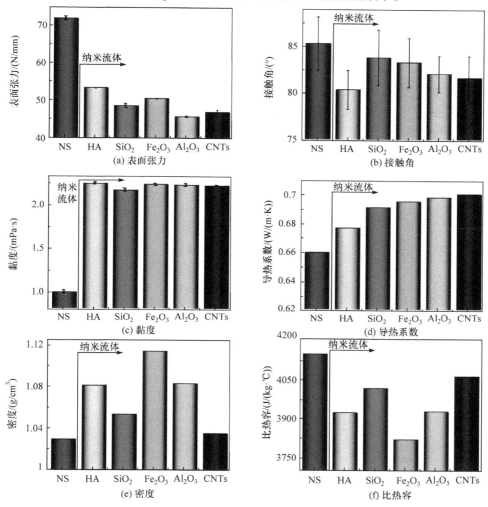

图 5-5　纯生理盐水及各组纳米流体的热物理特性参数

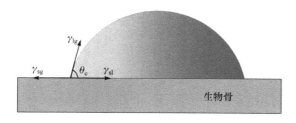

图 5-6　液滴固-液-气平衡状态示意图

与纯生理盐水相比，纳米流体的黏度增大。这是由于纳米粒子间的相互作用导致粒子间存在黏滞力，使得纳米流体的黏度增大。由表5-1及式(5-4)~式(5-9)可知，固体粒子的导热系数、密度比基液大，因此纳米流体的导热系数及密度增大；反之，固体粒子的比热容比基液小，因此纳米流体的比热容减小。

5.4　纳米流体喷雾式冷却对流换热系数测量系统设计及搭建

5.4.1　实验原理

非稳态导热过程中，当导热体的导热热阻 l_t/k_c（l_t 为导热体的特征尺寸，取厚度的 1/2，k_c 为导热体的导热系数）远远小于导热体与流体间的对流热阻 $1/h$ 时，即毕渥数 $Bi=hl_t/k_c<0.1$ 时，在同一时刻，导热体系统内各个点的温度相差较小，可以把系统全部导热介质看作处于平均温度之下的集总体，根据集总参数系统（lumped parameter system, LPS）对系统的导热问题进行分析，此时温度 T 仅为时间 t 的函数，即 $T=f(t)$ [2,10]。

假设导热体的初始温度为 T_0，导热体和流体接触的瞬间其能量的平衡式为

$$hA_s(T-T_f) = -\rho_p V_p c_p \frac{dT}{dt} \tag{5-11}$$

式中，A_s 为冷却介质接触的导热体面积；ρ_p 为导热体密度；V_p 为导热体的体积；c_p 为导热体比热容。

引入过余温度 $T'=T-T_f$ [11]，则

$$\begin{cases} hA_s T' = -\rho_p V_p c_p \dfrac{dT'}{dt} \\ T'(t=0) = T_0 - T_f = T_0' \end{cases} \tag{5-12}$$

将式（5-12）代入式（5-11）得

$$\frac{dT'}{T'} = \left(-\frac{hA_s}{\rho_p V_p c_p}\right)dt \tag{5-13}$$

对式（5-13）进行积分得

$$\ln\left(\frac{T'}{T_0'}\right) = \left(-\frac{hA_s}{\rho_p V_p c_p}\right)t \tag{5-14}$$

即

$$h = -\ln\left(\frac{T-T_f}{T_0-T_f}\right)\frac{\rho_p V_p c_p}{A_s t} \tag{5-15}$$

同时，

$$\frac{T'}{T_0'} = \frac{T-T_f}{T_0-T_f} = e^{-\frac{hA_s}{\rho_p V_p c_p}t} \tag{5-16}$$

对式（5-16）的指数进行量纲分析得

$$\frac{hA_s}{\rho_p V_p c_p} = \frac{\left(\dfrac{W}{m^2\cdot K}\right)(m^2)}{\left(\dfrac{kg}{m^3}\right)(m^3)\left(\dfrac{J}{kg\cdot K}\right)} = \frac{W}{J} = \frac{1}{s} \tag{5-17}$$

即与时间倒数（$1/t$）的量纲相同。

同时，由式(5-16)可知，当 $t = \dfrac{\rho_{\mathrm{p}} V_{\mathrm{p}} c_{\mathrm{p}}}{hA_{\mathrm{s}}}$ 时，

$$\frac{T'}{T_0'} = \frac{T - T_{\mathrm{f}}}{T_0 - T_{\mathrm{f}}} = \mathrm{e}^{-1} \tag{5-18}$$

式(5-18)表明，当传热时间为 $t = \dfrac{\rho_{\mathrm{p}} V_{\mathrm{p}} c_{\mathrm{p}}}{hA_{\mathrm{s}}}$ 时，物体的过余温度已经达到了初始温度的 e^{-1}。

因此，通过测量导热体热稳定状态时的温度及在 $t = \dfrac{\rho_{\mathrm{p}} V_{\mathrm{p}} c_{\mathrm{p}}}{hA_{\mathrm{s}}}$ 时的温度，即可得到喷雾式冷却条件下的对流换热系数。

5.4.2　测量系统设计及搭建

根据 5.4.1 节所述，采用集总参数法(lumped parameter method, LPM)，对纳米流体喷雾式冷却条件下的对流换热系数测量装置进行设计。首先对毕渥数进行预估，由邹洪富及 Shen 的计算结果可知，喷雾式对流换热系数的数量级为 0.01 W/(mm² · K)。对于导热体，金刚石的导热系数在固体材料中最高，达 2000W/(m · K)。然而，由于金刚石价格昂贵，且不能制作成特定形状和尺寸；采用化学气相沉积(chemical vapor deposition, CVD)方法人工合成的金刚石膜大大降低了金刚石的生产成本，且 CVD 金刚石膜的品质逐渐赶上甚至在一些方面超过天然金刚石，使得金刚石膜广泛地用于热沉、光学、电化学及生物医学领域。经测试，厚度 0.5 mm CVD 金刚石膜的导热系数达到 1800 W/(m · K)。因此，本节采用厚度 0.5 mm 的 CVD 金刚石膜作为导热体。此时，毕渥数为

$$Bi = \frac{hl_{\mathrm{t}}}{k_{\mathrm{c}}} = \frac{0.01 \times 0.25}{1800 \times 10^{-3}} = 1.39 \times 10^{-3} < 0.1 \tag{5-19}$$

因此，采用厚度 0.5 mm 的 CVD 金刚石膜作为导热体对纳米流体喷雾式冷却的对流换热系数进行测量符合集总参数法测量的条件。

图 5-7 为本节搭建的对流换热系数测量系统，由喷雾式供给系统、绝热盒、喷嘴、加热板、导热体(CVD 金刚石膜)及热电偶测量系统组成。喷雾式供给系统参数如下：流量 $Q_{\mathrm{f}} = 50\,\mathrm{ml/h}$，

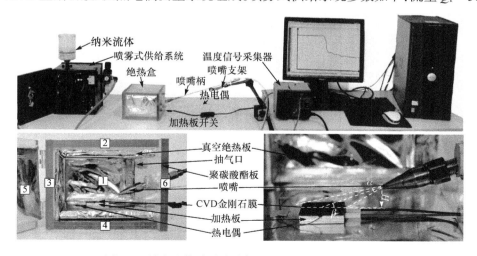

图 5-7　纳米流体喷雾式冷却对流换热系数测量系统

压缩空气压力 p_a=0.54MPa，喷雾倾角 β=18°，喷雾锥角 α=21°，喷嘴高度 H=12.27mm。加热板开始工作升温阶段的功率为 5 W，达到恒温并保持恒温阶段的功率为 2 W。加热板与 CVD 金刚石膜尺寸为 25mm×20mm×0.5mm，二者通过耐高温胶连接；加热板与 CVD 金刚石膜的接触面上加工有热电偶槽，CVD 金刚石膜的对角线交点处钻直径 1mm 的孔，热电偶结点设置在该孔处，以对 CVD 金刚石膜表面温度进行测量。绝热盒面 1～面 5 板材为聚甲基丙烯酸甲酯（俗称亚克力板），该板材不具有隔热效果，因此另设有真空绝热板。绝热盒面 6 上设有喷嘴伸入口、抽气口、加热板电源线及热电偶引出孔，该面板材为聚碳酸酯（俗称阳光板），因其具有良好的隔热效果（0.08 W/(m · K)），不另设真空绝热板。

测量开始前，为了避免加热板的热量传递给绝热盒内的空气（忽略传递给喷嘴及加热板引出线的热量），使加热板的热量只传递给 CVD 金刚石膜，需对绝热盒进行抽气，根据抽气机的抽气速率及绝热盒的内部体积可得到抽气时间。

打开加热板开关，加热板开始工作，图 5-8 为测量系统在生理盐水喷雾式冷却条件下测得的温度曲线。温度首先急剧上升至达到工程中广泛采用的热稳定状态，评价标准为试件在 1.7h 内的温差不超过 3℃[12]。如图 5-8 所示，实验测得的 1.7h 内的温差为 1.66 ℃，即系统已达到热稳定状态；此时打开喷雾式供给系统开关，将雾化生理盐水喷射至 CVD 金刚石膜表面，温度呈现直线下降。

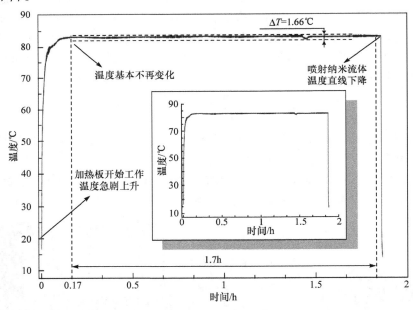

图 5-8　对流换热系数测量曲线

需注意以下两点：

（1）由图 5-8 可知，温度在时间为 0.17h 时不再上升，绝热盒内部系统开始进入热稳定状态。为了使实验时间不过于冗长，加热板开始工作 0.17h（约 10min）后即喷射冷却介质对 CVD 金刚石膜表面温度进行测量；

（2）经检索，骨磨削温度最高可达 70℃，不超过水基冷却介质沸点，依此设置加热板恒温为 80℃±10℃；因此，喷雾式及纳米流体喷雾式冷却换热过程中不存在沸腾换热。

5.4.3　实验装置测量误差

以图 5-8 所示纯生理盐水喷雾式冷却对流换热系数测量系统的测量误差，加热板恒温取 83.04℃，T_f 取 17.37℃，则 T_0=41.53℃，t=0.575s。由式(5-16)可知，导热体的 ρ_p、c_p 一定时，对流换热系数测量系统的误差来自于热电偶测温(T、T_f、T_0)精度、时间(t)精度及导热体的尺寸(V_p、A_s)精度[2]。

（1）热电偶测温精度为±0.032℃，由此引起的误差为

$$\begin{cases} \Delta h_T = -\dfrac{\rho_p V_p c_p}{A_s t} \dfrac{1}{T-T_f} \Delta T = -2.07\times10^{-5} \left(\mathrm{W}/\left(\mathrm{mm}^2 \cdot \mathrm{K}\right)\right) \\[2mm] \Delta h_{T_0} = -\dfrac{\rho_p V_p c_p}{A_s t} \dfrac{1}{(T-T_f)(T_0-T_f)} \Delta T_0 = -3.78\times10^{-7} \left(\mathrm{W}/\left(\mathrm{mm}^2 \cdot \mathrm{K}\right)\right) \\[2mm] \Delta h_{T_f} = -\dfrac{\rho_p V_p c_p}{A_s t} \dfrac{T-T_f}{(T-T_f)(T_0-T_f)} \Delta T_f = -7.63\times10^{-6} \left(\mathrm{W}/\left(\mathrm{mm}^2 \cdot \mathrm{K}\right)\right) \end{cases}$$ (5-20)

（2）热电偶测量频率为 100Hz，即响应时间为 0.01s，其引起的误差为

$$\Delta h_t = -\ln\left(\frac{T-T_f}{T_0-T_f}\right) \frac{\rho_p V_p c_p}{A_s t^2} \Delta t = 2.81\times10^{-4} \left(\mathrm{W}/\left(\mathrm{mm}^2 \cdot \mathrm{K}\right)\right)$$ (5-21)

（3）试件的尺寸精度为±0.05mm，其引起的误差为

$$\Delta h_L = -\ln\left(\frac{T-T_f}{T_0-T_f}\right) \frac{\rho_p c_p}{t} \Delta L = 1.32\times10^{-4} \left(\mathrm{W}/\left(\mathrm{mm}^2 \cdot \mathrm{K}\right)\right)$$ (5-22)

忽略导热体表面粗糙度对对流换热系数产生的影响，并且忽略隔热以及热辐射不完全引起的误差。将以上各误差相加，可得对流换热系数测量系统的测量误差为 0.044×10^{-2}W/(mm^2 · K)。

5.5　实验结果分析与讨论

5.5.1　实验结果

分别测量纯生理盐水喷雾式，以及采用 2%体积分数的 HA、SiO_2、Fe_2O_3、Al_2O_3、CNTs 纳米流体喷雾式的对流换热系数，每组数据测量 5 组，取平均值。以其中一组 SiO_2 纳米粒子-生理盐水纳米流体数据为例，如图 5-9 所示，实验数据处理过程如下：由式(5-18)可知，当传热时间为 $t=\dfrac{\rho_p V_p c_p}{hA_s}$ 时，物体的过余温度已经达到了初始温度的 e^{-1}。由图 5-9 可知，绝热盒内达到热稳定状态时的温度 T_0 为 78.75℃，纳米流体的温度 T_f 为 18.1℃。喷射纳米流体温度降至 $T=\mathrm{e}^{-1}(T_0-T_f)+T_f$（即 40.41℃）的时间为 0.22s。由式(5-15)计算得对流换热系数为 4.03×10^{-2}W/(mm^2 · K)。

图 5-10 为纯生理盐水喷雾式，采用 HA、SiO_2、Fe_2O_3、Al_2O_3、CNTs 纳米粒子的纳米流体喷雾式冷却条件下，理论计算与实验测量的对流换热系数。由图可知，与纯生理盐水喷雾式 (1.62×10^{-2}W/(mm^2 · K))相比，添加了 HA、SiO_2、Fe_2O_3、Al_2O_3、CNTs 纳米粒子的纳米流体喷雾式冷却条件下，实验测量的对流换热系数分别增加了 141.98%、137.65%、130.25%、141.36%、145.06%。此外，对流换热系数理论计算值与实验测量值吻合，模型误差为 7.26%。

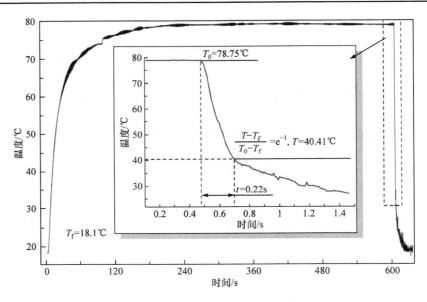

图 5-9　SiO₂ 纳米粒子-生理盐水纳米流体对流换热系数测试曲线

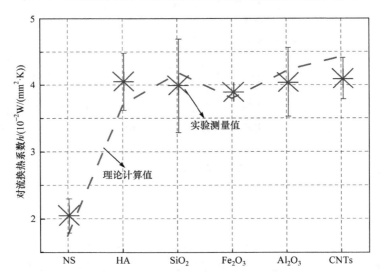

图 5-10　各组纳米流体对流换热系数实验测量值与理论计算值

5.5.2　分析与讨论

　　当喷雾倾角、喷嘴高度一定时，纳米流体喷雾式冷却的对流换热系数由射流参数、液滴铺展特性参数(表面张力、密度、黏度、接触角、入射速度)及压缩空气的压力决定，且在喷雾式冷却过程中，有效换热液滴的数量越多，即 D_{min} 越小、D_{max} 越大，对换热性能的增强越有利。利用式(4-16)～式(4-26)对纯生理盐水及各组纳米流体 D_{min} 及 D_{max} 进行计算，结果如图 5-11 所示。如图所示，与生理盐水相比，纳米粒子的加入对 D_{min} 影响没有明显规律，对 D_{max} 有较大影响。

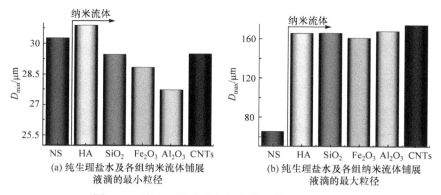

图 5-11 　 纯生理盐水及各组纳米流体 D_{min} 与 D_{max}

当固体粒子尺度进入纳米量级时，在量子尺度效应、表面效应及小尺寸效应的综合作用下，纳米级固体粒子的行为接近于液体分子，表现出与微米、毫米量级粒子不同的属性。大量研究者已证实了添加少量的纳米级固体粒子便可以使冷却介质的换热性能得到大幅提高，且其提高的程度超过了经典理论的预测结果[13,14]。以下将从纳米粒子微运动和纳米粒子改变基液结构两方面对纳米粒子强化传热机制进行分析。

1. 纳米粒子改变基液结构

对粒子表面液体分子的吸附作用是纳米粒子对基液最直接的影响，即在纳米粒子表面形成流体吸附层。已有大量研究者对纳米粒子表面流体吸附层对提高纳米流体强化换热性能进行报道，认为纳米粒子表面的流体吸附层是纳米流体强化传热的一种重要机理[15-17]。

纳米粒子表面的流体吸附层是指纳米粒子附近的液体分子被直接吸附到纳米粒子的表面。由于纳米粒子对液体分子的作用力要比液体分子之间的作用力强，被吸附的液体分子受固体分子的均匀分布的影响，而吸附层内液体分子的排布为固体分子似的有序排布，而不再如同自由液体分子那样杂乱无章。而固体的导热系数之所以比液体和气体的高，就是因为固体内部分子的排布比液体和气体内部分子的排布更规则。如图 5-12 所示，与远离纳米粒子的液体分子排布相比，吸附层的液体分子排布明显更加有规则。因此，基液中添加纳米粒子后，形成的纳米流体的导热系数将会比基液的导热系数高，且介于纳米粒子块体材料导热系数和基液导热系数之间。此外，被吸附在纳米粒子表面的液体分子始终受到纳米粒子的作用力，并不再远离纳米粒子，而是伴随着纳米粒子的运动而运动。同时，由于吸附层的导热性能介于纳米粒子块体材料和基液之间，热量在基液及固体粒子间传递时，吸附层将大大降低传热热阻，进而有利于进行纳米流体内部的热量扩散过程。

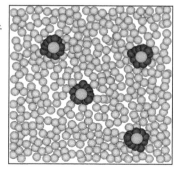

图 5-12 　 纳米粒子表面的流体吸附层示意图

2. 纳米粒子微运动

由于纳米粒子具有小尺寸效应，纳米粒子受微作用力（布朗力、范德瓦耳斯力等）的作用，做热扩散、无规行走（扩散）、布朗扩散等微运动。纳米粒子的微运动使粒子与基液之间产生微对流现象，有利于增强纳米粒子与基液之间的能量传递过程。同时，基液中的纳米粒子在做无规行走的同时，纳米粒子所携带的能量也发生了迁移[18]。如图 5-13 所示，纳米粒子的微运动所带来能量迁移的过程为：与液体核心温度相同的纳米粒子运动迁移到热源表面附近后成为无数的热源，在其与热源表面大量换热之后迅速离开热源，以让位于后续纳米粒子热源，并回到核心区域。因为纳米粒子的表面积大，所以能很快与核心液体大量换热并且达到热平衡。纳米粒子在热源表面停留时间越短，纳米流体内部热交换循环速度则越大，传热强度也就越大。这样，纳米粒子就能成为纳米流体内部不同区域换热及纳米流体与热源换热的主要媒介，使热源表面存在大量的换热现象而形成温度梯度。

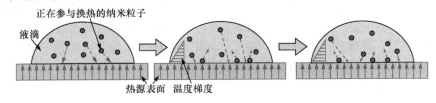

图 5-13　纳米粒子微运动带来能量迁移的过程示意图

此外，由于纳米粒子内部原子与液体分子间的相互作用及纳米粒子原子本身的振动，纳米粒子随着纳米流体流动的同时，纳米粒子既做平移运动，也做旋转运动，如图 5-14 所示。不同形状的纳米粒子对运动所产生的阻力有很大差异，非球形粒子具备更大且有效的水力体积，因而其对基液产生的阻力更大，纳米流体的黏度也就更大。同时，纳米粒子自身的平移及旋转运动又会增强纳米粒子和流体间的微对流现象，且非球形纳米粒子的旋转速度要高于球形纳米粒子，因此，非球形纳米粒子对基液流体的扰动区域要大于球形纳米粒子，更有利于纳米流体对流换热。

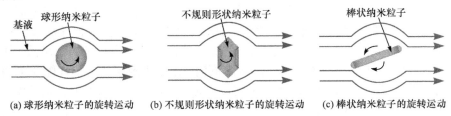

(a) 球形纳米粒子的旋转运动　　(b) 不规则形状纳米粒子的旋转运动　　(c) 棒状纳米粒子的旋转运动

图 5-14　不同形状纳米粒子自身的旋转运动示意图

根据上述分析，基于纳米粒子表面的流体吸附层、纳米粒子无规则行走及自身的旋转，可将纳米流体的微观结构（即纳米流体中任意一个纳米粒子周围的流体）分成三个层次，沿着纳米粒子径向依次为流体吸附层、旋转流体层和球形有限空间，如图 5-15 所示[19-21]。纳米粒子在基液中随机旋转的速度为 ω_n；由于受到纳米粒子固体原子强大的吸附力，距纳米粒子表面较近的液体紧紧吸附在纳米粒子的表面，形成纳米粒子外围的第一层次流体——流体吸附层；流体吸附层会伴随纳米粒子的运动而运动，可将其作为纳米粒子的有效组成部分，因此，流体吸附层的旋转速度与纳米粒子旋转速度同为 ω_n；在流体吸附层之外，基于纳米粒子自身的旋转运动,基液分子在黏性力的作用之下会跟随纳米粒子旋转,从而形成第二层次流体——旋转流体层,旋转流体层的旋转速度小于 ω_n,设为 ω'_n。在纳米流体内部,每一个旋转着的纳米粒子以及其流体吸附层、旋转流体层被限于径向距离为 R_n 的球形区域内,而在径向距离 R_n 之外,则是另一个纳米粒子的作用范围,即每一个纳米粒子的球形有限空间。

根据以上对纳米流体内部单颗纳米粒子周围流体区域的分析,可将纳米流体看成由无数纳米粒子微运动产生的旋转流体微元构成。如图 5-15 所示,与单相流体的微观结构明显不同,纳米流体内部无数旋转着的纳米粒子相当于使纳米流体内部充满无数的旋转流体微元,将会十分有利于其内部流体微团的掺混,从而更有利于纳米流体进行热量的传递及交换。

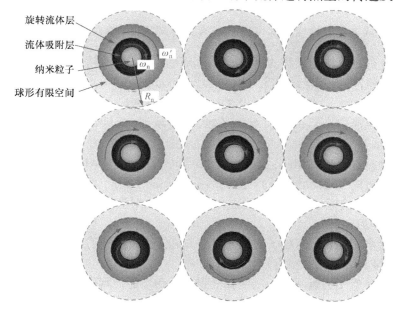

图 5-15　纳米流体内部的旋转流体微元示意图[14]

此外,对纳米流体动态微观结构进行分析。因纳米粒子十分"拥挤"地存在于基液中,且做无规则平移运动和自身旋转运动,纳米粒子与纳米粒子之间有非常高的概率相撞,纳米粒子与纳米粒子之间将直接建立起传热的通道[22],如图 5-16 所示。因纳米粒子与纳米粒子的间距较小,其中一颗纳米粒子的热量可穿透外围基液,直接传递给相邻的纳米粒子。而纳米流体的宏观流动则更加有利于强化这个效果。因此,与单相冷却介质相比,纳米流体内部由于存在纳米粒子,其热量传递方式及强化换热性能将发生根本改变。

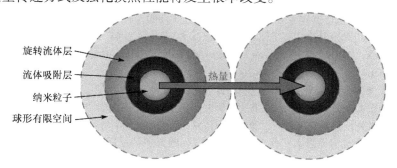

图 5-16　纳米粒子之间的传热通道示意图[14]

5.6　结　论

本章对对流换热系数测量方法研究现状进行了总结，计算测量了医用纳米流体热物理特性参数；基于纳米流体喷雾式冷却高速高压射流特性，利用集总参数法设计并搭建了符合喷雾式实际工况的对流换热系数测量系统，并对纯生理盐水喷雾式及纳米流体喷雾式冷却的对流换热系数进行测量；分析了纳米粒子对基液的强化换热机制。得出结论如下。

（1）该对流换热系数测量系统中，温度 T 仅为时间 t 的函数，通过测量导热体热稳定状态时的温度及在 $t = \dfrac{\rho_p V_p c_p}{h A_s}$ 时的温度即可得到喷雾式冷却条件下的对流换热系数。

（2）该对流换热系数测量系统的测量误差来源于热电偶测温精度、热电偶测量频率及导热体的尺寸精度，经计算，测量误差为 0.044×10^{-2} W/(mm^2·K)。

（3）与生理盐水相比，添加了 HA、SiO_2、Fe_2O_3、Al_2O_3、CNTs 纳米粒子后，纳米流体表面张力、接触角、比热容降低，黏度、导热系数、密度增加，且纳米粒子对基液黏度影响最大，表面张力次之。

（4）与纯生理盐水喷雾式相比，添加了 HA、SiO_2、Fe_2O_3、Al_2O_3、CNTs 纳米粒子的纳米流体喷雾式冷却条件下，实验测量的对流换热系数分别增加了 141.98%、137.65%、130.25%、141.36%、145.06%，验证了纳米流体的强化换热能力；对流换热系数理论计算值与实验测量值吻合，模型误差为 7.26%。

（5）与生理盐水相比，纳米粒子的加入对纳米流体铺展液滴的最小粒径影响没有明显规律，对纳米流体铺展液滴的最大粒径有较大影响。

（6）纳米级固体粒子通过两种机制使基液强化换热性能得到提高：纳米粒子改变基液结构及纳米粒子微运动。纳米粒子表面易形成流体吸附层，因而有利于降低粒子与自由液体之间热量传递的界面热阻；纳米粒子因具有小尺寸效应，在基液中做无规行走，易增强纳米粒子和流体之间的微对流现象，有利于纳米流体对流换热。

参 考 文 献

[1] 宣益民. 管内对流换热系数的瞬态测量方法[J]. 化工学报, 1994, 45(6): 756-759.
[2] 张荣华, 聂恒敬. 对流换热系数测定的一种新方法[J]. 能源研究与信息, 2000(2): 40-44.
[3] 李强, 宣益民. 纳米流体热导率的测量[J]. 化工学报, 2003, 54(1): 42-46.
[4] 孙中宁, 阎昌琪, 谈和平, 等. 窄环隙流道强迫对流换热实验研究[J]. 核动力工程, 2003, 24(4): 350-353.
[5] 杜妮妮. 强迫对流换热的实验技术和测量方法[J]. 浙江工商职业技术学院学报, 2007, 6(4): 53-55.
[6] 张春燕. MQL 切削机理及其应用基础研究[D]. 镇江: 江苏大学, 2008.
[7] HU Z S, DONG J X, CHEN G X. Study on antiwear and reducing friction additive of nanometer ferric oxide[J]. Tribology International, 1998, 31(7): 355-360.
[8] 顾雪婷, 李茂德. 纳米流体强化传热研究分析[J]. 能源研究与利用, 2008(1): 25-28.
[9] 宋昊. 疏水表面微结构设计与微铣削加工技术研究[D]. 济南: 山东大学, 2015.
[10] 王岩, 陈俊杰. 对流换热系数测量及计算方法[J]. 液压与气动, 2016(4): 14-20.
[11] 王永岩, 秦楠, 苏传奇. 无限大平板非稳态导热过程的数字特征[J]. 青岛科技大学学报(自然科学版), 2013, 34(5): 511-515.
[12] 李家麟. 对旋转电机温升测定中关于"热稳定状态"的见解[J]. 环境条件与实验, 1983(3): 27-32.

[13] 徐淼. 纳米流体的热物性及在波壁管内流动特性研究[D]. 大连: 大连理工大学, 2010.

[14] 崔文政. 纳米流体强化动量与热量传递机理的分子动力学模拟研究[D]. 大连: 大连理工大学, 2013.

[15] YU W, CHOI S U S. The role of interfacial layers in the enhanced thermal conductivity of nanofluids: A renovated Hamilton-Crosser model[J]. Journal of Nanoparticle Research, 2004, 6(4): 355-361.

[16] XUE Q Z. Model for effective thermal conductivity of nanofluids[J]. Physics Letters A, 2003, 307(5-6): 313-317.

[17] LI L, ZHANG Y, MA H, et al. An investigation of molecular layering at the liquid-solid interface in nanofluids by molecular dynamics simulation[J]. Physics Letters A, 2008, 372(25): 4541-4544.

[18] JANG S P, CHOI S U S. Role of Brownian motion in the enhanced conductivity of nanofluids[J]. Applied Physics Letters, 2004, 84(21): 4316-4318.

[19] 王补宣. 颗粒团聚对低浓度纳米流体热性质和热过程的影响[J]. 机械工程学报, 2009, 45(3): 1-4.

[20] 王补宣, 李宏, 彭晓峰. 吸附作用在纳米颗粒悬浮液换热强化中的实验与机理研究[J]. 工程热物理学报, 2003, 24(4): 664-666.

[21] WANG B X, ZHOU L P, PENG X F. A fractal model for predicting the effective thermal conductivity of liquid with suspension of nanoparticles[J]. International Journal of Heat & Mass Transfer, 2003, 46(14): 2665-2672.

[22] PRASHER R, PHELAN P E, BHATTACHARYA P. Effect of aggregation kinetics on the thermal conductivity of nanoscale colloidal solutions (nanofluid)[J]. Nano Letters, 2006, 6(7): 1529-1534.

第6章 纳米流体喷雾式冷却生物骨微磨削温度场动态模型

6.1 引　言

目前，研究求解磨削温度场通常采用以移动热源理论为基础的解析法。基于数学模型，该方法最终结果为用函数形式表达的解析解，可以清楚地表示不同因素对温度分布及热传导过程的影响规律及其量化关系。然而，当分析的对象较为复杂时，要求简化原有问题并作出假设。例如，工件的形状与导热体表面传热状态的简化，热源在工件表面上以一定规律均匀分布和移动的假设[1]，而这种简化与假设将在某种程度上使得求解的准确性受到影响。尽管如此，该近似解析法的解析过程比较直观且易于求解，依旧是求解理论磨削温度中应用最广泛的分析方法，并成功求解和预测在不同磨削加工中的热传导过程[2]。

众所周知，温度场的组成包括散热及产热两个方面，如图 6-1 所示，可分别用热力学第三类边界条件的对流换热系数 (h) 及热流密度 (q_w) 表征。散热方面，第 4 章已对纳米流体喷雾式冷却条件下的 h 进行了理论建模；产热方面，由于材料去除方式（塑性剪切去除、粉末去除、脆性断裂去除）不同，磨削产热也不同，因此，为了对生物骨微磨削温度场进行求解，还需确定不同材料去除方式下的热流密度。

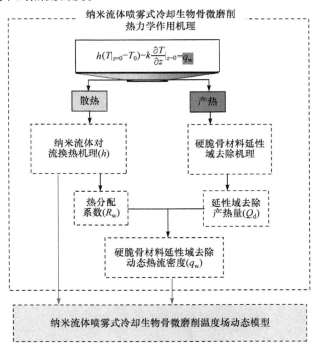

图 6-1　纳米流体喷雾式冷却生物骨微磨削温度场动态模型研究思路图

目前的热流密度模型均建立在塑性材料磨削的基础上，塑性材料去除方式只有塑性剪切去除。然而，生物骨是一种典型的硬脆材料，材料去除方式包括塑性去除、粉末去除及脆性断裂去除。众所周知，材料去除方式不同，磨削过程中的产热量也不同。因此，要求解骨微磨削温度场，需先针对材料不同去除方式建立硬脆骨材料的热流密度模型。此外，在磨削温度场的研究中，大多研究者以测定磨削力为基础，通过计算切向力的平均值得到恒定热流密度。然而，通过测量骨表面不同点的温度可知，骨微磨削温度是随时间时刻变化的。因此，根据磨削力变化趋势，通过实时采集磨削力信号得到动态热流密度，再对其进行加载计算符合实际情况。

本章首先总结磨削温度场的求解方法，讨论有限差分法基本原理及采用有限差分法求解磨削温度场的方法，总结了金属材料普通砂轮磨削恒定热流密度模型。根据硬脆骨材料不同去除方式，探讨骨材料微磨削过程中能量产生及消耗形式，建立骨材料塑性剪切去除及粉末去除方式下的动态热流密度模型。总结磨削区热分配系数模型，基于对流换热系数模型，建立纳米流体喷雾式冷却的微磨削热分配系数模型。最后，采用有限差分方法对骨干磨削热损伤域进行分析。

6.2　磨削温度场的定义

很多年前，我国学者就开始对磨削温度进行了理论研究[3-10]。从普遍性温度场问题出发，空间内某一点的热量 Q 瞬间发生，则在传递来的热量作用下，该点附近的其他点的温度随之变化，同时随着时间与空间的变化而不同。温度场的定义为在一定时刻下空间内各个点的温度分布总称[3]。本书共将温度场分为三种。

(1)根据温度是否随时间变化，将温度场分为稳态温度场、瞬态温度场。若温度场不随时间而变化，即 $\frac{\partial T}{\partial t}=0$，则为稳态温度场；反之，则为瞬态温度场。由于加载移动热源，骨表面特定点的温度随时间变化，因此，本节研究的温度场为瞬态温度场。

(2)根据磨具/试样接触弧长的大小，分为切入区温度场、稳态区温度场、切出区温度场。如图 6-2 所示，磨具有效切削部分完全位于试样材料长度内时，磨具/试样接触弧长为 l_c，温度场为稳态区温度场；磨削过程开始时，磨具/试样接触弧长逐渐增大，并未达到 l_c，此时磨具/试样材料处于切入阶段，温度场为切入区温度场；磨具开始移出试样长度时，接触弧长逐渐减小至 0，此时磨具切出试样材料，温度场为切出区温度场。

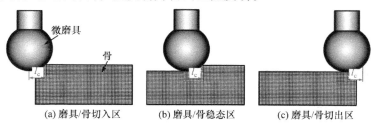

(a) 磨具/骨切入区　　　(b) 磨具/骨稳态区　　　(c) 磨具/骨切出区

图 6-2　磨具/骨接触状态示意图

(3)根据稳态区移动热源下方的试样温度是否随时间变化，进一步将温度场分为恒定温度场、动态温度场。以往研究者通过计算切向力的平均值得到恒定热流密度，加载恒定热流密度计算的温度场为恒定温度场；然而，通过测量试样表面多个点的温度发现，试样表面的温度是时刻变化的。因此，应根据磨削力变化趋势，通过实时采集磨削力信号得到动态热流密度进行加载，此时计算的温度场即动态温度场。

6.3　磨削温度场的求解方法

目前，对磨削温度场的求解主要有基于移动热源理论的解析法和以离散数学为基础的数值法[11-14]，以下将分别介绍。

6.3.1　解析法求解磨削温度场

如图 6-3 所示，假设某一点热源位于无限大的物体内，且置于坐标原点处。在初始时刻

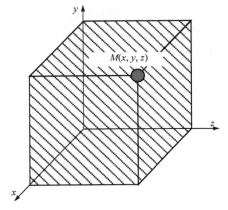

图 6-3　瞬时点热源示意图

($t=0$s，$T=0$℃)，热量 Q 从坐标原点处的点热源瞬间发出，并立即停止发热。根据传热学理论，在坐标任意位置处的点 $M(x, y, z)$ 的温升[15]：

$$T = \frac{Q}{c\rho(4\pi\alpha_t)^{3/2}} e^{-\frac{R^2}{4\alpha_t t}} \tag{6-1}$$

式中，Q 为点热源的瞬时发热量；c 为导热介质的比热容；α_t 为导热介质的热扩散系数；ρ 为导热介质的密度；t 为在热源瞬时发热后的任一时刻；R 为点 M 与坐标原点之间的距离。

当工作台移动时，工件以同样的速度移动，经过砂轮时，在工件与砂轮间的相互作用下一带状热源形成，而这一带状热源与工件移动速度相同，在工件表面经过，造成工作表面的温升，该作用称为磨削过程的热作用。因此，在对工件表面温升进行计算时，将磨削接触界面视为面热源，再把面热源视为无数带状热源的组合，这部分带状热源沿着 x 轴的移动速度为工件移动速度 v_w，选取其中任一条带状热源，宽度为 dx_i，则在该带状热源的作用下，x-z 平面内点 $M(x, 0, z)$ 的温升为[15]

$$dT = \frac{q_w(x_i)dx_i}{\pi k_w} \exp\left[-\frac{(x-x_i)v_w}{2\alpha_t}\right] K_0\left[\frac{v_w}{2\alpha_t}\sqrt{(x-x_i)^2 + z^2}\right] \tag{6-2}$$

对式(6-2)积分可以推导出在整个面热源作用下，M 点的温升计算公式：

$$T(x,z) = \frac{q_w}{\pi k_w} \int_0^l \exp\left[-\frac{(x-x_i)v_w}{2\alpha_t}\right] K_0\left[\frac{v_w}{2\alpha_t}\sqrt{(x-x_i)^2 + z^2}\right] s(x_i)dx_i \tag{6-3}$$

式中，T 为任意坐标为 $(x, 0, z)$ 的点 M 处的温度；q_w 为流入工件内的热流密度；k_w 为工件的导热系数；v_w 为线热源的移动速度(等于工件的速度)；K_0 为零阶二类修正贝赛尔函数。

大量研究者采用以上解析法对磨削温度场进行了精确计算。此类热源温度场叠加法比较成功地推出了磨削界面温度场在普通连续磨削下的理论解。

6.3.2　有限差分法求解磨削温度场

目前，关于有限差分法计算磨削温度场的报道并不多，以下将对有限差分法进行详细说明。

1. 有限差分法的基本原理

将物体划分为有限个网格单元，通过转换微分方程得到差分方程，数值计算后解得每个网格微元节点处的温度。如图 6-4 所示，在二维导热问题下，将物体按 Δx 和 Δy 的间距沿 x、y

方向划分为矩形网格。节点定义为每条网格线的交点，用 $p(i,j)$ 表示每个节点的位置，i 为沿着 x 方向节点处的顺序号，j 为沿着 y 方向节点处的顺序号，物体边界与网格的交点定义为边界节点。该方法的基本原理是将微商用有限差商代替，进而将原来的微分方程化为差分方程[3,16]。

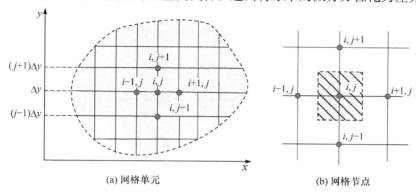

(a) 网格单元   (b) 网格节点

图 6-4 有限差分法网格线及网格节点示意图

2. 导热微分方程的建立

在磨削热传导问题中，傅里叶定律是最基础的导热方程，即在有限时间间隔 $\mathrm{d}t$ 内经过微元等温面 $\mathrm{d}A$ 的热量为 $\mathrm{d}Q$，与温度梯度 $\dfrac{\partial T}{\partial n}$ 成正比，且与温度梯度的方向相反：

$$\mathrm{d}Q = -k_{\mathrm{w}}\frac{\partial T}{\partial n}\mathrm{d}A\mathrm{d}t \tag{6-4}$$

对于热流密度：

$$q_x = -k_{\mathrm{w}}\frac{\partial T}{\partial x} \tag{6-5}$$

式中，q_x 为 x 方向的热流密度；$\dfrac{\partial T}{\partial x}$ 为 x 方向的温度梯度。

利用傅里叶定律和能量守恒定律可以得到导热微分方程，假定物体无内热源。以上述各个假设为基础，再从进行导热过程的物体中划分出微元体 $\mathrm{d}V=\mathrm{d}x\mathrm{d}y\mathrm{d}z$，如图 6-5 所示，该微元体的三条边分别与 x、y 和 z 轴平行。对微元体进行热平衡分析，由能量守恒定律可知，在时间 $\mathrm{d}t$ 内传入与传出微元体的净热量，应等于微元体内能的增加量，即传入与传出微元体的净热量（Ⅰ）=微元体内能的增加量（Ⅱ）[3]。

下面分别计算导入与导出微元体的净热量及微元体内能的增加量。

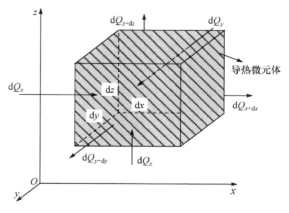

图 6-5 导热微元体示意图

对图 6-5 所示微元体进行能量平衡分析。传入与传出微元体的净热量可以由 x、y 和 z 三个方向分别传入与传出微元体的净热量相加得到。沿 x 方向，在 $\mathrm{d}t$ 时间内经 x 面导入的热量为

$$\mathrm{d}Q_x = q_x\mathrm{d}y\mathrm{d}z\mathrm{d}t \tag{6-6}$$

经 $x+\mathrm{d}x$ 面导出的热量为

$$\mathrm{d}Q_{x+\mathrm{d}x}=q_{x+\mathrm{d}x}\mathrm{d}y\mathrm{d}z\mathrm{d}t \tag{6-7}$$

式中，$q_{x+\mathrm{d}x}=q_x+\dfrac{\partial q_x}{\partial x}\mathrm{d}x$。

于是，在 $\mathrm{d}t$ 时间内，沿 x 方向，传入与传出微元体的净热量为

$$\mathrm{d}Q_x-\mathrm{d}Q_{x+\mathrm{d}x}=-\frac{\partial q_x}{\partial x}\mathrm{d}x\mathrm{d}y\mathrm{d}z\mathrm{d}t \tag{6-8}$$

同样地，在该时间内，传入与传出微元体的净热量沿 y 与 z 方向分别为

$$\mathrm{d}Q_y-\mathrm{d}Q_{y+\mathrm{d}y}=-\frac{\partial q_y}{\partial y}\mathrm{d}x\mathrm{d}y\mathrm{d}z\mathrm{d}t \tag{6-9}$$

$$\mathrm{d}Q_z-\mathrm{d}Q_{z+\mathrm{d}z}=-\frac{\partial q_z}{\partial z}\mathrm{d}x\mathrm{d}y\mathrm{d}z\mathrm{d}t \tag{6-10}$$

将 x、y、z 三个方向导入和导出微元体的净热量相加得到

$$I=-\left(\frac{\partial q_x}{\partial x}+\frac{\partial q_y}{\partial y}+\frac{\partial q_z}{\partial z}\right)\mathrm{d}x\mathrm{d}y\mathrm{d}z\mathrm{d}t \tag{6-11}$$

根据傅里叶定律，式(6-11)中，

$$\begin{cases} q_x=-k_x\dfrac{\partial T}{\partial x} \\[2mm] q_y=-k_y\dfrac{\partial T}{\partial y} \\[2mm] q_z=-k_z\dfrac{\partial T}{\partial z} \end{cases} \tag{6-12}$$

代入式(6-11)得到

$$I=\left[\frac{\partial}{\partial x}\left(k_x\frac{\partial T}{\partial x}\right)+\frac{\partial}{\partial y}\left(k_y\frac{\partial T}{\partial y}\right)+\frac{\partial}{\partial z}\left(k_z\frac{\partial T}{\partial z}\right)\right]\mathrm{d}x\mathrm{d}y\mathrm{d}z\mathrm{d}t \tag{6-13}$$

在 $\mathrm{d}t$ 时间内，微元体内能的增加量为

$$\mathrm{II}=\rho c\frac{\partial T}{\partial t}\mathrm{d}x\mathrm{d}y\mathrm{d}z\mathrm{d}t \tag{6-14}$$

整理式(6-13)及式(6-14)，得

$$\rho c\frac{\partial T}{\partial t}=\frac{\partial}{\partial x}\left(k_x\frac{\partial T}{\partial x}\right)+\frac{\partial}{\partial y}\left(k_y\frac{\partial T}{\partial y}\right)+\frac{\partial}{\partial z}\left(k_z\frac{\partial T}{\partial z}\right) \tag{6-15}$$

式(6-15)可以简化为

$$\frac{\partial T}{\partial t}=\alpha_{\mathrm{t}}\left(\frac{\partial^2 T}{\partial x^2}+\frac{\partial^2 T}{\partial y^2}+\frac{\partial^2 T}{\partial z^2}\right) \tag{6-16}$$

3. 微分方程转换为差分方程

将工件假定为矩形平面,并将其离散化分解为平面网格结构。取等长的空间步长 $\Delta x=\Delta z=\Delta l$,作两组等间隔的平行线，对矩形试样进行剖分，平行线方程为[16]

$$\begin{cases} x = x_i = i\Delta l, \quad i = 0,1,\cdots,M, \quad M\Delta l = l_w \\ z = z_j = j\Delta l, \quad j = 0,1,\cdots,N, \quad N\Delta l = b_w \end{cases} \tag{6-17}$$

式中，x_i、z_j 分别为构成差分网格的第 i 条横线在 x 方向上的坐标值和第 j 条竖线在 z 方向上的坐标值；M 和 N 分别为自然数；l_w 和 b_w 分别为工件的长度和高度。

经过剖分，得到了差分计算的网格区域，如图 6-4 所示。

以二阶差商为基础建立差分方程组，即

$$\begin{cases} \dfrac{\partial^2 T}{\partial x^2}(i,j) = \dfrac{T(i+1,j)+T(i-1,j)-2T(i,j)}{\Delta l^2} + O(\Delta l^2) \\[3mm] \dfrac{\partial^2 T}{\partial z^2}(i,j) = \dfrac{T(i,j+1)+T(i,j-1)-2T(i,j)}{\Delta l^2} + O(\Delta l^2) \\[3mm] \dfrac{\partial T}{\partial t}(i,j) = \dfrac{T_{t+\Delta t}(i,j)-T_t(i,j)}{\Delta t} + O(\Delta t) \end{cases} \tag{6-18}$$

可得到内部网格各节点的差分方程为

$$T_{t+\Delta t}(i,j) = \dfrac{\Delta t\{k_x \cdot [T(i,j+1)+T(i,j-1)] + k_z \cdot [T(i+1,j)+T(i-1,j)]\}}{\rho_w c_w \Delta l^2} + \left[1 - \dfrac{2\Delta t(k_x+k_z)}{\rho_w c_w \Delta l^2}\right] T_t(i,j) \tag{6-19}$$

6.4 边 界 条 件

传热是指热量从一个系统传递到另一个系统，具体有对流、热传导、辐射三种主要形式。在磨削中，通过磨削液对砂轮与工件接触界面进行冷却，因此在该界面处流动的磨削液会在试样表面进行热量传递，传热形式主要是对流换热。磨削液通过与试样表面相接触，使得一部分工件表面的热量通过对流换热被冷却液带走，剩下的则留在试样基体并向其内部传导。因此使用冷却液或强化冷却液的换热性能能够增强加工区的冷却效果。给定外界介质的温度和边界上的对流换热系数，如图 6-6 所示，磨削界面热量由磨具磨削作用输入，通过外界的冷却介质

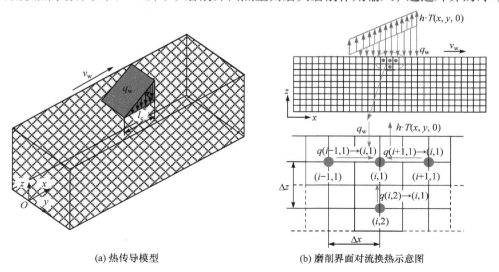

(a) 热传导模型　　　　(b) 磨削界面对流换热示意图

图 6-6　热传导模型及磨削界面对流换热示意图

带走。分析工件表面上某一节点,由磨具产生的瞬时热量向该节点传递。与此同时,工件表面上的冷却介质与相邻节点($i-1$, 1)、($i+1$, 1)、(i, 2)都和该节点(i, 1)相接触,所以该节点处的热量会向冷却介质对流传递并向相邻节点进行热传导,最终磨具/工件界面达到稳定的温度[17]。

温度场中热传导的热平衡分析是求解微分方程。导热过程的完整描述包含单值性条件和导热微分方程。单值性条件包括时间条件、物理条件、几何条件和边界条件。边界条件说明物体边界上传热过程进行的特点,即反映传热过程与周围环境相互作用的条件,所以必须在温度场中设定初始条件($t=0$ 时的温度)与边界条件(在边界区域内设定温度或输入输出的热流密度)。基于传热学理论,通常将热力学边界条件划分为以下三类[3]。

6.4.1　第一类边界条件

这一类边界条件是强制对流边界条件,指在任一时刻下给定物体的边界界面处温度,又称为 Dirichlet 条件:

$$T\big|_{s_f} = T_w \tag{6-20}$$

式中,T_w 为边界面 s_f 处设定的温度。如果边界温度保持不变,则 T_w 是定值;如果边界温度随着时间变化而变化,则 T_w 是与时间有关的函数表达式。

6.4.2　第二类边界条件

第二类边界条件指已知在任一时刻,物体边界面在法向上的热流密度,又称为 Neumann 条件。温度梯度与热流密度的关系通过傅里叶定律得出,等同于在任一时刻下边界 s_f 处在法向上的温度变化率:

$$\frac{\partial T}{\partial n}\bigg|_{s_f} = \frac{Q_w}{k} \tag{6-21}$$

式中,Q_w 为通过边界面 s_f 的热量。当边界为绝热时 $Q_w = 0$;当边界导热为恒定时 Q_w 是定值;当边界导热随着时间变化时 Q_w 是时间的函数。

第二类边界处的微分方程为

$$\frac{\partial}{\partial x}\left(k_x \cdot \frac{\partial T}{\partial x}\right) + \frac{\partial}{\partial y}\left(k_y \cdot \frac{\partial T}{\partial y}\right) + \frac{\partial}{\partial z}\left(k_z \cdot \frac{\partial T}{\partial z}\right) = Q_w \tag{6-22}$$

6.4.3　第三类边界条件

第三边界条件指边界面与周围介质进行对流换热,又称为 Robin 条件。由牛顿冷却定律可知,试样的边界层和冷却换热介质之间的温度对流换热为

$$h(T\big|_{z=0} - T_0) - k\frac{\partial T}{\partial z}\bigg|_{z=0} = q_w \tag{6-23}$$

式中,q_w 为冷却换热介质与工件边界面 s_f 的对流热流量;h 为冷却换热介质与试样边界的对流换热系数。

第三类边界处的微分方程为

$$\frac{\partial}{\partial x}\left(k_x \cdot \frac{\partial T}{\partial x}\right) + \frac{\partial}{\partial y}\left(k_y \cdot \frac{\partial T}{\partial y}\right) + \frac{\partial}{\partial z}\left(k_z \cdot \frac{\partial T}{\partial z}\right) = h(T\big|_{s_f} - T_f) \tag{6-24}$$

由三类边界条件的说明可知，第三类边界条件能精准描述纳米流体喷雾式冷却条件下的骨微磨削温度场，因此，本书采用第三类边界条件对骨磨削温度场进行求解。在第 4 章中，已对纳米流体喷雾式冷却的对流换热系数模型进行了理论建模及计算，以下将对硬脆骨材料的动态热流密度进行理论分析。

6.5　金属材料普通砂轮磨削恒定热源分布模型

普通砂轮磨削加工中，在对工件表面的温度场进行分析时，磨削区热源往往采用连续分布的带状热源去代替离散点热源，以达到简化模型的目的。这种简化有以下几方面原因[2]：①使用普通粒度砂轮磨削时，每平方毫米的砂轮表面上至少有一颗磨粒正在使材料发生塑性变形（耕犁）或参与材料的切削去除，当砂轮圆周速度较高时（普通磨削为 20～50m/s），磨削加工区内的工作磨粒密度较高，相当于连续性热源；②在磨削加工时，在砂轮表面最突出的磨粒和结合剂都承受了较大的法向力，使得砂轮弹性变形量变大，位置比较深的磨粒开始接触并作用于工件表面材料，引起与工件相接触的磨粒数也显著增加，并且工件表面上的部分磨粒只进行滑移摩擦从而起到滑擦和耕犁的效果，然而，这种效果下产生的热量仍然比较多。从热源观点的角度出发，耕犁阶段的摩擦热和成屑阶段切削热共同作用产生磨削热。所以，在分析磨削加工中的温度场时，选用与实际情况接近的连续性热源。

迄今为止，学者建立的热源分布模型主要包括基于缓进给磨削和高效深切磨削的大切削深度热源分布模型，基于普通往复磨削的小切削深度热源分布模型，以及其他断续、连续磨削热源分布模型等。在小切削深度连续磨削温度场分析中，又分为三角形和矩形（均布）热源分布模型。

6.5.1　矩形热源分布模型

在进行磨削温度场的理论计算式时，Jaeger[1]将移动热源看作矩形均布热源。设置一条带状热源，宽度为 $2l(2l=l_c)$，以速度 v_w 在半无限体上沿 x 方向移动。

由矩形热源分布模型能推出工件表面上各个点的温度：

$$T(x,z) = \frac{2q_{total}R_w\alpha_t}{\pi k_w v_w} \int_{X-L'}^{X+L'} e^{-u} K_0 \left(Z^2 + u'^2\right)^{1/2} du' \tag{6-25}$$

式中，q_{total} 为总热流密度；R_w 为传入工件热量的比例；X 为到热源中心的无量纲距离；L' 为无量纲佩克莱数；Z 为到工件表面的无量纲距离。定义无量纲 X、Z、L' 如下：

$$\begin{cases} L' = v_w l_c / (4\alpha_t) \\ X = v_w x / (2\alpha_t) \\ Z = v_w z / (2\alpha_t) \end{cases} \tag{6-26}$$

6.5.2　三角形热源分布模型

通过引用 Jaeger 的结论，Takazawa[18]、Kawamura 和 Iwao[19]、贝季瑶等[5]按均布和三角形热源分布模型得到磨削接触弧区温度场的理论计算式。磨削加工时，砂轮在与工件的接触弧区高端的磨屑厚度最大，而在接触弧区低端的磨屑厚度降低到零，因此加工区的热源强度无法均匀分布。故而分析平面磨削热时，常选用在接触弧区上呈三角形分布的热源模型。由三角形热

源分布模型可以求得，在半无限大的导热体内任意一点的温升为

$$T(x,z) = \frac{2q_{\text{total}}R_{\text{w}}\alpha_{\text{t}}}{\pi k_{\text{w}}v_{\text{w}}} \int_{X-L'}^{X+L'} e^{-u}\left(1+\frac{X}{L'}-\frac{u'}{L'}\right)^2 K_0\left(Z^2+u'^2\right)^{1/2} du' \tag{6-27}$$

6.5.3 抛物线形热源分布模型

传入工件内的热流密度和磨削区未变形切屑厚度相关，而后者不是呈三角形或均布状态，所以传入工件内的热流密度随着切屑厚度从零增大到最大厚度的变化而变化。假设传入工件的热流密度的分布是沿着热源面，并呈抛物线[2]。

热源面上的热流密度函数表达式为

$$q(x) = ax^2 \tag{6-28}$$

式中，a 为抛物线形热流密度的系数。

考虑到无论采用哪种热源分布模型，传入工件部分的总热源强度相同，因此抛物线形热源分布模型与均布热源分布模型的总热源强度总是相等，对式(6-28)中的热流积分得

$$\int_0^{l_{\text{c}}} ax^2 dx = l_{\text{c}}q_0 \tag{6-29}$$

式中，q_0 为传入工件平均热流密度。

通过对式(6-29)进行积分计算，可得到抛物线形热流密度的系数为

$$a = \frac{3q_0}{l_{\text{c}}^2} \tag{6-30}$$

将式(6-30)代入式(6-28)，计算得到沿接触弧区的热流密度函数为

$$q_{\text{w}} = \frac{3q_0}{l_{\text{c}}^2}x^2 \tag{6-31}$$

宽度是 dx' 的线热源造成某点产生的温升按照瞬时线热源计算：

$$dT(x,z) = \frac{q_{\text{w}}dx'dt}{2\pi k_{\text{w}}t} e^{-\frac{(x-x'+v_{\text{w}}t)+z^2}{4\alpha_t t}} \tag{6-32}$$

则由抛物线形热源分布模型推出的半无限大导热体内任意一点计算的温升为

$$T(x,z) = \frac{3q_{\text{w}}R_{\text{w}}\alpha_{\text{t}}}{2\pi k_{\text{w}}v_{\text{w}}L'^2} \int_{X-L'}^{X+L'} e^{-u}\left(X+L'-u'\right)^2 K_0\left(Z^2+u'^2\right)^{1/2} du' \tag{6-33}$$

6.5.4 综合热源分布模型

在塑性金属材料磨削过程中，磨粒与工件之间存在滑擦、耕犁和切削三个阶段。在滑擦阶段，磨粒开始接触并作用于工件表面材料，并没有切削作用，在工件表面仅有滑擦，工件只产生弹性变形并立即恢复，没有出现磨屑。在耕犁阶段，随着切削深度增加，材料在磨削力大于自身屈服极限时发生塑性变形，当磨粒的磨削刃向工件表面压入时，磨削刃前面的工件材料被推向磨粒的前端与两侧，使得工件表面隆起，而磨粒在该阶段也只起到耕犁作用，同样没有切削作用。在切削阶段，磨粒的磨削刃推动材料达到临界磨削深度，隆起的材料从磨削刃前面滑出形成磨屑；发生塑性变形的材料堆积在磨粒两侧形成沟壁，并形成磨屑。切削阶段中，切削效果明显，材料的去除率比较高，与此同时，部分磨粒仍然对工件材料起到滑擦

和耕犁的作用。

张磊[20]、Zhang 和 Mahdi[21]分析，当磨粒在工件上起到滑擦和耕犁的作用时，热源呈矩形分布，产生的热流强度在接触长度方向上几乎相等，且主要是摩擦作用；当磨粒在工件上进行切削时，法向力与切向力随磨粒对材料切入量的增加而逐渐增大，因而产生的热流密度也不断增大，热源呈三角形分布。在整个磨削加工时，砂轮表面上的磨粒具有不等的突起高度，因此有部分磨粒会在某个时刻同样的位置处既起到滑擦作用，又对工件材料进行切削作用。因此，只采用三角形或只采用矩形热源分布模型对磨削温度进行求解是不充分的，磨粒的滑擦、耕犁、切削共同作用也应当包括在内。

张磊[20]考虑了磨削过程中磨粒对工件间的滑擦、耕犁和切削的综合作用，建立了综合热源分布模型，如图 6-7 所示。将砂轮底端磨粒与材料的切入点作为坐标原点 O，以 $s(x)$ 轴作为垂直方向，建立直角坐标系，将磨削热源分布分为两部分：矩形热源分布，由磨粒对工件材料滑擦与耕犁作用产生，热流密度是 ξq_0，矩形热源的长度为 a_r；三角形热源分布，由磨粒对材料切削作用产生，三角形热流密度的峰值是 uq_0，距离坐标原点的长度为 b_t，磨削弧长为 l_c。

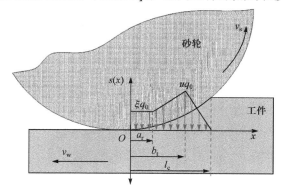

图 6-7　综合热源分布模型[20]

图 6-7 中，纵坐标 $s(x)$ 为磨削综合热源分布模型的形函数方程[21]。该综合热源分布模型的热流密度能用形函数方程 $s(x)$ 与平均热流密度 q_0 的乘积表示：

$$s(x) = \begin{cases} 0 & x \in (-\infty, 0) \\ \xi & x \in [0, a_r) \\ \dfrac{\xi(b_t - x) + u(x - a_r)}{b_t - a_r} & x \in [a_r, b_t] \\ \dfrac{u(x - l_c)}{b_t - l_c} & x \in [b_t, l_c] \\ 0 & x \in [l_c, +\infty) \end{cases} \tag{6-34}$$

式中，a_r 和 ξ 与砂轮的锋利程度及磨削液的润滑性能相关；b_t 与磨削方式(顺磨、逆磨)有关；磨削接触弧长 l_c 是磨削深度及砂轮直径的函数。

由图 6-7 及式(6-34)可知，若 a_r 与 b_t 都等于 l_c 且 $\xi=u=l_c$，砂轮的磨损严重，磨粒较钝，对工件材料产生滑擦与耕犁，如图 6-8(a)所示，综合热源分布模型转变为矩形热源分布模型。

若 a_r 为 0，b_t 为 l_c 且 $\xi=0$，$u=2$，磨粒较为锋利，磨粒对工件材料主要为切削作用，如图 6-8(b)所示，砂轮与工件接触弧的前端材料去除比较少，产生的热量较少，热流密度较小；而在接触弧后端，磨粒对工件材料的切削深度大，去除材料较多，产生的热量较多，热流密度也较大，综合热源分布模型转变为直角三角形热源分布模型。

若 a_r 为 0，b_t 为 $l_c/2$ 且 $\xi=0$，$u=2$，如图 6-8(c)所示，磨粒在接触弧的中部表现出了较强的切削作用，热流密度较大，综合热源分布模型转变为等腰三角形热源分布模型。

若 b_t 为 l_c，如图 6-8(d)所示，综合热源分布模型转变为砂轮与工件接触弧区前端呈矩形热源分布，而后端呈三角形热源分布，称为矩三角形热源分布模型。因此，当磨粒的滑擦与耕犁作用较小时，a_r 和 ξ 也比较小，反之，则比较大。假设 a_r 与 ξ 成正比，即

$$\xi=\frac{a_r}{l_c} \tag{6-35}$$

根据磨削热流总量相等，可得

$$\begin{cases} l_c \cdot \xi q_0 + \dfrac{(l_c - a_r)u q_0}{2} = l_c \cdot q_0 \\ \xi = \dfrac{a_r}{l_c} \end{cases} \tag{6-36}$$

由式(6-36)可得

$$u=\xi+2 \tag{6-37}$$

若 a_r 为 0，b_t 为 l_c，如图 6-8(e)所示，综合热源分布模型转变为梯形热源分布模型。在磨削加工中磨粒具有不相等的突起高度，会同时存在磨粒对工件材料的滑擦、耕犁和切削作用，因此，梯形热源分布为矩形与三角形热源分布的叠加。在砂轮与工件接触区的前端，磨粒切入工件材料的深度比较小，产生的热量较少，因而热流密度也比较小。反之，在砂轮与工件接触区的后端，热流密度比较大。根据总热源量相等，推出 ξ 与 u 的关系为

$$\frac{l_c q_0 \cdot (\xi + u)}{2} = l_c q_0 \tag{6-38}$$

由式(6-38)可知：

$$\xi+u=2 \tag{6-39}$$

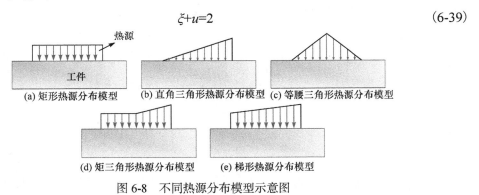

(a) 矩形热源分布模型　(b) 直角三角形热源分布模型　(c) 等腰三角形热源分布模型

(d) 矩三角形热源分布模型　(e) 梯形热源分布模型

图 6-8　不同热源分布模型示意图

6.6　硬脆生物骨材料延性域去除动态热流密度模型

磨削功消耗除了用来生成新的材料表面，假设其余的能量全部转化成热能。硬脆骨材料在微磨削过程中不同磨削行为的能量产生及消耗形式如图 6-9 所示。

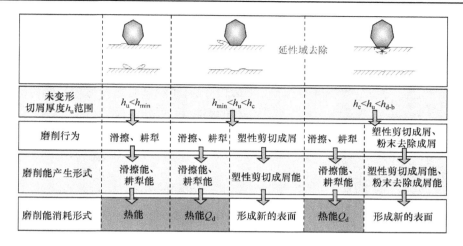

图 6-9　生物骨材料微磨削能量产生及消耗形式示意图

（1）当 $h_u < h_{min}$ 时,材料只发生滑擦及耕犁,没有材料被去除,材料并没有生成新的表面,磨削做功只用来产热。

（2）当 $h_{min} \leqslant h_u < h_c$（$h_c$ 为硬脆材料产生裂纹的临界未变形切屑厚度）时, 材料发生滑擦、耕犁及塑性剪切成屑,磨削功的消耗由滑擦能、耕犁能、塑性剪切成屑能三部分组成,其中塑性剪切成屑能用来生成新的表面,滑擦能及耕犁能全部转化成热能。

（3）当 $h_c \leqslant h_u < h_{d\text{-}b}$ 时,材料发生滑擦、耕犁、塑性剪切成屑及粉末去除成屑,磨削功的消耗由滑擦能、耕犁能、塑性剪切成屑能、粉末去除成屑能四部分组成,其中塑性剪切成屑能、粉末去除成屑能用来生成新的表面,滑擦能及耕犁能仍全部转化成热能。

关于产生裂纹的临界未变形切屑厚度 h_c,由骨材料断裂韧性 K_{IC} 及维氏硬度 H_v,可得到中位裂纹产生的临界法向载荷为

$$F_n = 855 \frac{K_{IC}^4}{H_v^3} \qquad (6\text{-}40)$$

因此,可根据法向力判定硬脆材料开始产生裂纹的未变形切屑厚度。

前面的研究表明,材料塑性去除和脆性去除方式分别对应不同的能量消耗,并且材料发生塑性变形所需要消耗的能量 E_p 与脆性断裂所需要消耗的能量 E_f 都不可逆转[22]。通过分别求解 E_p 及 E_f,再用磨削总能量减去 E_p 及 E_f,就可以得到硬脆骨延性域不同去除方式下产生的总热量 Q_d,进一步得到骨微磨削延性域去除热流密度。

关于磨削消耗的总能量,磨削做功:

$$W = F_t(s_F) \cdot s_F \qquad (6\text{-}41)$$

式中,s_F 为 F_t 作用的距离。

F_t 是位移 s_F 的函数,则磨削总功为

$$W = \int_0^l F_t(s_F) \mathrm{d}s_F \qquad (6\text{-}42)$$

为了得到硬脆骨材料球形磨头微磨削热源分布模型,首先需对采用球形磨头的微磨削区有效切削磨粒数目进行计算,在此基础上计算材料发生塑性及脆性断裂需要消耗的能量,通过对微磨削几何运动学进行分析,最终得到硬脆骨材料球形磨头微磨削热源分布模型。

6.6.1　球形磨头有效切削磨粒数统计

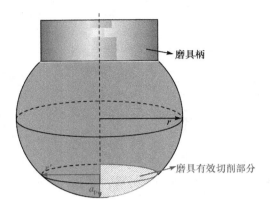

图 6-10　微磨具有效切削部分示意图

在磨具表面上，磨粒为不均匀、随机分布。由磨粒平均粒径 d_{mean}、磨粒率 ω_r（即磨具中磨粒的体积分数）可得磨具单位体积的磨粒数 N_v、单位面积的磨粒数 N_s 分别为

$$N_v = \frac{1}{\pi(d_{mean}/2)^3}\omega_r^{1/3} \quad (6-43)$$

$$N_s = N_v^{2/3} \quad (6-44)$$

球形微磨具有效切削部分的表面积如图 6-10 所示，可得

$$S_c = \pi r a_p \quad (6-45)$$

磨削区的总磨粒数为

$$N_{total} = S_c \cdot N_s \quad (6-46)$$

6.6.2　骨材料塑性剪切去除消耗的能量

骨材料发生塑性变形的磨削阶段为耕犁及切削。骨材料处于耕犁阶段时，一部分磨粒对材料产生滑擦作用，另一部分磨粒对材料产生耕犁作用；骨材料处于切削阶段时，一部分磨粒对材料产生滑擦作用，一部分磨粒对材料产生耕犁作用，还有一部分磨粒对材料产生塑性剪切去除作用。材料发生塑性变形所需要的能量为[23]

$$E_p = \sigma_p V_{p\text{-}r} \quad (6-47)$$

式中，σ_p 为材料的屈服极限；$V_{p\text{-}r}$ 为材料发生塑性变形的体积。

以下将对塑性剪切去除方式下材料发生塑性变形的体积进行详细计算。磨粒切削刃半径对材料最小切屑厚度有非常重要的影响，因此，本节将磨粒简化为球形。

当 $h_u < h_c$ 时，材料发生滑擦、耕犁及塑性剪切成屑。骨材料微磨削过程中某一瞬间，设有 $N_{s\text{-}p}$ 个磨粒正在参与滑擦，N_c 个磨粒正在参与对材料的耕犁及塑性剪切成屑。在 N_c 个磨粒中，根据磨粒对骨材料切入状态，磨粒粒径又可分为三种情况，即磨粒半径大于未变形切屑厚度 $h_u(d_1 > 2h_u)$、磨粒半径等于 $h_u(d_2 = 2h_u)$、磨粒半径小于 $h_u(d_3 < 2h_u)$，如图 6-11 所示。

由图 6-12 所示材料临界成屑状态（最小切屑厚度几何模型）示意图可知反弹厚度为

$$\begin{cases} t_s = L_f \sin\varphi_s \\ \varphi_s = \dfrac{\pi}{4} + \gamma_n - \beta_f \\ \gamma_n = \arcsin\dfrac{r_e - h_u}{r_e} \\ t_r = h_u - t_s \end{cases} \quad (6-48)$$

式中，t_s 为剪切厚度；L_f 为硬脆材料第一变形区长度；φ_s 为剪切角；γ_n 为磨粒负前角；β_f 为摩擦角；r_e 为切削刃半径；t_r 为反弹厚度。

因此，粒径为 $d_1(2h_u < d_1 < d_{max})$、$d_2(d_2 = 2h_u)$、$d_3(2h_{min} < d_3 < 2h_u)$ 的磨粒，发生塑性变形被去除的材料体积分别为

$$
\begin{cases}
V_{d1} = S_{d1} \cdot l_c \\
V_{d2} = S_{d2} \cdot l_c \\
V_{d3} = S_{d3} \cdot l_c
\end{cases}
\tag{6-49}
$$

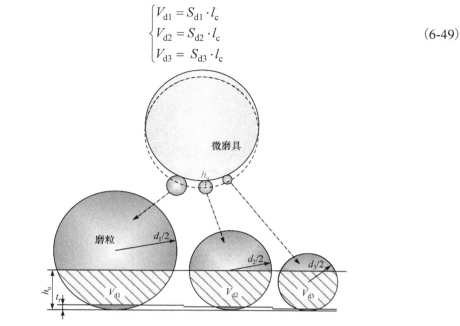

图 6-11　磨粒去除材料体积示意图

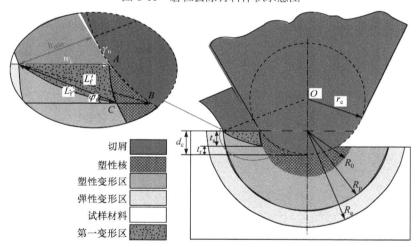

图 6-12　硬脆材料临界成屑状态示意图

式中，S_{d1}、S_{d2}、S_{d3} 分别为粒径为 d_1、d_2、d_3 的磨粒切入材料的横截面积。

粒径为 d_1、d_2、d_3 的磨粒概率分别为

$$
\begin{cases}
P(d_1) = \displaystyle\int_{2h_u}^{d_{max}} \frac{1}{\sqrt{2\pi} \cdot \sigma_s} \cdot e^{-\frac{(x-d_{mean})^2}{2\sigma_s^2}} \, dx \\[3mm]
P(d_2) = \dfrac{1}{\sqrt{2\pi} \cdot \sigma_s} \cdot e^{-\frac{(d_2-d_{mean})^2}{2\sigma_s^2}} \\[3mm]
P(d_3) = \displaystyle\int_{2h_{min}}^{2h_u} \frac{1}{\sqrt{2\pi} \cdot \sigma_s} \cdot e^{-\frac{(x-d_{mean})^2}{2\sigma_s^2}} \, dx
\end{cases}
\tag{6-50}
$$

对于塑性剪切去除，材料发生塑性变形被去除的总体积为

$$V_{\text{p-r}} = N_{\text{total}} l_{\text{c}} \left[\int_{2h_{\text{u}}}^{d_{\max}} S_{\text{d}1} \cdot \frac{1}{\sqrt{2\pi} \cdot \sigma_{\text{s}}} \cdot e^{-\frac{(x-d_{\text{mean}})^2}{2\sigma_{\text{s}}^2}} \, dx + S_{\text{d}2} \cdot \frac{1}{\sqrt{2\pi} \cdot \sigma_{\text{s}}} \cdot e^{-\frac{(d_2-d_{\text{mean}})^2}{2\sigma_{\text{s}}^2}} \right.$$

$$\left. + \int_{2h_{\min}}^{2h_{\text{u}}} S_{\text{d}3} \cdot \frac{1}{\sqrt{2\pi} \cdot \sigma_{\text{s}}} \cdot e^{-\frac{(x-d_{\text{mean}})^2}{2\sigma_{\text{s}}^2}} \, dx \right] \tag{6-51}$$

将式（6-51）代入式（6-47），可以得到磨粒使骨材料发生塑性剪切去除所消耗的能量。因此，骨材料塑性剪切去除方式下的产热量为

$$Q_{\text{d}} = W - E_{\text{p}} \tag{6-52}$$

6.6.3　骨材料粉末去除消耗的能量

材料发生脆性断裂时需消耗的能量为[23]

$$E_{\text{f}} = GA_{\text{f}} \tag{6-53}$$

式中，A_{f} 为因为裂纹扩展所重新生成的表面积。

以下将对骨材料粉末去除方式下材料新生成的表面积进行详细计算。

当 $h_{\text{c}} < h_{\text{u}} < h_{\text{d-b}}$ 时，材料发生滑擦、耕犁、塑性剪切成屑及粉末去除成屑，设有 N_{p} 个磨粒正在使材料发生粉末去除成屑，磨粒直径为 $d_4(2h_{\text{c}} < d_4 < d_{\max})$，则直径为 d_4 的磨粒所占的比例为

$$P(d_4) = \int_{2h_{\text{c}}}^{d_{\max}} \frac{1}{\sqrt{2\pi} \cdot \sigma_{\text{s}}} \cdot e^{-\frac{(x-d_{\text{mean}})^2}{2\sigma_{\text{s}}^2}} \, dx \tag{6-54}$$

Bifano 和 Fawcett[24]的研究表明，对于单颗磨粒，由于中位裂纹及侧向裂纹扩展连通生成的表面可表示为由侧向裂纹形成的半径为 C_{l}、高为 l_{c} 的两半圆柱面及由中位裂纹形成的两平面，如图 6-13 所示：

$$S_{\text{f}} = 2(\pi C_{\text{l}} + C_{\text{m}}) \cdot l_{\text{c}} \tag{6-55}$$

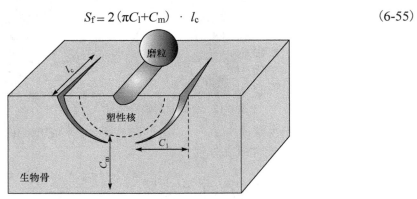

图 6-13　裂纹扩展新生成的材料表面积

由式（6-54）及式（6-55）可得由于裂纹扩展所重新生成的表面积为

$$A_{\text{f}} = 2N_{\text{total}} l_{\text{c}} \int_{2h_{\text{c}}}^{d_{\max}} (\pi C_{\text{l}} + C_{\text{m}}) \frac{1}{\sqrt{2\pi} \cdot \sigma_{\text{s}}} \cdot e^{-\frac{(x-d_{\text{mean}})^2}{2\sigma_{\text{s}}^2}} \, dx \tag{6-56}$$

在粉末去除方式下，材料发生塑性变形被去除的体积为

$$V'_{\text{p-r}} = N_{\text{total}} l_{\text{c}} \left[\int_{2h_{\text{u}}}^{2h_{\text{d-b}}} S_{\text{d1}} \cdot \frac{1}{\sqrt{2\pi} \cdot \sigma_{\text{s}}} \cdot e^{-\frac{(x-d_{\text{mean}})^2}{2\sigma_{\text{s}}^2}} dx + S_{\text{d2}} \cdot \frac{1}{\sqrt{2\pi} \cdot \sigma_{\text{s}}} \cdot e^{-\frac{(d_2-d_{\text{mean}})^2}{2\sigma_{\text{s}}^2}} \right. $$

$$\left. + \int_{2h_{\text{min}}}^{2h_{\text{u}}} S_{\text{d3}} \cdot \frac{1}{\sqrt{2\pi} \cdot \sigma_{\text{s}}} \cdot e^{-\frac{(x-d_{\text{mean}})^2}{2\sigma_{\text{s}}^2}} dx \right] \tag{6-57}$$

将式(6-56)代入式(6-53)，可以得到磨粒使骨材料发生粉末去除所消耗的能量。进一步地，硬脆骨材料粉末去除方式下的产热量为

$$Q_{\text{d}} = W - E_{\text{p}} - E_{\text{f}} \tag{6-58}$$

6.6.4 硬脆生物骨延性域去除动态热流密度模型

忽略运动参数对磨削时接触状态、磨具与试样之间变形的影响，由图 6-14 所示的磨削模型可知，接触弧长为

$$l_{\text{c}} = r' = \sqrt{r^2 - (r - a_{\text{p}})^2} \tag{6-59}$$

如图 6-14(a)所示，将未变形切屑所受的总磨削力分解为 x、y、z 方向上的三个相互垂直的分力 F_x、F_y、F_z。如图 6-14(b)所示，在截面 P 上，参与磨削的磨粒分布在阴影部分的边缘

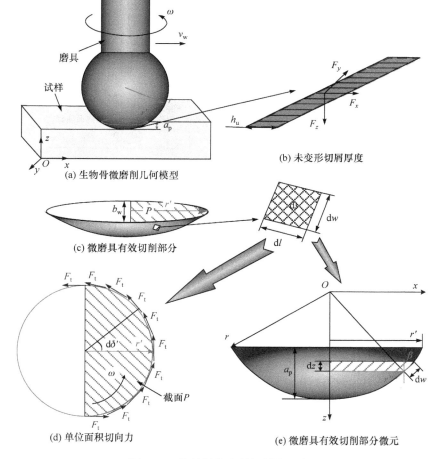

(a) 生物骨微磨削几何模型

(b) 未变形切屑厚度

(c) 微磨具有效切削部分

(d) 单位面积切向力

(e) 微磨具有效切削部分微元

图 6-14 骨材料微磨削切削力示意图

上，单位面积上的切削力 F_t 与 x 轴的夹角为 δ'，则在该截面上 y 方向的力 F_y' 为

$$F_y' = \int_{-\pi/2}^{\pi/2} \pi r' \cdot F_t \cos\delta' \mathrm{d}\delta' \tag{6-60}$$

如图 6-14(c)所示，将每个截面积分，便得到 y 方向的总磨削力 F_y 为

$$F_y = \int_{r-a_p}^{r} \int_{-\pi/2}^{\pi/2} \pi\sqrt{r^2 - z^2} \cdot F_t \cos\delta' \mathrm{d}\delta' \mathrm{d}z \tag{6-61}$$

F_y 即实验中测力仪所测得的 y 方向上的力，由此可求得单位面积的切向力 F_t。磨具参与磨削部分的表面积 S_c 为

$$S_c = \frac{1}{4} \cdot \int_{-\sqrt{r^2-(r-a_p)^2}}^{\sqrt{r^2-(r-a_p)^2}} 2\pi r \, \mathrm{d}x \tag{6-62}$$

因此，微磨削切削力(做功力) F_c 为[25]

$$F_c = F_t \cdot S_c \tag{6-63}$$

平均热流密度为

$$q_0 = Q_d / (S_p \cdot t) \tag{6-64}$$

式中，S_p 为微磨削有效切削部分在 x-y 面的投影面积。

图 6-15(a)为纳米流体骨微磨削几何模型，球形微磨具以旋转速度 ω、进给速度 v_w 在骨试样表面移动，喷嘴同样以 v_w 随磨具移动。由微磨具与材料的实际接触状态及未变形切屑形态可知，微磨具对骨材料的磨削作用将产生如图 6-15(b)所示的半圆形曲面热源。为了更直观地表示温度场，将图 6-15(b)所示三维温度场分别投影到骨试样表面(x-y 面)及骨试样侧面(z-x 面)。

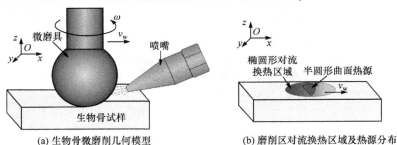

(a) 生物骨微磨削几何模型　　　　　　(b) 磨削区对流换热区域及热源分布

图 6-15　骨微磨削几何模型及温度场模型示意图

如图 6-16 所示，在 x-y 面上，由微磨具与材料的实际接触状态可知，热源边界呈半径为 r'

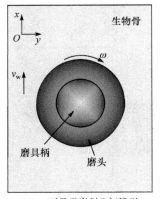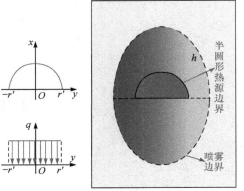

(a) x-y 面骨微磨削几何模型　　　　　　(b) x-y 面骨微磨削喷雾边界及热源边界

图 6-16　x-y 面温度场模型示意图

的半圆形，且在该半圆形热源边缘上，各点的热流密度相等，均为 q_0。

根据微磨具与材料的实际接触形态，可知在 $z\text{-}x$ 面上，热源沿着 OA 呈圆形分布，如图 6-17 所示。为了计算简便，将微磨削圆形热源简化为抛物线形热源，在该热源面上，热流密度为

$$q_w = ax^2 \tag{6-65}$$

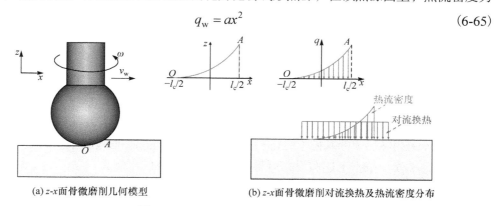

(a) $z\text{-}x$ 面骨微磨削几何模型　　　　(b) $z\text{-}x$ 面骨微磨削对流换热及热流密度分布

图 6-17　$x\text{-}z$ 面温度场模型示意图

考虑到流入材料的热流密度在各种分布状态下总热源强度始终相等，则热源沿着 OA 呈圆形分布的总强度，与热源沿着相同接触弧呈均匀分布的总强度相等，对图 6-17 中的热流密度进行积分：

$$\int_{-l_c/2}^{l_c/2} ax^2 \mathrm{d}x = l_c q_0 \tag{6-66}$$

由式(6-64)可得圆形热源分布热流密度的系数为

$$a = \frac{12q_0}{l_c^2} \tag{6-67}$$

代入式(6-65)可得沿着接触弧 OA 的热流密度为

$$q_w = \frac{12q_0}{l_c^2}x^2 \tag{6-68}$$

6.7　磨削区热分配系数模型

磨削温度场模型在建立时存在一个重要的问题。需要明确在加工时磨削热量传入试样中的比例，即需要确定热分配系数 R_w。在非干式磨削工况下，如图 6-18 所示，磨削区产生的总热量为[26]

$$q_{total} = \frac{F_t v_s}{b_g l_c} = q_w + q_g + q_c + q_f \tag{6-69}$$

式中，b_g 为砂轮宽度；q_w 为留在试样表面的热量；q_g 为传入磨具磨粒的热量；q_c 为磨屑带走的热量；q_f 为冷却介质传出的热量。

因此，工件及冷却介质的热分配系数分别为

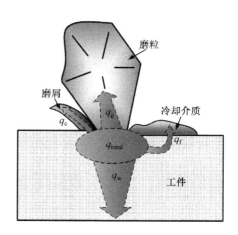

图 6-18　磨削区热量分配示意图

$$\begin{cases} R_{\mathrm{w}} = \dfrac{q_{\mathrm{w}}}{q_{\mathrm{total}}} \\[3mm] R_{\mathrm{f}} = \dfrac{q_{\mathrm{f}}}{q_{\mathrm{total}}} \end{cases} \tag{6-70}$$

6.7.1　磨粒点额热分配系数模型

Outwater 和 Shaw[26]指出，磨削加工时的磨削热共有三部分：①磨粒的磨损平面和工件的作用面；②磨屑的剪切面；③磨粒和磨屑的作用面。经由这三个面，将磨粒使材料发生塑性变形（耕犁及对材料的切削）生成的热量传递到磨粒和工件。

在 Outwater 和 Shaw 的基础上，Hahn[27]改进了热分配模型，假设磨削热产生于磨削界面，即磨粒磨损的平面。根据上述假设，可得磨削热传入工件的比例为

$$R_{\mathrm{w}} = \left(1 + \frac{k_{\mathrm{g}}}{\sqrt{r_0 \cdot v_{\mathrm{s}} \cdot (k\rho c)_{\mathrm{w}}}}\right)^{-1} \tag{6-71}$$

式中，下标 g 和 w 分别代表磨粒和工件。

基于 Hahn 的研究，Rowe 等提出砂轮/工件热分配系数为

$$R_{\mathrm{ws}} = \frac{q_{\mathrm{w}}}{q_{\mathrm{w}} + q_{\mathrm{g}}} = \left[1 + \frac{0.974 k_{\mathrm{g}}}{(k\rho c)_{\mathrm{w}}^{0.5} \cdot r_0^{0.5} \cdot v_{\mathrm{s}}^{0.5}}\right]^{-1} \tag{6-72}$$

式中，k_{g} 为磨粒的导热系数；r_0 为砂轮磨粒的有效接触半径。

6.7.2　砂轮热分配系数模型

Ramanath 和 Shaw[28]建立了平面干磨削时的热分配系数模型，将磨削时的热源分布模型假设成一个均布热源，在两个静止的表面（磨粒切削面及工件表面）中间移动。假设磨削接触界面内工件与砂轮的表面平均温度相等，可以得到热分配系数的表达式为

$$R_{\mathrm{w}} = \left(1 + \frac{(k\rho c)_{\mathrm{g}}}{(k\rho c)_{\mathrm{w}}}\right)^{-1} \tag{6-73}$$

该模型为与几何平均热特性相关的函数，极大地简化了实际的加工过程，没有将加工时参数的影响考虑在内，只能用于估算热分配系数。

6.7.3　磨粒与磨削液复合体热分配系数模型

Lavine[29]假定砂轮为磨削液与磨粒组成的复合体，将磨削液看作砂轮表面上的一部分，并非对流换热的介质，因此不必确定其对流换热的系数。基于 Jeager 给出的线性比磨削温度的计算式，湿磨工况下，砂轮表面的液膜面积 $A_{\mathrm{r}} / A_{\mathrm{n}} \approx 1$，可以计算流入工件的热分配系数为

$$R_{\mathrm{w}} = \frac{Q_{\mathrm{w}}}{Q_{\mathrm{w}} + Q_{\mathrm{g}}} = \frac{1}{1 + \left[\dfrac{(k\rho c)_{\mathrm{g}} \, v_{\mathrm{s}} A_{\mathrm{r}}}{(k\rho c)_{\mathrm{w}} \, v_{\mathrm{w}} A_{\mathrm{n}}}\right]^{0.5} + \left[\dfrac{(k\rho c)_{\mathrm{f}} \, v_{\mathrm{s}}}{(k\rho c)_{\mathrm{w}} \, v_{\mathrm{w}}}\right]^{0.5}} \tag{6-74}$$

基于此，Rowe 等[30]进一步进行了研究，推出了砂轮和工件之间的热分配系数为

$$R_{\text{w-g}} = \left(1 + \sqrt{\frac{v_{\text{s}} \cdot (k\rho c)_{\text{g}}}{v_{\text{w}} \cdot (k\rho c)_{\text{w}}}}\right)^{-1} \tag{6-75}$$

6.7.4　砂轮/工件系统热分配系数模型

Hadad 和 Sadeghi[31]建立了砂轮/工件系统热分配系数模型，假设热量瞬间传入磨屑及砂轮/工件系统：

$$q_{\text{total}} = q_{\text{c}} + q_{\text{w-g}} \tag{6-76}$$

传入砂轮/工件系统的热量 $q_{\text{w-s}}$ 进一步传入工件及砂轮中：

$$q_{\text{w-g}} = q_{\text{w}} + q_{\text{g}} \tag{6-77}$$

传入工件的热量最终流入工件本体及冷却介质中：

$$q_{\text{w}} = q_{\text{w-b}} + q_{\text{f}} \tag{6-78}$$

6.7.5　考虑磨削区对流换热的热分配系数模型

Rowe 等所提出的考虑磨削区对流换热的热分配系数模型一般应用在高效深磨的条件下，该模型提出高效深磨时磨削区总能量分别传入砂轮、磨屑、磨削液和工件材料的理论数学模型，进一步，大量的实验结果验证了该模型的可行性。

传入工件、砂轮、磨削液和磨屑中的热流密度与最大接触温度 T_{max}（$T_{\text{max}} \leqslant$ 沸点）、磨削液的沸点及工件熔点 T_{m} 等参数有关，即[32]

$$\begin{cases} q_{\text{w}} = h_{\text{w}} \cdot T_{\text{max}} \\ q_{\text{g}} = h_{\text{g}} \cdot T_{\text{max}} \\ q_{\text{f}} = h_{\text{f}} \cdot T_{\text{max}} \\ q_{\text{c}} = h_{\text{d}} \cdot T_{\text{m}} \end{cases} \tag{6-79}$$

式中，h_{w}、h_{g}、h_{f} 及 h_{d} 分别为工件材料、砂轮、磨削液和磨屑的换热系数。

可得流入工件的热分配系数为

$$R_{\text{w}} = h_{\text{w}} \cdot T_{\text{max}} / q_{\text{total}} \tag{6-80}$$

综上所述，在对磨削区热分配进行计算时，研究者大多忽略冷却介质热分配系数 R_{f}，或对 h_{f} 进行估算以求得 R_{f}，进而求得传入试样的热分配系数。然而，对于纳米流体喷雾式冷却，纳米流体是磨削区主要的热量传出介质。Rowe 等提出的热分配系数模型虽然考虑了冷却介质的对流换热系数，但是需要在已知磨削温度的前提下对 R_{w} 进行计算，不能做到在磨削加工前对 R_{w} 进行预测。

换热系数是指材料单位时间通过单位面积传递的热量。在磨削加工中，工件热分配系数表征了传入工件材料的热量占总热量的比值，因此，材料热分配系数、磨粒热分配系数（R_{g}）、磨屑热分配系数（R_{c}）、冷却介质热分配系数（R_{f}）表征了各传热介质单位时间在磨削区单位面积内争夺热量的能力；同时，磨屑的换热系数 h_{d} 与试样材料的熔点有关，而骨材料即使在干磨削条件下，磨削温度也并达不到骨材料的熔点 T_{m}、冷却介质的沸点 T_{b}，基于此，将工件热分配系数简化为

$$R_{\text{w}} = 1 - R_{\text{g}} - R_{\text{c}} - R_{\text{f}} = \frac{h_{\text{w}}}{h_{\text{w}} + h_{\text{g}} + h_{\text{d}} + h_{\text{f}}} \tag{6-81}$$

其中，对于纳米流体喷雾式冷却，h_{f} 采用第 4 章建立的对流换热系数（h）模型进行计算。

对于 h_w、h_g 及 h_d[32]:

$$\begin{cases} h_w = 0.75(k\rho c)_w^{1/2}\left(\dfrac{v_w}{l_c}\right)^{1/2} \\[2mm] h_g = 0.75(k\rho c)_g^{1/2}\left(\dfrac{v_s}{l_c}\right)^{1/2} \\[2mm] h_d = (\rho c\alpha)_w\dfrac{v_w}{l_c} \end{cases} \quad (6\text{-}82)$$

至此,纳米流体喷雾式冷却条件下生物骨微磨削温度场动态模型已建立完整,已知初始条件(T_0),加载边界条件(式(6-20))对差分方程(式(6-19))进行求解,即可得到骨磨削温度场。

首先对干磨削条件下(对流换热系数为0)骨微磨削热损伤域进行分析,纳米流体喷雾式冷却条件下骨微磨削动态温度场的实验研究将在后续进行。

6.8　生物骨干磨削热损伤域

假设干磨削条件下骨磨削区恒定传入骨试样的热量为 0.65W,接触弧长设为 1.4mm[33]。对生物骨干磨削热损伤域进行求解,以 50℃作为骨不可逆热损伤阈值,$x\text{-}y$ 面(进给方向)、$x\text{-}z$ 面(切削深度方向)上骨磨削热损伤域分别如图 6-19 和图 6-20 所示。由于没有施加任何冷却措施,$x\text{-}y$ 面上磨具周围 1.45mm×0.63mm 的区域、$x\text{-}z$ 面磨具下方 1.53mm×0.23mm 的区域将发生不可逆热损伤。

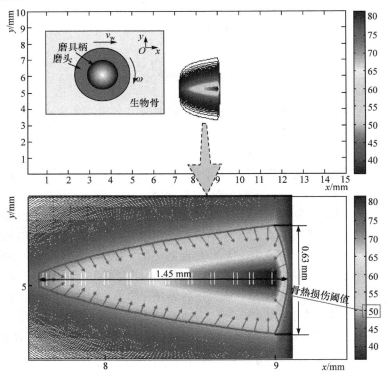

图 6-19　$x\text{-}y$ 面生物骨干磨削热损伤域

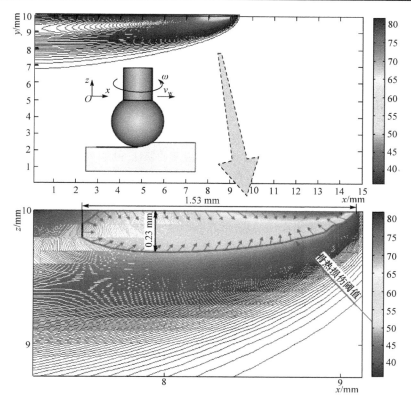

图 6-20　*x*-*z* 面生物骨干磨削热损伤域

6.9　结　　论

　　本章根据硬脆骨材料去除方式的不同，建立了骨材料塑性剪切及粉末去除方式下的动态热流密度模型；基于对流换热系数模型，建立了纳米流体喷雾式冷却的微磨削热分配系数模型；并通过有限差分方法分析了骨干磨削热损伤域。得出结论如下。

　　(1)根据磨粒对塑性金属材料的切入状态，普通砂轮磨削热源分布模型主要有三角形、矩形、抛物线形热源分布模型及综合热源分布模型。

　　(2)在硬脆骨微磨削过程中，当 $h_u < h_{min}$ 时，材料只发生滑擦及耕犁，没有材料被去除，材料并没有生成新的表面，磨削功只用来产热；当 $h_{min} \leqslant h_u < h_c$ 时，磨削功的消耗由滑擦能、耕犁能、塑性剪切成屑能三部分组成，其中塑性剪切成屑能用来生成新的材料表面，滑擦能及耕犁能全部转化成热能；当 $h_c \leqslant h_u < h_{d-b}$ 时，磨削功的消耗由滑擦能、耕犁能、塑性剪切成屑能、粉末去除成屑能四部分组成，其中塑性剪切成屑能、粉末去除成屑能用来生成新的表面，滑擦能及耕犁能仍全部转化成热能。

　　(3)工件材料热分配系数、磨粒热分配系数、磨屑热分配系数、冷却介质热分配系数表征了各传热介质(工件材料、磨粒、磨屑、冷却介质)单位时间在磨削区单位面积内争夺热量的能力，因此，试样材料热分配系数可表示为微磨削区各传热介质换热系数的函数。

　　(4)采用有限差分法计算了骨干磨削热损伤域，结果显示，由于不采用任何冷却措施，在磨具进给方向 1.45mm×0.63mm 的区域、切削深度方向 1.53mm×0.23mm 的区域将发生不可逆热损伤。

参 考 文 献

[1] JAEGER J C. Moving sources of heat and the temperature of sliding contacts[C]. Proceedings of the Royal Society of New South Wales, 1942, 76: 203-224.

[2] 毛聪. 平面磨削温度场及热损伤的研究[D]. 长沙: 湖南大学, 2008.

[3] 章熙民, 任泽霈, 梅飞鸣. 传热学[M]. 北京: 中国建筑工业出版社, 1995: 75-96.

[4] 贝季瑶. 磨削温度的分析与研究[J]. 上海交通大学学报, 1964(3): 57-73.

[5] HOU Z B, KOMANDURI R. On the mechanics of the grinding process, Part II—Thermal analysis of fine grinding[J]. International Journal of Machine Tools & Manufacture, 2004, 44(2): 247-270.

[6] 蔡光起, 郑焕文. 钢坯磨削温度的若干实验研究[J]. 东北大学学报: 自然科学版, 1985(4): 77-82.

[7] 高航, 宋振武. 断续磨削温度场的研究[J]. 机械工程学报, 1989, 25(2): 22-28.

[8] 金滩. 高效深切磨削技术的基础研究[D]. 沈阳: 东北大学, 1999.

[9] 郭力, ROWE W B. 高效深磨技术中温度的理论分析[J]. 精密制造与自动化, 2004(2): 19-22.

[10] 郭力, 李波. 工程陶瓷磨削温度研究的现状与进展[J]. 精密制造与自动化, 2007(4): 13-18.

[11] 蔡光起, 郑焕文. 用有限差分法求解磨削移动热源周期变化时的工件温度场[J]. 金刚石与磨料磨具工程, 1986(3): 12-17.

[12] LI H N, AXINTE D. On a stochastically grain-discretised model for 2D/3D temperature mapping prediction in grinding[J]. International Journal of Machine Tools & Manufacture, 2017, 116: 60-76.

[13] 徐鸿钧, 徐西鹏, 林涛, 等. 断续磨削时的脉动温度场解析[J]. 航空学报, 1993, 14(6): 287-293.

[14] 高航, 郑焕文, 张羽翔. 断续带状移动热源温度场的有限差分解[J]. 东北大学学报, 1994, 15(1): 73-77.

[15] 同晓芳. 磨削区温度场有限元分析及仿真[D]. 武汉: 武汉理工大学, 2007.

[16] SHEN B. Minimum quantity lubrication grinding using nanofluids[D]. Ann Arbor: The University of Michigan, 2008.

[17] 张东坤. 纳米粒子射流微量润滑磨削高温镍基合金对流热传递机理与实验研究[D]. 青岛: 青岛理工大学, 2014.

[18] Takazawa K. The flowing rate into the work of the heat generated by grinding[J]. Journal of Japan Society of Precision Engineering, 1964, 30(12): 914.

[19] KAWAMURA S, IWAO Y, NISHIGUCHI S. Studies on the fundamental of grinding burn-surface temperature in process of oxidation[J]. Journal of Japan Society of Precision Engineering, 1979, 45(1): 83-88.

[20] 张磊. 单程平面磨削淬硬技术的理论分析和实验研究[D]. 济南: 山东大学, 2006.

[21] ZHANG L, MAHDI M. Applied mechanics in grinding-IV. The mechanism of grinding induced phase transformation[J]. International Journal of Machine Tools and Manufacture, 1995, 35(10): 1397-1409.

[22] WU C, LI B, YANG J, et al. Prediction of grinding force for brittle materials considering co-existing of ductility and brittleness[J]. The International Journal of Advanced Manufacturing Technology, 2016, 87(5-8): 1967-1975.

[23] BIFANO T G, DOW T A, SCATTERGOOD R O. Ductile-mode grinding: A new technology for machining brittle materials[J]. Journal of Engineering for Industry, 1991, 113(2): 184-189.

[24] BIFANO T G, FAWCETT S C. Specific grinding energy as an in-process control variable for ductile-regime grinding[J]. Precision Engineering, 1991, 13(4): 256-262.

[25] 杨敏, 李长河, 张彦彬, 等. 骨外科纳米粒子射流喷雾式微磨削温度场理论分析及实验[J]. 机械工程学报, 2018, 54(18): 194-203.

[26] OUTWATER J Q, SHAW M C. Surface temperature in grinding[J]. ASME, 1952, 12(1): 73-78.

[27] HAHN R S. On the nature of the grinding process[C]. Birmingham: Proceedings of the 3rd Machine Tool Design and Research Conference, 1962.

[28] RAMANATH S, SHAW M C. Abrasive grain temperature at the beginning of a cut in fine grinding[J]. ASME Journal of Engineering for Industry, 1988, 110(1): 15-18.

[29] LAVINE A S. A simple model for convective cooling during the grinding process[J]. Journal of Engineering for Industry, 1988, 110(1): 1-6.

[30] ROWE W B, PETTIT J A, BOYLE A, et al. Avoidance of thermal damage in grinding and prediction of the damage threshold[J]. CIRP Annals - Manufacturing Technology, 1988, 37(1): 327-330.

[31] HADAD M, SADEGHI B. Thermal analysis of minimum quantity lubrication-MQL grinding process[J]. International Journal of Machine Tools & Manufacture, 2012, 63: 1-15.

[32] ROWE W B, BLACK S C E, MILLS B, et al. Analysis of grinding temperatures by energy partitioning[J]. Proceedings of the Institution of Mechanical Engineers, Part B: Journal of Engineering Manufacture, 1996, 210(6): 579-588.

[33] 张丽慧. 骨头磨削过程传热及其反问题研究[D]. 重庆: 重庆大学, 2014.

第 7 章　不同工况下钛合金磨削正交实验设计及信噪比与灰色关联度分析

7.1　引　　言

钛合金是一种典型的塑性材料，以其良好的耐热耐腐蚀性及高比强度在国内外航空航天工业上得到广泛应用。然而，钛合金磨削时存在加工温度高、磨削区化学活泼性强、磨削表面污染严重等问题。因此，在对钛合金进行磨削时，合理的磨削参数是保证钛合金表面质量和去除率的前提。

任敬心和康仁科[1]采用不同类型的砂轮、不同油性的磨削液及不同的磨削参数对钛合金进行磨削实验，研究表明：采用立方氮化硼(CBN)砂轮对钛合金进行低速磨削时，磨削深度应在 0.01～0.02mm，工作进给速度应在 12～16m/min，砂轮速度不宜超过 25m/s，陶瓷结合剂砂轮具有更好的磨削性能；Guo 等[2]使用 SiC 砂轮磨削 Ti-6Al-4V，通过分析其磨削力、比磨削能、表面残余应力及金相组织研究了工件的机械加工性能。Setti 等[3]分别使用不同体积分数 Al_2O_3 和 CuO 在 NMQL 工况下磨削 Ti-6Al-4V，发现 Al_2O_3 在 NMQL 工况下能够更好地减小切向磨削力和磨削温度；Sadeghi 等[4]将 MQL 应用到 Ti-6Al-4V 磨削中，实验设置了不同磨削参数、不同的润滑液及 MQL 不同射流参数。最终实验结果表明：MQL 能够达到传统浇注式磨削表面质量的效果，但是材料的再次沉积问题依然没有得到解决，合成脂相对于植物油具有更优的润滑性能。

虽然学者已经对钛合金进行了大量的磨削实验并进行了相关的分析，但均未能给出合理的磨削参数范围以供实际加工参考，也没有分析磨削参数各因素对各指标(磨削温度 T、切向磨削力 F_t、比磨削能 U 及表面粗糙度 Ra)的影响程度。本章的主要目的是首先利用正交实验设计(L_{16})合理地设置各因素及水平，通过信噪比(S/N)分析来衡量指标的稳定性，并且得出影响磨削温度、切向磨削力、比磨削能及表面粗糙度的四组单指标最优参数组合。进一步地，通过灰色关联度分析得出 2 组磨削温度 T、切向磨削力 F_t、比磨削能 U 及表面粗糙度 Ra 综合最优的参数组合。最后，通过对优化后的 6 组参数组合的表面轮廓支撑长度率和表面形貌分析，得出表面质量较优的 3 组参数组合，然后在保证工件表面质量的基础上进行工件去除参数 Λ_w 和比磨削能 U 实验评价，最终得出表面质量和加工效率综合最优参数组合，对下一步对 CNMQL 工况分析奠定理论基础，同时也为磨削钛合金提供实践指导。

7.2　实　验　设　计

1. 实验设备

实验采用精密平面数控磨床(型号 K-P36)和 SiC 陶瓷结合剂砂轮(型号 GC80K12V，尺寸 300mm×20 mm×76.2mm)对钛合金工件(型号 Ti-6Al-4V，尺寸 80mm×20mm×40mm)进行磨削。纳米流体通过微量润滑供给装置(型号 KS-2106)输送到喷嘴处被高速气体雾化。同时实验采用三向磨削测力仪(型号 YDM-Ⅲ99)和热电偶(型号 MX100)分别对切向磨削力和磨削温度进行数据测量。磨削完成后取下工件,利用表面粗糙度仪(型号 TIME 3220)对磨削后工件表面粗糙度和表面轮廓支撑率进行测量分析,利用扫描电镜(型号 S-3400N)对工件已加工表面的微观形貌和能谱进行分析。实验设备如图 7-1 所示,数据测量过程示意图如图 7-2 所示。实验使用的磨削参数如表 7-1 所示。为了达到可控的磨削过程,保证每次实验砂轮的锋利程度一致,实验前对砂轮进行修整,修整参数列于表 7-1 中。

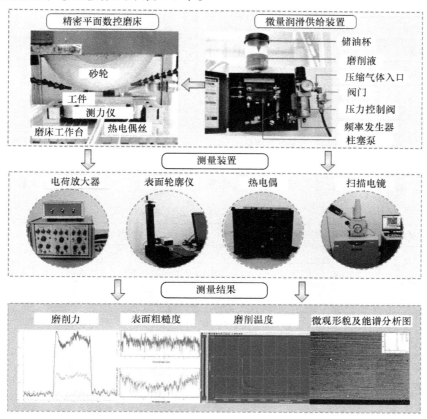

图 7-1 实验设备

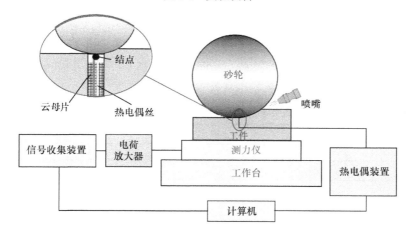

图 7-2 实验数据测量过程示意图

表 7-1　磨削实验参数

参数	数值	参数	数值
磨削类型	平面磨削，逆磨	磨削深度(a_p)	5~20μm
砂轮类型	SiC：GC80K12V	MQL 喷嘴距离(d)	12mm
润滑方式	干磨削，浇注式，MQL，NMQL	MQL 喷雾锥角(α)	15°
浇注式流量	60L/h	MQL 气压(P)	0.6 MPa
MQL 流量	50mL/h	总修整深度(a_d)	40μm
砂轮线速度(v_s)	15~24m/s	修整速度(v_d)	300 mm/min
工件进给速度(v_w)	2~8min		

2. 实验材料

钛合金(Ti-6Al-4V)工件的元素成分如表 7-2 所示。实验采用三种冷却润滑液，浇注式选用 Syntilo 9930 水基磨削液，MQL 选用 KS-1008 合成脂，NMQL 选用体积分数为 2% Al_2O_3 纳米流体磨削液。其中，Al_2O_3 纳米流体采用两步法制备[5,6]。表 7-3 为 Al_2O_3 纳米粒子物理特性。

表 7-2　Ti-6Al-4V 元素成分

名义成分	基体	合金元素质量分数/%		杂质质量分数(<)/%					
		Al	V	Fe	Si	C	N	H	O
Ti-6Al-4V	Ti	5.5~6.8	7.5~4.5	0.3	0.1	0.1	0.05	0.15	0.01

表 7-3　Al_2O_3 纳米粒子物理特性

粒径/nm	晶体结构	熔点/℃	松装密度/(g/cm³)	导热系数(W/(m·K))	颜色	莫氏硬度/级
50	六方紧密堆积	2050	0.33	36	白色	8.8~9.0

3. 实验方案

采用正交实验设计对钛合金磨削工艺参数进行实验性探索。正交试验设计中，磨削参数也称正交实验因素，包括冷却润滑方式、砂轮速度、工件进给速度和磨削深度[7]。实验基于正交实验设计，采用四因素四水平 $L_{16}(4^4)$ 全面实验，实验因素水平参数如表 7-4 所示。合理的磨削参数的选择对钛合金磨削性能有着至关重要的作用。为了合理地安排各因素水平的取值范围，这些实验参数的选择均取于 Ding 等[8]、Zhao 等[9]、Setti 等[10]和 Sahoo 等[11]初步的优化。正交实验表如表 7-5 所示。

表 7-4　磨削工艺参数因素水平表

因素	水平			
	1	2	3	4
冷却润滑方式	Dry	Flood	MQL	NMQL
v_s /(m/s)	15	18	21	24
v_w /(m/min)	2	4	6	8
a_p/μm	5	10	15	20

注：Dry 指干磨削；Flood 指浇注式

表 7-5 L₁₆正交实验表

实验号	冷却润滑方式	v_s /(m/s)	v_w /(m/min)	a_p/μm
1-1		15	2	10
1-2	Dry	18	4	15
1-3		21	6	20
1-4		24	8	5
1-5		15	4	20
1-6	Flood	18	2	5
1-7		21	8	10
1-8		24	6	15
1-9		15	6	5
1-10	MQL	18	8	20
1-11		21	2	15
1-12		24	4	10
1-13		15	8	15
1-14	NMQL	18	6	10
1-15		21	4	5
1-16		24	2	20

7.3 结果与讨论

7.3.1 单指标信噪比分析

实验的目的是优化磨削性能参数,以获得更好的(即较低的)的磨削温度 T、切向磨削力 F_t、比磨削能 U 和表面粗糙度 Ra。因此,研究中使用望小特性,在信噪比分析过程中,望小特性计算公式为

$$S/N = -10\lg\frac{1}{n}\left(\sum_{i=1}^{n}y_i^2\right) \tag{7-1}$$

式中, y_i 为得到的样本实验数据; n 为得到实验数据的个数。

表 7-6 为磨削温度 T、切向磨削力 F_t、比磨削能 U 及工件表面粗糙度 Ra 所计算的信噪比,表 7-7 为所对应因素信噪比响应表。

表 7-6 各因素及对应得到的信噪比

实验号	T/℃	F_t /N	U/(J/mm³)	Ra/μm	T信噪比/dB	F_t 信噪比/dB	U信噪比 /dB	Ra 信噪比 /dB
1-1	252	55.59	125.2	0.82	−48.03	−34.91	−41.96	1.72
1-2	321.3	96	86.49	0.82	−50.14	−39.65	−38.74	1.72
1-3	435	135.13	71.01	1.26	−52.79	−42.62	−37.03	−2
1-4	147.5	65.52	119.55	0.524	−47.14	−36.35	−41.46	5.62
1-5	134.1	150	84.46	0.576	−42.59	−47.52	−38.53	4.78
1-6	48.5	20.8	114.05	0.688	−37.75	−26.4	−41.06	7.248

实验号	$T/℃$	F_t/N	$U/(J/mm^3)$	$Ra/μm$	T信噪比/dB	F_t信噪比/dB	U信噪比/dB	Ra信噪比/dB
1-7	145.8	94	74.1	0.657	−47.84	−39.46	−37.4	7.65
1-8	227.2	87.5	67.45	1.104	−46.99	−38.44	−36.51	−0.86
1-9	141.9	70.94	106.52	0.557	−47.04	−37.02	−40.55	5.08
1-10	228.5	215.75	72.89	1.346	−47.18	−46.68	−37.25	−2.584
1-11	272.1	44.64	97.29	0.628	−48.70	−37.01	−39.46	4.044
1-12	215.5	56.08	101.04	0.546	−46.67	−34.98	−40.1	5.25
1-13	187.3	227	85.2	1.044	−45.26	−47.12	−38.61	−0.38
1-14	181.8	90.54	81.57	0.553	−44.38	−39.14	−38.23	5.14
1-15	137.8	37.21	117.82	0.427	−42.58	−31.42	−41.4	7.39
1-16	381.9	46.72	87.71	0.683	−51.65	−37.4	−38.51	7.30

表 7-7　各因素信噪比响应表

因素	冷却润滑方式	v_s	v_w	a_p
磨削温度(T)				
1	−48.52	−44.72	−45.52	−40.61
2	−41.63	−44.06	−45.47	−45.79
3	−46.40	−46.82	−46.99	−47.77
4	−46.16	−47.10	−44.71	−48.53
对冲值	6.89	7.05	2.28	7.93
排秩	2	3	4	1
切向磨削力(F_t)				
1	−38.37	−40.64	−31.91	−32.78
2	−36.94	−37.96	−37.39	−37.12
3	−37.92	−36.62	−39.3	−39.55
4	−37.77	−35.78	−42.4	−41.55
对冲值	0.883	1.261	0.351	0.656
排秩	4	3	1	2
比磨削能(U)				
1	−39.82	−39.91	−40.24	−41.17
2	−38.41	−38.84	−39.7	−39.42
3	−39.32	−38.81	−38.1	−38.33
4	−39.18	−39.17	−38.7	−37.82
对冲值	1.4	1.1	2.14	7.35
排秩	3	4	2	1
表面粗糙度(Ra)				
1	1.7634	2.8060	7.0811	5.3440
2	2.7073	1.8841	4.7907	7.9435
3	2.9497	7.2684	1.8404	0.8787
4	7.8686	7.3304	1.5768	0.8787
对冲值	2.1053	1.4463	7.2139	4.4553
排秩	3	4	2	1

1. 磨削温度分析

从图 7-3 可以看出，浇注式得到了最高的 S/N，即此冷却润滑方式在降低磨削温度 T 方面最为有效。与干磨削和 MQL 相比，NMQL 能够得到更高的 S/N。通过对工件表面形貌的宏观观察，16 组实验均未发生明显的磨削烧伤现象，说明在此范围初步选择的磨削参数较为合理。

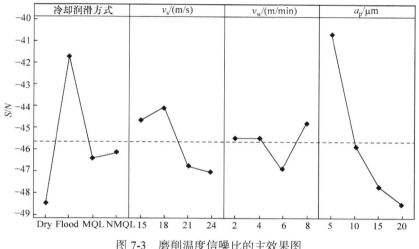

图 7-3　磨削温度信噪比的主效果图

砂轮速度 v_s 与磨削温度 T 的 S/N 并没有呈现线性关系，因为磨削热来自于磨削功率的消耗。当砂轮速度 v_s 过低时，结合图 7-4 和图 7-5 可以看出切向磨削力 F_t 急剧增加，比磨削能 U 达到最大值，去除单位工件材料消耗的能量增加，从而导致温度较高。然而当砂轮速度 v_s 过高时，单位时间内参与的有效磨粒数较多，最大未变形切屑厚度减少，即磨屑被分割得较细，切屑变形能增大，同时参与耕犁及滑擦的磨粒数增多，使摩擦加剧，导致磨削温度的上升。

与砂轮速度 v_s 类似，工件进给速度 v_w 与磨削温度 T 的 S/N 也没有呈现线性相关的关系，因为工件表面的温度受到热源强度和热源作用时间综合影响，随着工件进给速度 v_w 的提高，热源强度逐渐增大，但是同时热源移动加快，作用时间逐渐减少。

增大磨削深度 a_p 意味着单颗磨粒的未变形切屑厚度逐渐增大，产生的能量逐渐增多，伴随着磨削温度的升高。

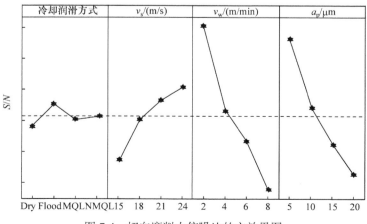

图 7-4　切向磨削力信噪比的主效果图

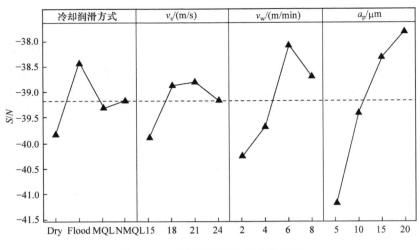

图 7-5　比磨削能信噪比的主效果图

由表 7-7 中秩的排序可知，磨削深度 a_p 对磨削温度 T 影响最大。为了降低磨削温度 T，应该首先降低磨削深度 a_p。降低磨削温度 T 的最优参数为：浇注式冷却润滑方式、v_s=18m/s、v_w=8m/min 和 a_p=5μm。

2. 切向磨削力分析

从图 7-4 可以看出，浇注式在降低切向磨削力 F_t 方面仍然具有较好的优势。相对于干磨削和 MQL，NMQL 能够得到更高的 S/N，即得到了更小的切向磨削力 F_t。这意味着在基液中加入纳米粒子之后，由于 Al_2O_3 纳米粒子具有良好的减摩抗磨作用，显著地降低了磨削力。提高砂轮速度 v_s，单颗磨粒最大未变形切屑厚度下降，切向磨削力 F_t 的 S/N 提高，即切向磨削力 F_t 降低。随着工件进给速度 v_w 和磨削深度 a_p 的提高，切向磨削力 F_t 的 S/N 急剧下降，即切向磨削力 F_t 急剧升高。

由表 7-7 中秩的排序可知，工件进给速度 v_w 对切向磨削力 F_t 影响最大。为了降低切向磨削力 F_t，应该首先降低工件进给速度 v_w。降低切向磨削力 F_t 的最优参数为：浇注式冷却润滑方式、v_s=24m/s、v_w=2m/min 和 a_p=5μm。

3. 比磨削能分析

从图 7-5 可以看出，浇注式得到了最高的 S/N。相对于干磨削和 MQL，NMQL 能够得到更高的 S/N，即得到了较小的比磨削能 U。因为比磨削能与切向磨削力 F_t、砂轮速度 v_s、工件进给速度 v_w 及磨削深度 a_p 有关。在其他三个因素都不变的情况下，比磨削能 U 变化趋势与切向磨削力 F_t 变化趋势相同。砂轮速度与比磨削能的 S/N 值并未呈线性相关的关系，根据比磨削能的定义（式(7-2)）可知，虽然砂轮速度 v_s 提高，但是切向磨削力 F_t 降低。结合图 7-4 可知，随着砂轮速度 v_s 的提高，切向磨削力 F_t 降低的速度有所减缓，导致比磨削能 U 总体趋势发生变化。提高工件进给速度后，单位时间内去除的工件材料增多，去除率增大，比磨削能 U 在一定程度降低，但是当工件进给速度 v_w 过大时，切向磨削力也急剧增大，导致比磨削能 U 的 S/N 再次下降，即比磨削能 U 升高。提高磨削深度 a_p，即使伴随着切向磨削力 F_t 的增加，但是磨削深度 a_p 占的比例更大，从而比磨削能 U 的 S/N 逐渐升高，即比磨削能 U 逐渐减小，去除率逐渐提高。

比磨削能的计算公式为

$$U = \frac{P}{Q_w} = \frac{F_t \cdot v_s}{v_w \cdot a_p \cdot b} \tag{7-2}$$

式中，U 为比磨削能（J/mm³）；P 为磨削加工消耗的总能量（J）；Q_w 为去除工件材料的总体积（mm³）；F_t 为切向磨削力（N）；v_s 为砂轮速度（m/s）；v_w 为工件进给速度（mm/s）；a_p 为砂轮的磨削深度（mm）；b 为工件宽度（mm）。

由表 7-7 中秩的排序可知，磨削深度 a_p 对比磨削能 U 影响最大，其次是工件进给速度 v_w。当磨削深度 a_p 和工件进给速度 v_w 较低时，滑擦和耕犁在切屑形成中起到主要作用，需要消耗较高的能量，导致比磨削能较高[11]。为了降低比磨削能 U，提高去除率，应该首先增大磨削深度 a_p。降低比磨削能 U 的最优参数为浇注式冷却润滑方式、v_s=18m/s、v_w=6m/min 和 a_p=20μm。

4. 表面粗糙度分析

从图 7-6 可以看出，NMQL 得到了最高的 S/N，即得到最低的 Ra。干磨削因为没有冷却润滑介质，所以得到了最低的 S/N。MQL 相对于浇注式得到了较高的 S/N，说明 MQL 所用的合成脂润滑性能要优于浇注式所用的水基磨削液。而 NMQL 的 S/N 要高于 MQL，主要归功于 Al_2O_3 纳米粒子良好的减摩抗磨特性。

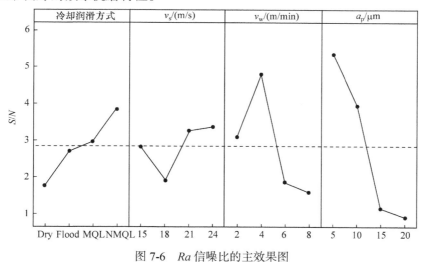

图 7-6　Ra 信噪比的主效果图

正交实验对实验因素进行了合理的、有效的安排，最大限度地减小了实验误差，但是可以看出当砂轮速度 v_s 为 18m/s 时，得到最低的 S/N，这并不意味着在其他工况不变的情况下，砂轮速度 v_s 从 15m/s 提高到 18m/s 表面质量会变差，这是因为实验结果受到多种因素（冷却润滑方式、工件进给速度 v_w、磨削深度 a_p）共同影响，而不是单个因素对其的影响。此外，从表 7-7 中可以看出，砂轮速度对 Ra 影响最小，因为砂轮速度 v_s 变化很小。从砂轮速度影响 Ra 的 S/N 总体趋势可以看出，较高的砂轮速度 v_s 能够得到较高的 S/N。然而，这种相关的变化并不明显。即使提高砂轮速度 v_s 能够在一定程度上降低 Ra，但是本章砂轮速度 v_s 只在小范围内变化，依然不明显。

Ti-6Al-4V 与普通材料磨削加工不同，高的工件进给速度 v_w 会导致单颗磨粒的未变形切屑厚度增加，导致 Ra 的增加，但是在磨削过程中伴随材料黏着现象的发生[12]。提高工件进给速度 v_w，Ra 的 S/N 呈现先升高再降低的趋势。当工件进给速度 v_w 过低（2m/min）时，磨屑积聚在磨削区，不能够及时地脱离磨削区域，磨屑在高温下易熔附在工件和砂轮表面，导致工件已加工表面质量变差和砂轮的快速磨损。与磨削温度和切向磨削力变化趋势一致,当增加磨削深度时,Ra 的 S/N 呈现线性降低趋势。

由表 7-7 中秩的排序可知,磨削深度 a_p 对 Ra 影响最大。为了降低 Ra,提高磨削表面质量,应该首先降低磨削深度 a_p。降低 Ra 的最优参数为:NMQL 冷却润滑方式、v_s=24m/s、v_w=4m/min 和 a_p =5μm。

7.3.2　多指标灰色关联度分析

通过对灰色关联度分析,可以得出下列实验数据,如表 7-8 所示。灰色关联度越大,对于各指标的综合效果越好。然后对灰色关联度进行望大特性分析(式(7-3)),表 7-9 为灰色关联度信噪比响应表,图 7-7 为灰色关联度信噪比的主效果图。

表 7-8　各指标信噪比之间灰色关联度

实验号	T		F_t		U		Ra		灰色关联度
	S/N	灰色关联系数	S/N	灰色关联系数	S/N	灰色关联系数	S/N	灰色关联系数	
1-1	−48.03	0.4	−34.91	0.55	−41.96	0.333	1.72	0.468	0.438
1-2	−50.14	0.637	−39.65	0.439	−38.74	0.55	4.15	0.468	0.456
1-3	−52.79	0.333	−42.62	0.39	−37.03	0.84	−1.03	0.347	0.477
1-4	−47.14	0.503	−36.35	0.51	−41.46	0.355	5.62	0.74	0.527
1-5	−42.59	0.519	−47.52	0.377	−38.53	0.574	5.58	0.656	0.532
1-6	−37.75	1	−26.4	1	−41.06	0.375	5.01	0.546	0.73
1-7	−47.84	0.486	−39.46	0.442	−37.4	0.754	7.65	0.571	0.563
1-8	−46.99	0.418	−38.44	0.463	−36.51	1	−0.86	0.377	0.564
1-9	−47.04	0.506	−37.02	0.494	−40.55	0.403	5.08	0.683	0.522
1-10	−47.18	0.415	−46.68	0.338	−37.25	0.786	−1.33	0.333	0.468
1-11	−48.70	0.389	−37.01	0.611	−39.46	0.48	5.29	0.595	0.519
1-12	−46.67	0.424	−34.98	0.547	−40.1	0.432	6.21	0.7	0.526
1-13	−45.26	0.452	−47.12	0.333	−38.61	0.565	0.59	0.393	0.435
1-14	−44.38	0.473	−39.14	0.449	−38.23	0.613	5.94	0.69	0.556
1-15	−42.58	0.519	−31.42	0.674	−41.4	0.358	7.39	1	0.638
1-16	−51.65	0.347	−37.4	0.597	−38.51	0.577	7.30	0.549	0.518

灰色关联系数公式为

$$\varepsilon_{ij} = \frac{\min\limits_{i} \min\limits_{j} \left| x_i^0 - x_{ij} \right| + \zeta \max\limits_{i} \max\limits_{j} \left| x_i^0 - x_{ij} \right|}{\left| x_i^0 - x_{ij} \right| + \zeta \max\limits_{i} \max\limits_{j} \left| x_i^0 - x_{ij} \right|} \tag{7-3}$$

式中,ε_{ij} 为第 i 个指标下第 j 次实验灰色关联系数。

从图 7-7 可以看出,采用浇注式冷却润滑方式、v_s=21m/s、v_w=2m/min、a_p=5μm 时,灰色关联度信噪比达到最大值,即在此工况下,磨削温度 T、切向磨削力 F_t、比磨削能 U、表面粗糙度 Ra 综合效果达到一个最优值。表 7-9 反映了各因素对灰色关联度的影响程度,可知冷却润滑方式对灰色关联度的影响程度最大,工件进给速度影响程度最小。浇注式冷却润滑方式在磨削过程中对于指标的综合效应仍然发挥着较大的优势,NQML 冷却润滑方式相对于干磨削和 MQL 有了明显的改进,在一定的工况下,NQML 可以代替浇注式,有效地降低磨削液成本及实现绿色制造。

表 7-9　灰色关联度信噪比响应表

因素	冷却润滑方式	$v_s/(m/s)$	$v_w/(m/min)$	$a_p/\mu m$
1	−6.498	−6.386	−5.333	−4.466
2	−4.544	−5.311	−5.452	−5.713
3	−5.884	−5.255	−5.537	−6.178
4	−5.489	−5.462	−6.093	−6.056
对冲值	1.954	1.131	0.759	1.712
排秩	1	3	4	2

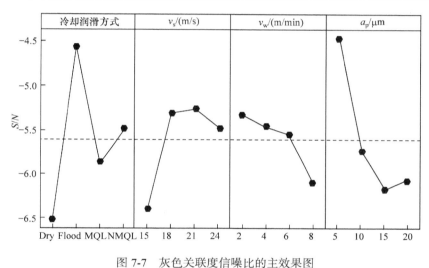

图 7-7　灰色关联度信噪比的主效果图

7.4　验证性实验

通过对信噪比分析，分别得出影响磨削温度 T、切向磨削力 F_t、比磨削能 U、表面粗糙度 Ra 的最优参数，分别为实验号 2-1、2-2、2-3 和 2-4。通过灰色关联度分析得出上述指标综合最优参数为实验号 2-5 和 2-6，其中，实验号 2-6 为 NMQL 应用到磨削加工，实现对磨削液的有效替代所进行的对比实验。实验号 1-15 为正交实验中 Ra 最小（即表面质量相对较高）的参数组合，以此作为对比。具体实验水平参数如表 7-10 所示。

表 7-10　影响各指标最优水平参数

实验号	冷却润滑方式	$v_s/(m/s)$	$v_w/(m/min)$	$a_p/\mu m$
2-1	Flood	18	8	5
2-2	Flood	24	2	5
2-3	Flood	21	6	20
2-4	NMQL	24	4	5
2-5	Flood	21	2	5
2-6	NMQL	21	2	5
1-15	NMQL	21	4	5

7.4.1　工件表面质量分析

图 7-8 为 6 组验证性实验轮廓支撑长度率曲线，表 7-11 为根据图 7-8 所分析得出的各组实验表面跑合性能、支撑性能及滞油性能统计表。

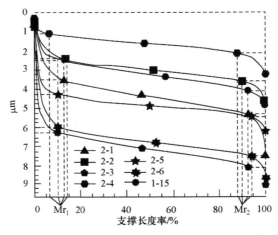

图 7-8　不同磨削参数下工件轮廓支撑长度率曲线

表 7-11　不同磨削参数下跑合性能、支撑性能、滞油性能统计表

实验号	跑合性能	支撑性能		滞油性能
		$R_k/\mu m$	Mr_1-Mr_2/%	
2-1	差	1.98	81.5	优
2-2	良	1.18	80.2	良
2-3	差	1.9	84.5	良
2-4	优	0.93	81	优
2-5	差	1.5	54.5	良
2-6	优	1.22	83	差
1-15	良	1.6	79	差

图 7-9 为 6 组验证性实验表面形貌图。由图 7-9 中可以看出，2-2 组和 2-6 组工件表面出现薄片状黏附物，形成表面"凸起"导致工件表面质量降低。由图 7-10 的 2-2 组和 2-6 组能谱元素分析可知，表面"凸起"的元素含量与工件表面元素含量近似相等，从而证明表面"凸起"为工件材料、非砂轮磨粒或者润滑液中携带的其他杂质。而表面"凸起"均为薄片状黏附在工件表面，并非磨粒耕犁作用而形成的塑性变形层。从而可以推断，这些表面"凸起"为工件材料的磨屑，在高温磨削区未能有效地从磨削区脱离，而在砂轮的挤压下再次黏附于工件表面(图 7-11)。

由图 7-8 所示，在不同磨削工况下，2-4 组得到最为理想的加工表面，其峰区面积最小，具有最好的跑合性能。核心轮廓深度 $R_{k(2\text{-}4)}$=0.93μm，轮廓支撑率 Mr_1-$Mr_{2(2\text{-}4)}$=81%，核心区支撑率增长速度最快，本组实验具有最高的表面支撑性能。谷区面积相对较大，工件表面滞油性能较好，综合表面质量最好。再由图 7-9 中其工件表面形貌可以看出，表面纹理更为清晰，工件表面微观凸起的整体分布更精密且较均匀，无明显表面塑性层，表现出最好的表面形貌。

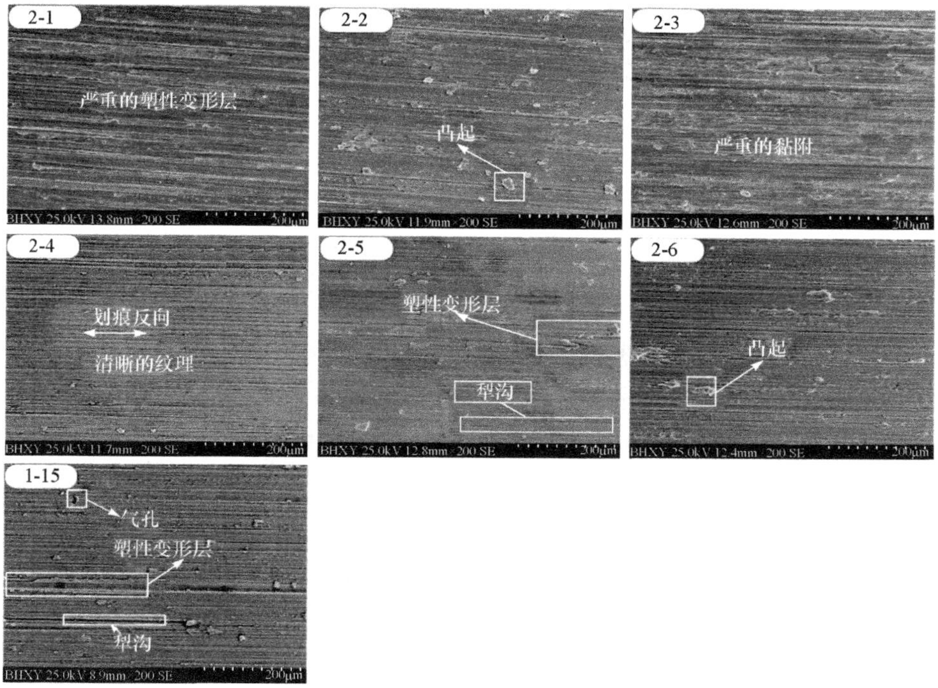

图 7-9 不同磨削参数下工件表面形貌

2-2 组峰区面积相对较大，但其跑合性能相对较好，核心轮廓深度 $R_{k(2-2)}$=1.18μm，轮廓支撑率 Mr$_1$-Mr$_{2(2-2)}$=80.2%，表面支撑性能较好，并且其谷区面积也相对较大，工件表面滞油性能相对较好。再由图 7-9 中其工件表面形貌可以看出，工件表面出现少许塑性变形层及磨屑的黏着。降低磨削力意味着工件材料塑性变形情况减轻，表面犁沟现象减轻，但是由于工件进给速度过低（v_w =2m/min），砂轮速度较高（v_s=24m/s），砂轮与工件基体接触时间较长，磨屑不能够有效地被吹除磨削区域而在砂轮的挤压下再次熔附于工件表面上，导致工件表面质量有所下降。

2-6 组也得到较为理想的加工表面，其峰区面积较小，具有最好的跑合性能。核心轮廓深度 $R_{k(2-6)}$=1.22μm，轮廓支撑率 Mr$_1$-Mr$_{2(2-6)}$=83%，谷区面积也相对较小，表面粗糙度相对较低，滞油性能较差。再由图 7-9 中其工件表面形貌可以看出，2-6 组表面表明纹理较为清晰，无明显表面塑性层，表现出较好的表面形貌，但是该组出现较轻的磨屑黏附现象。

2-1 和 2-3 组得到最差的加工表面，其峰区面积均较大，跑合性能较差，并且核心区支撑率增长速度均非常缓慢，即便轮廓支撑率分别达到 Mr$_1$-Mr$_{2(2-1)}$=81.5%和 Mr$_1$-Mr$_{2(2-3)}$=84.5%，但是核心轮廓深度分别达到 $R_{k(2-1)}$=1.98μm 和 $R_{k(2-3)}$=1.9μm，其支撑性能依然较差。2-1 组得到最大的谷区面积，说明该组表面粗糙度最高，对于表面质量不利，但其滞油性能较好。再由图 7-9 中其工件表面形貌可以看出，2-1 和 2-3 组表面纹理模糊，材料沉积现象严重，降低磨削温度 T 意味着砂轮速度 v_s 降低及工件速度 v_w 加快，单颗磨粒最大未变形切屑厚度增加，表面塑性层严重（图 7-9 中 2-1 组）。降低比磨削能 U 意味着砂轮速度 v_s、工件进给速度 v_w 及磨削深度 a_p 均在较大的状态下，虽然在一定程度上了降低了比磨削能 U，但是工件磨削深度 a_p 较大，工件进给速度 v_w 也较大，钛合金材料易产生绝热剪切现象，塑性变形严重，材料去除不充分，工件表面出现严重的材料黏着现象，导致工件总体表面质量最差(图 7-9 中 2-3 组)。

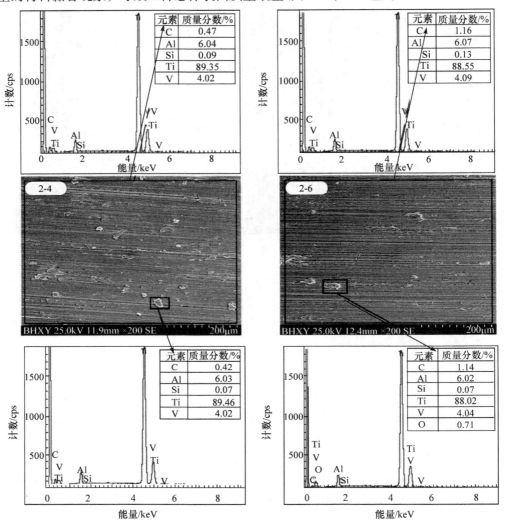

图 7-10　2-2 和 2-6 组能谱验证图

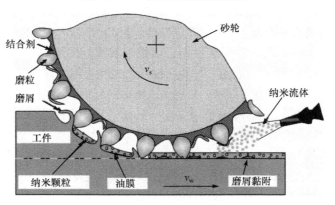

图 7-11　NMQL 工况下工件材料去除机理示意图

其中，2-5 和 2-6 组为一组单因素实验，唯一变量为冷却润滑方式，其中 2-5 组加工表面质量较差，其峰区面积最大，即跑合性能较差，谷区面积较大，说明表面粗糙度较大，滞油性能较好。其核心轮廓深度 $R_{k(2-5)}=1.5\mu m$，$Mr_1-Mr_{2(2-5)}=454.5\%$，支撑性能较差。通过对比 2-5 和 2-6 组可知，在其他磨削参数相同的情况下，将浇注式改变为纳米流体微量润滑方式，可以有效地提高工件表面跑合性能和支撑性能。从图 7-9 两组表面形貌可以直观看出，2-5 组表面纹理较为模糊，出现明显的犁沟和塑性变形层。2-6 组表面纹理较为清晰，无明显表面塑性层，表现出较好的表面形貌。说明纳米流体微量润滑比浇注式具有更好的润滑性能，提高了钛合金的磨削性能，但是因为纳米流体微量润滑磨削温度较高，出现较轻的磨屑黏附现象，冷却性能不如浇注式。

实验选取正交实验组中 1-15 组作为对比，并且 1-15 组为正交实验组中 Ra 最小实验组，即表面质量相对较好，与 2-6 组构成单因素实验，唯一变量为工件进给速度 v_w。1-15 组，峰区和谷区面积较 2-6 组均有所增大，核心轮廓深度 $R_{k(1-5)}=1.6\mu m$，轮廓支撑率 $Mr_1-Mr_{2(1-15)}=79\%$，其支撑性能均要比 2-6 组差。通过对比两组 Ra，$Ra_{(1-15)}=0.427\mu m$，$Ra_{(2-6)}=0.496\mu m$，可知 2-6 组工件进给速度 v_w 降低后，支撑性能有所提高，但是 Ra 反而有所上升。从图 7-9 中可以看出，1-15 组表面纹理较为清晰，但是表面出现较轻的表面犁沟和塑性变形层。而 2-6 组工件表面犁沟较细，但是出现一些磨屑黏附，可以推断减小工件进给速度 v_w 使单颗磨粒的未变形切屑厚度减小，单颗磨粒所承载能量减小，工件表面纹理性能提高，表面耐磨性有所提高，但是由于工件进给速度 v_w 过低，磨削过程中砂轮与工件基体接触时间较长，磨屑不能够有效地被高速气体吹出磨削区，在磨削高温下再次熔附于工件表面，导致表面"凸起"增多，表面质量下降。进一步地，为了证明这个推断，抽取两组实验下的磨屑进行分析，如图 7-12 所示。从图中可以发现，2-6 组的磨屑形貌相对薄且细长，其磨屑前面相对光滑，表明切屑变形力相对较小，材料去除性能相对较好。但是磨屑之间相互交叉团簇现象比较严重，这些团簇在一块的磨屑更容易黏着于砂轮的表面堵塞砂轮气孔，导致砂轮的快速磨损，并且当黏附着磨屑的砂轮再次对工件磨削时，在砂轮的挤压下磨屑黏附于工件的表面。相比，1-15 组相对较为宽短，磨屑的前面较为粗糙，并且出现一些崩碎状磨屑，表明工件已加工表面相对较差。因此，控制合理的工件进给速度 v_w 能够有效地提高材料的去除性能。

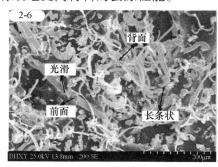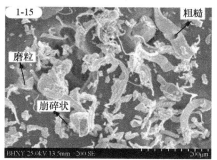

图 7-12　在不同实验下磨屑微观形貌图

7.4.2　工件材料去除率分析

通过对表面轮廓支撑长度率曲线及微观表面形貌分析后，可以得出 2-2、2-4 和 2-6 组表现出较优表面质量。但是在追求工件表面质量的同时，砂轮速度 v_s 较高，工件进给速度 v_w 较慢，磨削深度 a_p 较小，导致工件材料去除率降低。因此，在合理优化磨削参数时，应该在保证工件表面质量的同时，提高去除率。实验采用工件的去除参数和比磨削能来表征钛合金工件在不同工况下去除率。

为了更好地分析单因素对工件的去除参数 Λ_w 和比磨削能 U 的影响规律，选取 1-15 组进行对比。图 7-13 为 2-2、2-4、2-6 及 1-15 组工件的去除参数 Λ_w 及比磨削能 U 柱状图。

通过图 7-13 可以看出，2-4 组得到最大的工件的去除参数 Λ_w 及较小的比磨削能 U，在得到最好的表面质量的同时，还能够得到最优的钛合金的去除率。

对比 2-4 与 1-15 组可知，在其他磨削参数不变的情况下，2-4 组提高砂轮速度 v_s =24m/s 时，切向磨削力 F_t 和法向磨削力 F_n 均有所减小，工件的去除参数 Λ_w 相应增加。但是，比磨削能 U 受砂轮速度 v_s 和切向磨削力 F_t 的综合影响，导致比磨削能 U 在一定程度上增大。

对比 2-6 与 1-15 组可知，在其他磨削参数不变的情况下，2-6 组降低工件进给速度 v_w，磨削力降低。工件的去除参数 Λ_w 减小，比磨削能 U 增大，去除率降低。

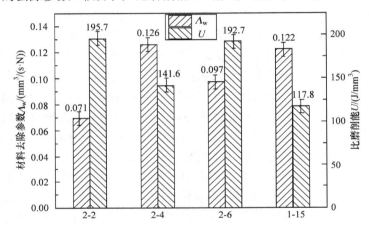

图 7-13　不同磨削参数工件的去除参数 Λ_w 和比磨削能 U 柱状图

7.5　结　　论

通过对钛合金磨削性能分析、信噪比(S/N)分析和灰色关联度分析，对正交实验磨削参数组合进行统计优化，通过对优化后参数组合的表面轮廓支撑长度率、表面形貌、材料去除参数 Λ_w 和比磨削能 U 进行实验分析及评价，得出结论如下。

(1)经过对正交实验进行信噪比(S/N)分析可知，磨削深度 a_p 对磨削温度、比磨削能及 Ra 影响程度最大。降低磨削深度 a_p 能够降低磨削温度 T 及 Ra，但是比磨削能 U 相应提高，加工效率降低。工件进给速度 v_w 对切向磨削力 F_t 影响最大，降低工件进给速度 v_w 能够显著降低磨削力，但是当工件进给速度 v_w 过小时，会因磨屑不能够及时地脱离磨削区，而出现磨屑再次熔附在工件表面现象，导致工件表面质量降低。

(2)通过灰色关联度分析可知，冷却润滑方式对多指标(磨削温度、切向磨削力、比磨削能及表面粗糙度)影响最为明显，其次是磨削深度。浇注式在磨削加工过程中对指标仍然发挥着重要的作用，但是，NMQL 作为一种新的环保型冷却润滑方式，对各指标的影响相对于干磨削和 MQL 有着明显的提高，并且通过 2-5 和 2-6 组单因素实验对比可知，NMQL 相对于浇注式能够得到更好的表面质量。

（3）经过信噪比（S/N）分析及灰色关联度分析得出优化后磨削参数组合，对优化后磨削参数组合采用表面轮廓支撑长度率、工件去除参数 Λ_w 及比磨削能 U 进行实验评价，采用 NMQL、砂轮速度 v_s=24m/s、工件进给速度 v_w=4m/mim、磨削深度 a_p=5μm 得到最优的表面质量及较优的工件材料去除率。

（4）通过工件表面轮廓支撑长度率曲线和表面微观形貌及能谱分析验证了不同磨削因素对钛合金磨削表面质量的影响。采用 NMQL、较高砂轮速度 v_s、适当的工件进给速度 v_w 能够提高工件表面质量。工件进给速度 v_w 过低，磨削过程中砂轮与工件基体接触时间较长，磨屑不能够有效地从磨削区脱离，导致磨屑在砂轮的挤压下再次熔附于工件表面，降低工件表面质量。

参 考 文 献

[1] 任敬心，康仁科. 钛合金的磨削烧伤和磨削裂纹[J]. 制造技术与机床，2000（10）：40-42.

[2] GUO G, LIU Z, AN Q, et al. Experimental investigation on conventional grinding of Ti-6Al-4V using SiC abrasive[J]. The International Journal of Advanced Manufacturing Technology, 2011, 57（1-4）：135-142.

[3] SETTI D, SINHA M K, GHOSH S, et al. Performance evaluation of Ti-6Al-4V grinding using chip formation and coefficient of friction under the influence of nanofluids[J]. International Journal of Machine Tools & Manufacture, 2015, 88（88）：237-248.

[4] SADEGHI M H, HADDAD M J, TAWAKOLI T, et al. Minimal quantity lubrication-MQL in grinding of Ti-6Al-4V titanium alloy[J]. The International Journal of Advanced Manufacturing Technology, 2009, 44（5-6）：487-500.

[5] 李晓文. 油基和水基磨削液的对比和选用[J]. 机械管理开发，2011（4）：103-104.

[6] LI B, LI C, WANG Y, et al. Technological investigation about minimum quantity lubrication grinding metallic material with nanofluid[J]. Recent Patents on Materials Science, 2015, 8（3）：208-224.

[7] KAYNAK Y, GHARIBI A, OZKUTUK M. Experimental and numerical study of chip formation in orthogonal cutting of Ti-5553 alloy: The influence of cryogenic, MQL, and high pressure coolant supply[J]. International Journal of Advanced Manufacturing Technology, 2017（5）：1-18.

[8] DING W, ZHAO B, XU J, et al. Grinding behavior and surface appearance of（TiCp + TiBw）/Ti-6Al-4V titanium matrix composites[J]. Chinese Journal of Aeronautics, 2014, 27（5）：1334-1342.

[9] ZHAO B, DING W F, DAI J B, et al. A comparison between conventional speed grinding and super-high speed grinding of（TiCp + TiBw）/ Ti-6Al-4V composites using vitrified CBN wheel[J]. The International Journal of Advanced Manufacturing Technology, 2014, 72（1）：69-75.

[10] SETTI D, SINHA M K, GHOSH S, et al. An investigation into the application of Al_2O_3 nanofluid-based minimum quantity lubrication technique for grinding of Ti-6Al-4V[J]. International Journal of Precision Technology, 2014, 4（3/4）：268-279.

[11] SAHOO A K, SONI S K, RAO P V, et al. Use of solid lubricants like graphite and MoS_2 to improve grinding of Ti-6Al-4V alloy[J]. International Journal of Machining and Machinability of Materials, 2012, 12（4）：297-307.

[12] RAZAVI H A, KURFESS T R, DANYLUK S. Force control grinding of gamma titanium aluminide[J]. International Journal of Machine Tools and Manufacture, 2003, 43（2）：185-191.

第8章 冷风纳米流体微量润滑磨削温度场数值仿真与实验验证

8.1 引 言

NMQL 润滑效果良好但换热效果不足，而低温冷风 (cryogenic air, CA) 虽然能够有效降低磨削温度，但缺少润滑介质致使润滑性能欠佳。由于两种绿色加工方式各自存在优缺点，所以将 NMQL 与 CA 技术结合起来提出冷风纳米流体微量润滑 (cryogenic air nanofluids minimum quantity lubrication, CNMQL)，即用低温冷风携带纳米流体润滑液对磨削区进行冷却润滑。低温冷风具有排屑和冷却的作用，提高了材料的加工性能并强化换热效果；而微量润滑液则能够显著降低砂轮和工件之间摩擦力并减少磨削产热，两者优势结合而实现磨削区良好的冷却润滑性能。CNMQL 既提高了加工质量和加工效率，又避免了对环境的污染和工人的伤害，工艺成本低廉，满足了绿色制造和可持续发展的新理念。

虽然国内外学者在机械加工领域对 CA 和 NMQL 做了大量的探究，然而对 CNMQL 条件下磨削区换热机理的探究却很少，而过高的磨削温度是影响和制约被加工零件质量和砂轮寿命的主要因素之一。因此如何对磨削区进行有效冷却从而降低磨削温度、控制磨削烧伤是磨削加工中的重要课题。本章以航空航天领域广泛使用的力学性能优良的钛合金 Ti-6Al-4V 为工件材料，对 CNMQL 工况下的冷却性能进行探究。

8.2 磨削温度场数值仿真

在实际磨削过程中，由于磨削温度的影响因素十分复杂，目前的测温技术所得结果与实际情况相比都存在一定偏差。而采用纯理论公式来计算磨削温度又存在过程繁杂、计算量巨大等弊端。随着计算机技术及数值仿真模型的发展，通过计算机对磨削温度场进行数值仿真已然成为一种重要手段。因此利用数值法对磨削温度进行求解具有重大意义。针对磨削温度场，目前主要的数值法包括以下两种：有限元法 (FEM) 和有限差分法 (FDM)。而在应用有限元法进行温度场分析时，需要进行多次参数修改和模型重建，分析难度和工作量都比较大，因此本节选用有限差分法对磨削温度场进行数值仿真分析。有限差分法是利用差分代替微分，把连续的区域离散化成有限个网格组成的区域，再通过建立有限差分方程组并求解偏微分方程的一种分析计算方法。

8.2.1 磨削温度场数学模型

1. 热传递模型

在平面磨削加工过程中，工件材料的去除会消耗大量热量并积聚在磨削区。与工件接触并发生切削行为的砂轮部分相当于一个移动热源,随着工件的进给,热源也在不断向前移动。根据热力学第一定律和傅里叶定律,处于瞬态温度场中的场变量 $T(x, y, z, t)$ 均满足以下热量平衡导热微分方程[1]:

$$k_x \frac{\partial^2 T}{\partial x^2} + k_y \frac{\partial^2 T}{\partial y^2} + k_z \frac{\partial^2 T}{\partial z^2} + \rho_w Q = \rho_w c_w \frac{\partial T}{\partial t} \tag{8-1}$$

式中,T 为温度(℃);k_x、k_y、k_z 分别为材料沿 X、Y 和 Z 三个方向的导热系数(W/(m² · K));Q 为热流密度(J/(m² · K · s));ρ_w 为工件材料的密度(kg/m³);c_w 为工件材料的比热容(J/(kg · K));t 为时间(s)。等式左边前三项代表由于热量的传导而引起的工件材料内部温升,左边最后一项则表示温度场内部热源产生的温升,在磨削过程中并没有内部热源,即此磨削温度场模型为非稳态传热模型,所以 $\rho_w Q$ 项为零。等式右边一项表示由于工件温度升高而消耗的总能量。图 8-1 为磨削温度场三维热量传递模型图。

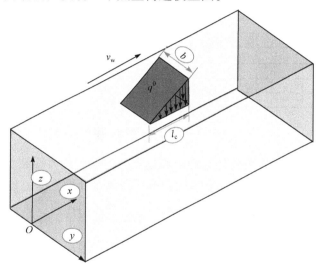

图 8-1　热量传递模型图

传入工件的热量以热源为中心向工件深处及周围扩散,由于热源在 y 方向上是均匀的,在 y 方向(砂轮轴向)上无热量交换,则对磨削温度场的分析可以简化为二维传热。根据热力学第一定律和傅里叶定律,二维无内热源瞬态温度场满足以下热量平衡微分方程[2]:

$$\left(\frac{\partial^2 T}{\partial x^2} + \frac{\partial^2 T}{\partial z^2} \right) = \frac{1}{\alpha} \frac{\partial T}{\partial t} \tag{8-2}$$

$$\alpha = \frac{k}{\rho_w c_w}$$

式中,α 为材料的热扩散系数(m²/s);T 为材料的瞬态温度(℃);t 为时间(s);k 为工件材料的导热系数(W/(m² · K));ρ_w 为工件材料的密度(kg/m³);c_w 为工件材料的比热容(J/(kg · K))。

磨削过程是无数磨粒对工件材料进行随机切削的过程。本实验的切削深度为 15μm,根据学者的大量研究,在各种热源分布模型中,三角形热源分布模型得到的温度分布数据与本实验的切削深度情况更加符合,所以在此采用三角形热源分布模型。

2. 差分方程的建立

将工件简化为一个二维矩形平面，并利用有限差分法将其离散化为均匀平面网格结构，即 $\Delta x = \Delta z = 1$，如图 8-2 所示。网格线的交点称为节点，网格线与物体边界的交点称为边界节点。每个节点的温度代表它所处网格单元的温度。以工件内部一点 (i,j) 为例，与之相邻的节点 $(i-1,j)$、$(i+1,j)$、$(i,j+1)$、$(i,j-1)$ 均与该节点相互接触。根据热力学第一定律，该节点 (i,j) 的热量会与周围相邻节点发生热传导，当热量传递达到平衡时传热过程结束，最终达到稳定温度。

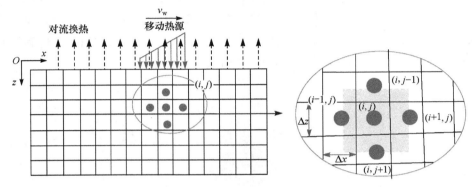

图 8-2　均匀平面网格结构

有限差分法采用差商替代微商的原理，将场域内的偏微分方程和场域边界条件同时进行差分离散化。以二阶差商为基础来建立有限差分方程组，所建立的方程组如下：

$$\begin{cases} \dfrac{\partial^2 T}{\partial x^2}(i,j) = \dfrac{T(i+1,j)-2T(i,j)+T(i-1,j)}{\Delta x^2} + O(\Delta x^2) \\ \dfrac{\partial^2 T}{\partial z^2}(i,j) = \dfrac{T(i,j+1)-2T(i,j)+T(i,j-1)}{\Delta z^2} + O(\Delta z^2) \\ \dfrac{\partial T}{\partial t}(i,j) = \dfrac{T_{t+\Delta t}(i,j)-T_t(i,j)}{\Delta t} + O(\Delta t) \end{cases} \tag{8-3}$$

式中，$T(i,j)$ 为坐标 (i,j) 点的温度值；$T_t(i,j)$ 和 $T_{t+\Delta t}(i,j)$ 分别为坐标 (i,j) 点在 t 时刻以及 $t+\Delta t$ 时刻的温度值；Δt 为时间增量；O 为无穷小量。将差分方程组代入二维空间状态下的热传导方程，从而能够表示出网格内部各节点的差分方程：

$$T_{t+\Delta t}(i,j) = \frac{\alpha \Delta t\left[T(i+1,j)+T(i-1,j)+T(i,j+1)+T(i,j-1)\right]}{\Delta l^2} + \frac{\Delta l^2 - 4\alpha\Delta t}{\Delta l^2}T(i,j)$$

$$\tag{8-4}$$

3. 温度场边界条件

关于磨削区的边界条件分析，以工件上表面某一坐标节点为 $(i,1)$ 的点为例。如图 8-3 所示，砂轮和工件接触界面在磨削过程中的热量输入，各节点间的热量传递，节点自身的温升以及工件磨削表面和冷却磨削液、周围空气之间的对流换热遵循能量守恒定律：

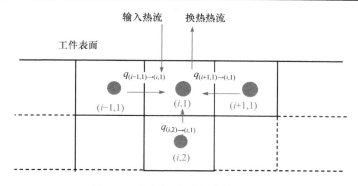

图 8-3　节点 $(i, 1)$ 处的热传递状态

$$q_{(i-1,1)\to(i,1)} + q_{(i+1,1)\to(i,1)} + q_{(i,2)\to(i,1)} + qA = \rho_{\mathrm{w}}c_{\mathrm{w}}V_0 \frac{\partial T}{\partial t} + GA\big[T(i,1) - T_{\mathrm{a}}\big] \tag{8-5}$$

式中，$T(i,1)$ 为节点 $(i,1)$ 处的温度值；T_{a} 为磨削液的温度值；V_0 为单位网格的体积，$V_0 = \Delta x \cdot \Delta z \cdot 1 = \Delta l^2$；$G$ 为综合传热系数，$G = [1/h + \Delta z/(2k)]^{-1}$；$A$ 为单位网格表面积，$A = \Delta x \cdot 1 = \Delta z \cdot 1 = \Delta l$，磨削加工时工件表面节点 $(i-1, 1)$ 与 $(i, 1)$ 之间的热量传递可表示为

$$q_{(i-1,1)\to(i,1)} = k(\Delta z \cdot 1)\frac{T(i-1,1) - T(i,1)}{\Delta x} = k(T(i-1,1) - T(i,1)) \tag{8-6}$$

同理可得，工件表面节点 $(i+1, 1)$ 和 $(i, 2)$ 与 $(i, 1)$ 之间的热量传递分别表示为

$$q_{(i+1,1)\to(i,1)} = k(T(i+1,1) - T(i,1)) \tag{8-7}$$

$$q_{(i,2)\to(i,1)} = k(T(i,2) - T(i,1)) \tag{8-8}$$

将式 (8-6)~式 (8-8) 代入式 (8-5) 中，从而得出在经历时间 Δt 以后 $(i,1)$ 节点处的温度值为

$$T_{t+\Delta t}(i,1) = \frac{\Delta t}{\rho_{\mathrm{w}}c_{\mathrm{w}}\Delta l^2}\Big\{k \cdot \big[T(i-1,1) + T(i+1,1) + T(i,2) - 3T(i,1)\big] + \big[q - G(T_t - T_{\mathrm{a}})\big]\cdot \Delta l\Big\} + T(i,1) \tag{8-9}$$

同理，其他边界位置的温升也可用热量平衡方程进行分析求解。纯微量润滑气体温度与室温相近，初始温度 $T_{t=0}=20℃$；而冷风纳米流体微量润滑条件下的温度则以实测温度作为初始温度。

8.2.2　仿真参数的确定

实验采用的合成脂中脱芳烃占了最大的比例，并且其沸点最低，所以纳米流体磨削液的沸点近似为 105℃。通过式 (8-10) 和式 (8-11) 可以计算得出 $\Delta T_{\mathrm{s}}=2.1℃$，$\Delta T_{\min}=122℃$。

$$\Delta T_{\mathrm{s}} = \frac{T_{\mathrm{s}}^2}{B}\lg\left(1 + \frac{2\sigma}{rp_{\mathrm{s}}}\right)\left[1 + \frac{T_{\mathrm{s}}}{B}\lg\left(1 + \frac{2\sigma}{rp_{\mathrm{s}}}\right)\right] \tag{8-10}$$

式中，ΔT_{s} 为气泡产生最小过热度（℃）；T_{s} 为饱和温度（℃）；B 为常数；r 为凹液面半径（mm）；σ 为表面张力（N/m）；$p_{\mathrm{s}}=0.1\mathrm{MPa}$。

$$\Delta T_{\min} = 0.127\frac{\rho_{\mathrm{g}}'\zeta}{K_{\mathrm{g}}'}\left[\frac{g(\rho_{\mathrm{g}} - \rho_{\mathrm{l}})}{\rho_{\mathrm{l}} + \rho_{\mathrm{g}}}\right]^{2/3}\left[\frac{\sigma}{g(\rho_{\mathrm{g}} - \rho_{\mathrm{l}})}\right]^{1/2}\left[\frac{\mu_{\mathrm{l}}}{g(\rho_{\mathrm{g}} - \rho_{\mathrm{l}})}\right]^{1/3} \tag{8-11}$$

式中，$\Delta T_{\min}$ 为膜态沸腾换热的最小过热度（℃）；ρ'_g 为气膜密度（kg/m³）；ζ 为潜热（kJ/kg）；K'_g 为气膜传热系数（kJ/(m·K·s)）；ρ_1 为液体密度（kg/m³）；ρ_g 为空气密度（kg/m³）；μ_1 为液体动力黏度（kg/m³）。

　　根据建立的磨削区对流换热系数模型并结合不同冷却方式下的磨削温度，可知 NMQL 工况下喷射到磨削区的纳米流体雾滴处于过渡沸腾换热阶段，而沸腾换热过程中过渡沸腾和核态沸腾阶段的对流换热系数呈线性变化趋势，则可以通过线性插值法计算出不同冷却方式下的对流换热系数。将 NMQL 工况下的对流换热系数分为四个阶段分别求解。已知 NMQL 工况下气体及雾滴的各项参数如表 8-1 所示。

表 8-1　已知参数

已知参数	数值	已知参数	数值
工件长度 a/m	0.08	纳米流体饱和温度 T_s/℃	105
工件进给速度 v_w/(m/s)	0.067	核态沸腾始点温度 T_{n1}/℃	107.1
磨削宽度 b/mm	20	过渡沸腾始点温度 T_{n2}/℃	157.1
大气压力 p_0/MPa	0.11	膜态沸腾始点温度 T_{n3}/℃	227
喷嘴内部压力 p_a/MPa	0.4	单个雾滴铺展半径 r_{su}/μm	120
单位时间内纳米流体供给量 Q'/(μm³/s)	1.39×10^{10}	雾滴比热容 c_l/(J/(kg·K))	1870
雾滴射流方向与水平方向夹角 θ/(°)	15	雾滴汽化潜热 h_{fa}/(J/kg)	384300
气体速度 v/(m/s)	340	雾滴表面张力 σ/(N/m)	1.84×10^{-2}
纳米流体密度 ρ_l/(kg/m³)	665	蒸汽导热系数 λ_v/(W/(m·K))	0.02624
纳米流体温度 T_l/℃	25	蒸汽动力黏度 μ_v/(Pa·s)	0.018448
接触角 θ_n/(°)	42.5	蒸汽质量热容 c_v/(J/(kg·K))	1004

　　当工件表面温度小于 107.1℃时，换热面不会产生沸腾换热，主要进行常温空气的对流换热和纳米流体的对流换热，以纳米流体的对流换热为主。其中，常温空气的对流换热系数 h'_a 可以根据气体与壁面之间的对流换热系数计算方程（8-12）得出。

　　通过式（8-12）～式（8-16），可以得出各阶段转折点的对流换热系数，具体如表 8-2 所示。通过插值计算得到当工件表面温度为 214.1℃时，对流换热系数为 $h_n = 3.74\times10^4$ W/(m²·K)，对流换热系数示意图如图 8-4 所示。

表 8-2　计算结果

已知参数	数值	已知参数	数值
单个雾滴体积 V_1/μm³	2.14×10^6	无沸腾对流换热系数 h_{n1}/(W/(m²·K))	3.8×10^4
单个雾滴直径 d_0/μm	160	对流换热系数最大值 h_{n2}/(W/(m²·K))	8.2×10^4
雾滴数量 N_1	7800	膜态沸腾换热始点对流换热系数 h_{n3}/(W/(m²·K))	2.92×10^4
常温空气的对流换热系数 h'_a/(W/(m²·K))	278	NMQL 工况下实际对流换热系数 h_n/(W/(m²·K))	3.74×10^4
雾滴撞击到换热面的垂直速度 v_n/(m/s)	10.8		

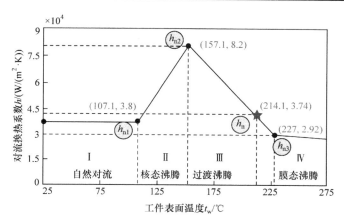

图 8-4　NMQL 工况下磨削表面温度对沸腾换热的影响示意图

当纯压缩空气或低温冷风介质与工件表面发生强制对流换热时，空气与壁面的对流换热系数 h_a 为

$$\begin{cases} h_a = \lambda_a Nu/l \\ Nu = 0.906 Re^{1/2} Pr^{1/3} \\ Re = v'_a \rho_a l/\mu_a \\ Pr = \mu_a c_a/\lambda_a \end{cases} \tag{8-12}$$

式中，λ_a 为空气导热系数（W/(m²·K)）；Nu 为努赛尔数；l 为磨削区换热宽度（mm）；Re 为雷诺数；v'_a 为气体速度（m/s）；ρ_a 为气体密度（kg/m³）；μ_a 为气体动力黏度（cP）；Pr 为普朗特数；c_a 为空气比热容（J/(kg·K)）。

纳米流体润滑液通过微量润滑装置喷射到磨削区，可以将单位时间内喷出的纳米流体离散化为 N_1 个体积为 V_1 的液滴[3]：

$$\begin{cases} v_1 = \dfrac{r_{\text{surf}}^3}{\dfrac{\pi}{2} \dfrac{1}{\tan\theta_n} \left(\dfrac{1}{\cos\theta_n} - 1 \right) \left[1 + \dfrac{1}{3} \dfrac{1}{\tan^2\theta_n} \left(\dfrac{1}{\cos\theta_n} - 1 \right)^2 \right]} \\[4mm] V_1 = \dfrac{\pi d_0^3}{6} \\[2mm] N_1 = \dfrac{Q' \cdot t}{V_1} \\[2mm] t = \dfrac{a}{v_w} \end{cases} \tag{8-13}$$

式中，r_{surf} 为单个液滴的铺展半径（μm）；θ_n 为接触角（°）；V_1 为单个雾滴的体积（μm³）；d_0 为单个雾滴的球径（μm）；N_1 为雾滴的数量；Q' 为磨削时间内纳米流体供给量（μm³/s）；t 为磨削过程总时间（s）；a 为工件长度（μm）；v_w 为工件进给速度（μm/s）。

根据 Yang 等[4]对磨削区无沸腾对流换热系数的研究，h_{n1} 表示为

$$h_{n1} = \frac{N_1 c_1 \rho_1 V_1}{\pi r_{\text{surf}}^2 \cdot t} + h'_a \tag{8-14}$$

式中，N_l 为雾滴的数量；c_l 为液滴比热容（J/(kg·K)）；ρ_l 为纳米流体的密度（kg/m³）；V_l 为单个雾滴的体积（μm³）；r_{surf} 为单个液滴的铺展半径（μm）；h'_a 为常温空气的对流换热系数（W/(m²·K)）。

对流换热系数在核态沸腾换热末点即临界热流密度点时达到最大值 h_{n2}，在过渡沸腾换热末点即膜态沸腾换热初始点时达到最小值 h_{n3}，临界热流密度点处的对流换热系数 h_{n2} 为[1]

$$h_{n2} = \frac{\left[h_{fa} + c_1(T_s - T_1)\right]Q'\rho_1}{\pi r_{surf}^2 (T_{n2} - T_1)} + h'_a \tag{8-15}$$

式中，h_{fa} 为汽化潜热；c_1 为液滴比热容（J/(kg·K)）；T_s 为饱和温度（K）；T_{n2} 为过渡沸腾换热初始点温度（K）；T_1 为纳米流体温度（K）。

过渡沸腾换热末点即膜态沸腾换热初始点的对流换热系数 h_{n3} 为[1]

$$\begin{cases} h_{n3} = \dfrac{N_1 Q'\rho_1[h_{fa} + c_1(T_s - T_1)] \cdot [0.027e^{\frac{0.08\sqrt{\ln(We/35+1)}}{B^{1.5}}} + 0.21 k_d Be^{\frac{-90}{We+1}}]}{b \cdot l_c \cdot (T_{n3} - T_1)} + h'_a \\[2mm] We = \dfrac{\rho_1 d_0 v_n^2}{\sigma} \\[2mm] v_n = \sqrt{\dfrac{\dfrac{p_a - p_0 + \dfrac{16Q'^2}{\pi^2 d_0^2}}{p_l}}{1 + \varepsilon}} \cdot \cos\theta \\[2mm] B = \dfrac{c_v(T_{ne} - T_s)}{h_{fa}} \\[2mm] l_c = \sqrt{a_p \cdot d_s} \\[2mm] k_d = \dfrac{\lambda_v}{c_v \mu_v} \end{cases} \tag{8-16}$$

式中，We 为韦伯数；k_d 为无量纲蒸汽参数；l_c 为接触弧长（mm）；b 为磨削区宽度（mm）；v_n 为雾滴撞击到换热面的垂直速度（m/s）；σ 为表面张力（N/m）；p_a 为喷嘴内部压力（Pa）；p_0 为大气压（Pa）；ε 为参与蒸发的液滴比率；θ 为雾滴射流方向与水平方向夹角（°）；T_{ne} 为磨削温度（K）；a_p 为切削深度（μm）；d_s 为砂轮当量直径（mm）；c_v 为蒸汽的质量热容（J/(kg·K)）；λ_v 为蒸汽的导热系数（W/(m·K)）；μ_v 为蒸汽的动力黏度（cP）。

同理，利用相同的计算方法计算出 CNMQL 工况下换热状态各阶段转折点的对流换热系数。再通过插值法计算得到该阶段的实际对流换热系数。经计算，得出三种工况下的对流换热系数，如表 8-3 所示。

表 8-3　不同工况下磨削温度及对流换热系数

冷却方式	温度 $T/℃$	对流换热系数 $h/(W/(m^2 \cdot K))$
NMQL	214.1	3.74×10^4
CA	197.5	221
CNMQL	155.9	4.38×10^4

热流密度和能量比例系数则分别采用式（8-17）、式（8-18）进行计算求解。

流入工件的热流密度为

$$q_{\mathrm{w}} = q_{\mathrm{total}} = \frac{v_{\mathrm{s}} F_{\mathrm{t}}}{b l_{\mathrm{c}}} \cdot R = \frac{v_{\mathrm{s}} F_{\mathrm{t}}}{b \sqrt{d_{\mathrm{s}} a_{\mathrm{p}}}} \cdot R \tag{8-17}$$

式中，q_{w} 为传入工件的热流密度（J/(m² · K · s)）；q_{total} 为总热流密度（J/(m² · K · s)）；v_{s} 为砂轮线速度（m/s）；F_{t} 为切向磨削力；l_{c} 为工件和砂轮的接触弧长（mm）；b 为磨削宽度（mm）；d_{s} 为砂轮当量直径（mm）；a_{p} 为磨削深度（μm）。

传入工件的能量比例系数 R 为[5]

$$R = \frac{k_{\mathrm{w}} v_{\mathrm{w}}^{1/2}}{q_{\mathrm{total}} \beta \alpha_{\mathrm{w}}^{1/2} a_{\mathrm{p}}^{1/4} d_{\mathrm{s}}^{1/4}} \theta_{\max} \tag{8-18}$$

式中，β 为常数；α_{w} 为工件热扩散率（m²/s）；$\theta_{\max}$ 为最大温升（℃）。

8.2.3　数值仿真结果

对三种工况下砂轮与工件磨削温度场利用 MATLAB 仿真平台进行仿真分析。图 8-5 为 NMQL 工况下磨削区热源随时间由切入至切出工件的整体变化图像。图 8-6 表示工件上一点在不同工况下磨削温度随时间变化的仿真图像。从图 8-5 和图 8-6 中可以看出：在砂轮与工件接触区磨削温度最高，在热源经过后工件温度逐渐降低，而温度主要集中在热源点及热源刚刚经过的区域。钛合金导热系数低这一自身性质，使得在砂轮磨削至磨削点之前，未加工表面的温度始终接近环境温度而并未表现出明显的温度变化。当砂轮磨削至磨削点处时工件表面温度急剧升高，当砂轮离开该点后其温度缓慢降低，直至最终接近环境温度。经分析，仿真结果符合实际磨削过程中磨削温度的变化趋势。

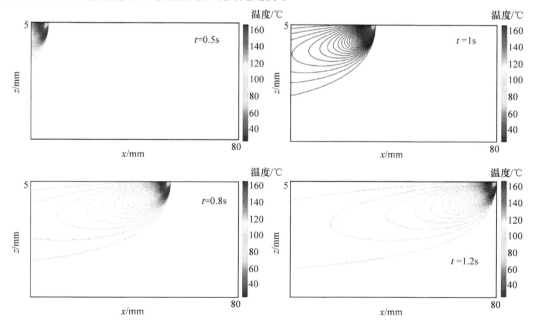

图 8-5　NMQL 工况下磨削表面温度场仿真图

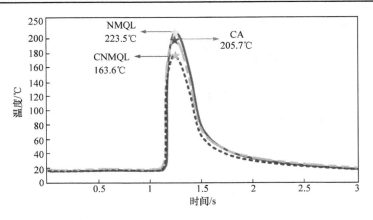

图 8-6　不同工况下磨削表面温度场仿真变化曲线图

8.3　实　验　验　证

1. 实验设备

实验设备如下：采用 K-P36 型精密平面数控磨床，磨床参数如表 8-4 所示；采用 GC80K12V型 SiC 陶瓷结合剂砂轮，砂轮尺寸为 300mm×20mm×76.2mm；纳米流体润滑液通过 KS-2106型微量润滑供给装置经喷嘴输送至磨削区进行冷却润滑；采用 VC62015G 型涡流管作为低温冷风供给设备；采用 YDM-Ⅲ99 型三向磨削测力仪对三向磨削力进行实时记录和测量；采用MX100 型热电偶对磨削温度进行在线记录和数据测量。实验设备如图 8-7 所示，磨削力和磨削温度测量示意图如图 8-8 所示。

表 8-4　磨床参数

磨床性能	参数
主轴功率/kW	4.5
主轴最高转速/(r/min)	4800
工作台尺寸/m	0.95×1
最大横向进给速度/(m/min)	30
最大纵向进给速度/(m/min)	4

测量仪器如下：采用 TIME 3220 型表面粗糙度仪测量磨削加工后的工件表面粗糙度；采用 Hitachi 公司产品 S-3400N 型扫描电镜观察测量加工后的工件表面形貌以及磨屑形态；采用BZY-201 型自动表面张力仪测量表面张力；使用 DV2TLV 型数字黏度计和 JC2000C1B 型接触角测量仪分别测量纳米流体黏度及油膜接触角；采用 i-speed TR 型高速摄像机测量从喷嘴处喷射的纳米流体液滴雾化角；采用 DN15 型涡街流量计测量气体流量。测量设备如图 8-9所示。

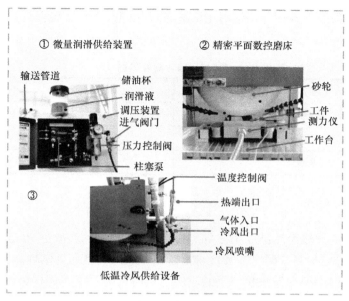

图 8-7　实验设备

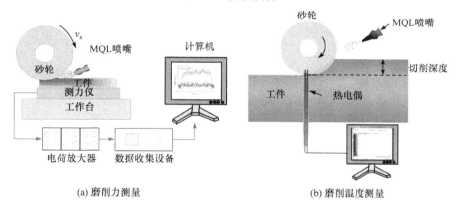

(a) 磨削力测量　　　　　　　　　　　(b) 磨削温度测量

图 8-8　磨削力和磨削温度测量示意图

图 8-9　测量设备图

为保证实验结果的准确性并保证每组实验条件相同，每组实验前均对砂轮进行修整，砂轮修整参数如表 8-5 所示。

表 8-5　砂轮修整参数

修整参数	PCD 修整器
单点修整量/mm	0.01
横向进给速率/(mm/r)	0.5
冲程数	30

2. 实验材料

实验选用的工件材料为钛合金 Ti-6Al-4V，尺寸为 80mm×20mm×40mm。钛合金因具有硬度高、强度高、热稳定性好、耐腐蚀及含量丰富等一系列优良的力学性能，在航空、航天、航海以及其他工业部门中得到越来越广泛的应用。然而，高硬度和低导热性使得钛合金作为一种难加工材料，在加工过程中会产生高温和高应力，导致工件表面质量降低、刀具磨损严重等问题[6,7]。而 Ti-6Al-4V 是钛合金中应用最为广泛的一种，因此如何有效提高钛合金 Ti-6Al-4V 的加工质量、降低控制板磨削烧伤具有极其重要的意义。表 8-6 为工件材料元素组成，表 8-7 为材料物理特性。

表 8-6　Ti-6Al-4V 元素成分

工件材料	工件基质	合金元素质量分数/%		其他元素质量分数/%					
Ti-6Al-4V	Ti	Al	V	Fe	Si	C	N	H	O
		5.5～6.75	3.5～4.5	0.3	0.1	0.08	0.05	0.015	0.01

表 8-7　Ti-6Al-4V 物理特性

导热系数 /(W/(m·K))	比热容 /(J/(kg·K))	密度/(g/cm³)	弹性模量/GPa	泊松比	屈服极限/MPa	抗拉强度/MPa
7.955	526.3	4.42	114	0.342	880	950

实验选用 KS-1008 合成脂为微量润滑基础油，以 Al_2O_3 纳米粒子作为添加剂配制 2%体积分数的 Al_2O_3 纳米流体润滑液。根据 Wang 等[8]的研究，相较于其他纳米粒子，Al_2O_3 纳米粒子兼具优良的润滑和摩擦性能。由于纳米粒子在基础油中很容易发生团聚，在悬浮液中添加适量的分散剂有助于提高纳米流体的分散稳定性。研究发现将表面活性剂十二烷基硫酸钠(SDS)加入纳米流体后，在几乎不会影响其摩擦性能的同时可以有效提高其分散性与稳定性[9]。因此在本实验中 Al_2O_3 纳米流体采用两步法制备，首先将 Al_2O_3 纳米粒子按照体积分数 2%的比例添加到 KS-1008 微量润滑基础油中，然后加入体积分数 0.1%的分散剂 SDS，通过机械搅拌并在超声波振荡器(KQ3200DB)中振荡一段时间(2h)来提高纳米流体的分散性以及悬浮稳定性[10]。KS-1008 合成脂的成分含量及沸点如表 8-8 所示。表 8-9 为 Al_2O_3 纳米粒子物理特性。

表 8-8　合成脂成分含量及沸点

参数	脱芳烃	己二酸双酯	季戊四醇酯	磷酸三甲酚酯
含量/%	60	20	10	10
沸点/℃	105	109	380.4	265

表 8-9　Al_2O_3 纳米粒子物理特性

粒径/nm	晶体结构	熔点/℃	松装密度/(g/cm³)	导热系数/(W/(m·K))	颜色	莫氏硬度/级
50	六方紧密堆积	2050	0.33	36	白色	8.8~9.0

3. 实验方案

以钛合金 Ti-6Al-4V 为工件材料,探究低温冷风(CA)、纳米流体微量润滑(NMQL)、冷风纳米流体微量润滑(CNMQL)三种工况下磨削区的冷却换热性能。磨削实验参数如表 8-10 所示。

表 8-10　磨削实验参数

磨削类型	平面磨削	磨削类型	平面磨削
砂轮类型	SiC 陶瓷结合剂砂轮	切削深度 a_p/μm	10
冷却方式	CA, NMQL, CNMQL	气体流量/(m³/h)	25
砂轮线速度 v_s/(m/s)	30	喷嘴距离 d/mm	12
MQL 流量/(mL/h)	50	喷雾锥角 $α$/(°)	15
工件进给速度 v_w/(mm/min)	4000	气压 p/MPa	0.7

通过热电偶及涡街流量计的测量,得到三种工况下喷嘴出口处的流体温度及气体流量,如表 8-11 所示。

表 8-11　喷嘴出口处流体温度及气体流量

润滑方式	喷嘴出口处流体温度/℃	气体流量/(m³/h)
CA	−5	10
NMQL	25	25
CNMQL	−5	10

4. 实验结果

图 8-10 是三种工况下磨削过程中磨削温度随时间的变化曲线。图 8-11 表示三种工况下磨削区的最高温度,误差条代表磨削温度的标准偏差。从图中可以看出 NMQL 得到了最高的磨削温度,为 214.1℃,反映了 NMQL 冷却效果不足的缺点;而 CA 由于具有冷风介质优良的冷却换热能力,得到磨削温度为 197.5℃,比 NMQL 降低了 17℃ 左右;CNMQL 兼具 NMQL 和 CA 两种工况的优点,冷却润滑效果俱佳,从而得到了最低的磨削温度,为 155.9℃,与 CA 相比降低了约 42℃,降幅达 21%。与 NMQL 相比降低了约 60℃,降幅达到了 28%。

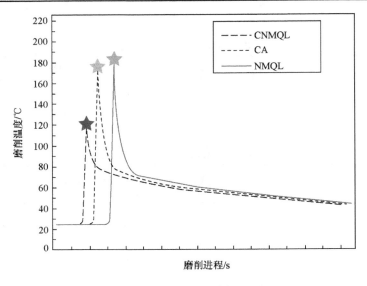

图 8-10　不同工况下磨削温度随时间的变化曲线

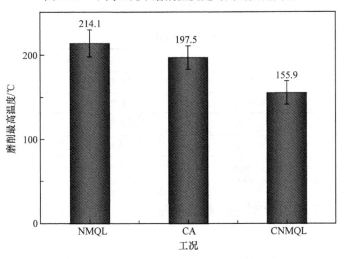

图 8-11　不同工况下磨削最高温度

5. 仿真与实验结果对比

图 8-12 表示 CNMQL 工况下工件表面温度仿真值与实验值的对比。从图中可以看出，仿真温度变化曲线与实验温度变化曲线基本吻合。将工件表面最高温度的仿真值与实验值进行对比发现，仿真值与实验值仅相差 7.9℃，误差为 5.1%，误差较小。同时还发现工件表面温度仿真值高于实验值，原因可能如下：进行仿真计算时，模型假定磨削过程中传入工件的热量将不再散发进入外界环境，然而实际情况下，进入工件的热量除了向工件内部继续传递，还有一部分会向工件材料的侧面传递，同时工件表面的一部分热量还会经由磨削液以及周围空气带走，最终使得实际进入工件材料内部的热量减少[11]，导致实验值比仿真值低。总体来看，仿真温度和实验温度数据吻合度很高，模型具有一定的可靠性。

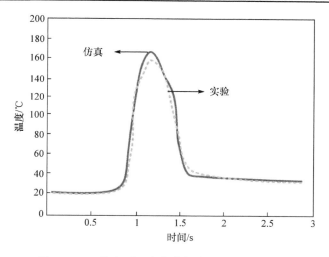

图 8-12　工件表面温度仿真与实验变化对比曲线

8.4　实验结果分析与讨论

8.4.1　单位磨削力

　　磨削力可以表征砂轮与工件磨削界面润滑的效果。磨削力越小表示磨除同体积的材料所消耗的能量越少，润滑效果越好，磨削性能越好。磨削力主要由切向磨削力和法向磨削力来表征，而单位磨削力是指单位宽度砂轮实际承受的平均载荷，单位切向磨削力和单位法向磨削力的计算公式如下：

$$F_t' = \frac{F_t}{b} \tag{8-19}$$

$$F_n' = \frac{F_n}{b} \tag{8-20}$$

式中，F_t'、F_n' 分别为单位切向磨削力、单位法向磨削力（N/mm）；b 为工件宽度（mm）；F_t、F_n 为对应的实际切向磨削力和法向磨削力（N）。

　　图 8-13 表示三种工况下的单位切向磨削力和单位法向磨削力，误差条代表磨削力的标准偏差。

　　如图 8-13 所示，在三种工况中，CNMQL 得到的单位切向磨削力和单位法向磨削力最小，分别为 2.17N/mm 和 2.66N/mm；而 NMQL 和 CA 得到的单位切向磨削力和单位法向磨削力较之均有不同程度的提高。其中 NMQL 得到的单位切向磨削力和单位法向磨削力分别为 2.43N/mm 和 3.06N/mm，相较于 CNMQL 分别增大了 12.3%和 15.0%；CA 得到的单位切向磨削力和单位法向磨削力最大，分别为 3.66N/mm 和 4.36N/mm，相较于 CNMQL 分别增大了 69.1%和 63.9%。

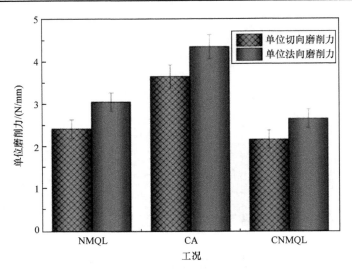

图 8-13　不同工况下的单位磨削力

　　CA 由于缺少润滑介质的润滑作用，致使磨削过程中产生较大的单位磨削力，磨削过程中磨除同体积的材料所消耗的能量要远远高于其他两种工况；NMQL 由于纳米流体在磨削区具有良好的润滑作用，从而得到比 CA 更小的单位磨削力；而 CNMQL 结合了以上两种工况的优点，达到最优的润滑效果，大大降低了单位磨削力，提高了工件的加工质量。

8.4.2　不同工况冷却性能评价

　　通过对 CA、NMQL 以及 CNMQL 三种工况的磨削温度结果对比得出结论：CNMQL 冷却效果最优，CA 次之，NMQL 冷却效果最差。

　　虽然润滑液的使用量在 NMQL 工况下极少，但凭借高压气体的输送，纳米流体润滑液可以冲破砂轮旋转产生的气障层进入磨削区形成润滑油膜并起到良好的润滑效果，一定程度上降低了磨削力并减少了磨削加工过程中热量的产生[12]。

　　Al_2O_3 为紧密堆积型晶体，晶格能极强并拥有极高的熔、沸点[13]。Al_2O_3 熔点高达 2050℃，具有优良的耐热性。因此 Al_2O_3 纳米粒子可以提高润滑油膜的热稳定性并强化其高温下的摩擦磨损性能。同时，Al_2O_3 的莫氏硬度可达 8.8～9.0 级，高硬度使其具有优异的抗磨性能，能够有效减少砂轮与工件实际接触面积并降低磨削力，因此可以一定程度减弱砂轮表面微凸体的犁沟作用。另外，纳米流体在磨削区形成的润滑油膜在一定程度上也阻碍了热量传入工件内部。但其冷却机制是通过常温空气强制对流以及微量润滑油在高温下发生汽化吸收并带走热量来降低磨削温度，冷却性能不足，从而得到了最高的磨削温度。

　　CA 取得了比 NMQL 更低的磨削温度，由于缺少润滑介质，未能在磨削接触区形成良好的润滑效果，导致去除工件材料消耗的磨削力大，消耗的热量高。CA 和 NMQL 的常温冷风对磨削区的冷却从冷却机制上来讲均属于强制对流换热，所不同的是发生强制对流的压缩空气的温度。CA 以低温高压空气为携带介质，扩大了其与磨削接触面的温差，强化了对流换热效果，从而带走更多的热量，达到降低磨削温度的效果。虽然 CA 缺少润滑介质，在材料磨削去除过程中会消耗大量的热量，但其优良的冷却换热能力弥补了这一劣势，所以最终取得了比 NMQL 更好的冷却效果。

CNMQL 结合了 NMQL 和 CA 两种工况的优点，冷却润滑效果最佳，从而得到了最低的磨削温度。CNMQL 的冷却效果优于 NMQL 和 CA，有如下几个原因：首先，CNMQL 工况下磨削液的润滑效果优于 NMQL 工况，磨削工件材料时消耗的热量少。纳米流体的性质随磨削温度的不同而变化。更低的温度使得磨削区工件表面形成的润滑油膜具有更好的润滑性能，减少材料去除过程中的能量消耗，从而达到更好的润滑效果。润滑液的黏度随着温度的降低而减小。CNMQL 工况下磨削温度相较于 NMQL 工况下降低了约 60℃，从而具有更高的液体黏度。而随着黏度的增大，润滑液在砂轮与工件界面表现出优良的黏滞性。同时，形成的油膜相对较厚，其润滑性能和起到润滑作用的时间也相应提高，从而有效降低了磨削过程中的能量消耗。而在 NMQL 工况下，磨削区的高温导致纳米流体润滑液具有相对较低的黏度，润滑液的黏滞性能不及 CNMQL 工况，形成的润滑膜相对较薄，润滑效果欠佳，所以能量消耗较大。

由于 NMQL 的换热能力不足，润滑油膜在高温作用下极易破裂，降低了润滑效果，增大了磨削力和磨削热量的输入。而 CA 的加入提高了润滑油膜的稳定性，减小了磨削热量的输入。另外，其换热效果优于 NMQL 和 CA，其磨削区最高温度为 155.9℃，与 NMQL 相比降低了约 60℃，降幅达到 28%。它以低温高压空气为携带介质，扩大了换热介质与砂轮与工件磨削接触区的温差，强化对流换热效果要远优于常温空气的换热效果，从而在磨削区带走更多的热量，达到降低磨削温度的效果。

8.4.3　沸腾换热分析

在磨削区被带走的热量中，除了空气在磨削区发生的强化对流换热作用带走一少部分热量，大部分热量被磨削液的沸腾换热所带走。当磨削温度达到某一个特定值时，磨削液进入磨削区后会发生沸腾和汽化现象[14]。Mao 等[1]研究了磨削过程中工件表面的热传递机理，同时建立了工件表面的沸腾换热模型，经实验研究发现其热传递机理是可信的。沸腾换热是指工质通过气泡运动带走热量并达到冷却效果的一种传热方式，是大量气泡的产生、成长并将工质由液态转变为气态从而带走热量的一种剧烈蒸发过程。磨削区沸腾换热伴随着磨削液气液两相转变的热量传递过程。按照沸腾液体的流动特性，沸腾可以分为池内沸腾和流动沸腾。磨削过程中发生的沸腾传热可以近似认为是流动沸腾换热，因为纳米流体冷却液在低温高压气体的携带作用下发生定向移动，从而在高温磨削区产生沸腾换热现象[15]。磨削区沸腾换热如图 8-14 所示，磨削过程中沸腾换热开始时，磨削液首先在工件和磨屑管道凹坑、表面裂纹上吸收潜热并成为汽化核心[16]，随着热量不断由高温表面继续传入汽化核心，气泡体积不断长大，直至在浮力的作用下离开工件表面带走热量。随着磨削冷却液由低温压缩气体的持续不断供给，无数气泡生成长大最终蒸发吸收带走磨削热量。这一过程不断循环进行，从而起到降低磨削温度的作用。

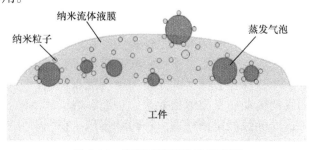

图 8-14　磨削区沸腾换热示意图

　　液体沸腾换热过程总体上可以分为两个阶段：汽化吸收潜热和汽化蒸发换热。潜热是指在温度保持不变的条件下，物质在从某一个相转变为另一个相的相变过程中所吸入或放出的热量，是一个状态量。物质在吸入(或放出)潜热时均不会引起温度的升高(或降低)，这种热量对温度变化只起潜在作用。潜热能量包含两部分：两相内能之差(内潜热)和相变时克服外部压强所做的功(外潜热)。液体沸腾时吸收的潜热一部分用来克服分子间的引力，另一部分用来在膨胀过程中反抗大气压强做功。若用 U_1 和 U_2 分别表示 1 相和 2 相单位质量的内能，用 V_1 和 V_2 分别表示 1 相和 2 相单位质量的体积，于是单位质量的物质由 1 相转变为 2 相时所吸收的相变潜热可表示为

$$I = (U_2 - U_1) + p(V_2 - V_1) = h_2 - h_1 \tag{8-21}$$

式中，(U_2-U_1) 为液体汽化吸收的内潜热；h_1 和 h_2 分别为 1 相和 2 相单位质量的焓；$p(V_2-V_1)$ 为液体汽化吸收的外潜热。CNMQL 下低温冷风携带的冷却液的初始温度(−5℃)明显低于 NMQL 下常温冷风携带的冷却液温度(25℃)，而液体分子的动能随温度降低而减小，气液两相之间的差别也随之增大；另外，前者中的汽化核心的平均初始体积小，其汽化需要的能量更低且更容易发生汽化，因此前者吸收潜热过程中内潜热 (U_2-U_1) 明显大于后者，液体的汽化需要从外界吸收的热量更少，因此在汽化吸收潜热阶段从磨削区吸收的热量要远远多于后者。

　　汽化吸收潜热阶段液体只从磨削区吸收热量而液体温度始终保持不变，此阶段完成后进入汽化蒸发换热阶段：热量不断由高温表面传入汽化核心，气泡体积不断长大，温度不断上升，直至在浮力的作用下离开工件表面带走热量，至此沸腾换热完成。在冷却液比热容相同的条件下，CNMQL 冷却液从汽化吸收潜热阶段增至饱和温度的温差 ΔT 大于 NMQL，因此在汽化蒸发换热过程中吸收的热量也要高于后者。综合以上分析，在沸腾换热的汽化吸收潜热和汽化蒸发换热两个阶段中，CNMQL 从磨削区带走的热量均高于 NMQL，所以综合换热效果优于后者。

8.4.4　工件和磨屑表面特征对冷却换热的影响

　　在金属材料的磨削加工中，磨削液能否充分有效地发挥最佳的冷却效果，关键在于磨削液能否及时充分地铺展到磨削加工区域，从而通过沸腾换热带走磨削区产生的热量。在表面气障层产生的强大流体动压力的阻碍作用下，实际上仅有 5%~40%的磨削液最终到达磨削接触区实现冷却效果[17]。大量的磨削液根本无法进入磨削区，从而造成工件磨削烧伤，导致加工后的工件表面质量很差[1]。

　　磨削表面由大量无规则的离散分布的磨粒组成，导致工件表面在磨削过程中会出现深度不同的犁沟、塑性变形层以及微裂纹，同时部分磨屑未能及时脱离磨削区而容易在高温下再次黏附于工件表面形成微凸体，以上这些界面摩擦特性使得砂轮和工件表面产生深浅不一的微米级细长管道。CNMQL 和 NMQL 工况下工件表面微观形貌如图 8-15 所示。从图中可以看出两种工况下工件材料表面形貌有较大差异。NMQL 工况下可以观察到工件表面存在明显的塑性变形层和深而长的犁沟，存在着严重的黏附和材料沉积现象，一定程度上阻碍了工件表面上润滑液沿着管道的纵向流动和横向铺展效果，进而影响了润滑液在工件表面的总体渗透过程，削弱了润滑效果进而导致能量消耗增大和热量累积。在润滑性能不足的情况下，加工时磨粒嵌入工件并在其表面切削留下不同深度的犁沟。而被磨除的部分磨屑由于未能及时有

效地脱离磨削区，在砂轮的持续进给和挤压作用下再次黏附于高温状态下的工件表面，从而形成塑性变形层。

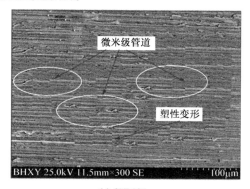 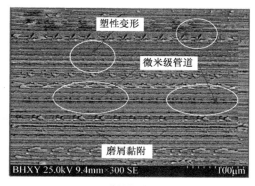

(a) CNMQL　　　　　　　　　　　　　　　(b) NMQL

图 8-15　工件表面微观形貌

而 CNMQL 工况下工件表面具有较为清晰平滑的磨削管道纹路，塑性变形和材料黏附现象较轻，几乎没有出现犁沟，对润滑液沿着管道的流动和铺展阻碍较小，润滑液在工件表面的总体渗透效果更优。同时在磨屑沿砂轮旋转方向运动排除的过程中，在砂轮与磨屑接触面由于滑擦和耕犁作用也会形成微米级管道。在磨削过程中由喷嘴持续喷出的低温微量润滑磨削液就会源源不断地补充进这些微米级管道内，磨削液从管道端口流入并依靠高压气体带来的高动能迅速沿着管道向前流动，从而在工件和磨屑表面形成铺展效果良好的冷却油膜[8]。

另外，工件和磨屑表面的管道几何形状也增大了冷却液的铺展面积，同时在磨削加工过程中由于工件材料受到砂轮的持续性滑擦、耕犁和切削作用，工件材料受力会发生晶格位移而导致塑性变形和加工硬化现象，导致磨屑底面在去除过程中逐渐卷曲并呈现如图 8-16 所示的高低起伏的波纹状沟壑，高低起伏的沟壑几何形状大大增大了磨屑的表面积。工件和磨屑的表面几何形状特性大大增加了冷却液的铺展和动态换热面积，使更多的冷却液能够通过沸腾换热带走磨削区热量从而实现冷却换热效果。

图 8-16　磨屑底面形貌

磨削区的总换热量为

$$\phi = qA = Ah\Delta T \tag{8-22}$$

式中，q 为磨削区固体表面与对流换热流体之间单位时间单位面积的换热量($J/(m^2 \cdot K \cdot s)$)；A 为磨削区的换热面积(mm^2)；h 为磨削区总体对流换热系数($W/(m^2 \cdot K)$)；ΔT 为磨削区和冷却换热流体的温度差($℃$)。低温冷风使得磨削区和冷却介质的温度差ΔT增大，CNMQL 工况下的 h 较传统工况也有提高，工件和磨屑的形貌特征使得磨削区的动态换热面积 A 增大，所以磨削区的总对流换热量增大。冷却换热效果相较于传统工况大大提高。综合以上分析，在低温冷风和纳米粒子的共同作用下，CNMQL 取得了最优异的冷却换热效果。

8.5 结 论

以 Ti-6Al-4V 为工件材料，对 CA、NMQL 以及 CNMQL 三种工况下的平面磨削温度场进行了仿真分析和验证性实验，并对仿真和实验下的磨削温度进行了对比分析。进一步从单位磨削力、纳米流体黏度、油膜稳定性、工件和磨屑形貌特征及沸腾换热效果等方面对不同工况下磨削区的冷却润滑机理进行了分析，得出以下结论。

(1) 借鉴沸腾换热和磨削传热理论，以磨削区不同沸腾换热状态对应不同的换热能力为基础，建立了不同工况(CA、NMQL 以及 CNMQL)下磨削区的对流换热系数和有限差分模型。

(2) 在数值模型的基础上对三种工况下磨削温度场进行了数值仿真分析，仿真规律符合实际磨削的变化趋势。在理论仿真的基础上进行了平面磨削验证性实验，模型仿真和实验结果得到了相同的规律：CNMQL 冷却效果最优并得到了最低的磨削温度(155.9℃)，CA 次之，NMQL 冷却效果最差。同时 CNMQL 润滑效果最好，得到最小的单位切向磨削力(2.17N/mm)和单位法向磨削力(2.66N/mm)，显示出 CNMQL 优异的冷却换热效果。总体来看，仿真和实验数据吻合度较高，仿真模型具有一定的可靠性。

(3) 与 NMQL 相比，CNMQL 下磨削区的最高温度下降了近 60℃，从而润滑液具有更高的黏度并在砂轮与工件界面表现出优良的黏滞性。同时，形成的油膜相对较厚，其润滑性能和起到润滑作用的时间也相应提高，有效降低了磨削过程中的能量消耗并得到更优的润滑效果。同时，更低的磨削温度以及油膜特性减小了油膜因高温而破裂蒸发这一情况发生的概率，减小了短时间内局部区域处于干摩擦状态的概率，油膜的稳定性能更优，润滑效果更好，降低了磨削力和热量的输入。

(4) CNMQL 下低温冷风携带的冷却液的初始温度(–5℃)明显低于 NMQL 下常温冷风携带的冷却液温度(25℃)，磨削液与其饱和温度之间具有更高的温度差 ΔT，而液体分子的动能随温度降低而减小，气液两相之间的差别也随之增大；另外，前者中的汽化核心具有更小的平均初始体积，液滴汽化吸收的能量更多，因此在整个沸腾换热过程能够吸收带走更高的热量。

(5) CNMQL 下工件表面具有较为清晰平滑的磨削管道纹路，塑性变形和材料黏附程度较轻，几乎没有出现犁沟。对润滑液沿着管道的流动和铺展阻碍较小，润滑液在工件表面的总体渗透效果更优。同时在材料去除过程中磨屑底面受力逐渐卷曲并呈现高低起伏的波纹状沟壑，增大了磨削液的吸附面积。工件和磨屑的表面几何形状特性大大增加了冷却液的铺展和动态换热面积，使更多的冷却液能够通过沸腾换热带走磨削区热量从而实现良好的冷却换热效果。

(6)综合以上实验结果和分析，CNMQL 结合了 CA 和 NMQL 两种工况的优点，具有优异的磨削加工性能，得到了优异的冷却润滑效果，同时具有低成本和绿色环保的优势，在加工领域具有光明的应用前景。

参 考 文 献

[1] MAO C, ZOU H, HUANG Y, et al. Analysis of heat transfer coefficient on workpiece surface during minimum quantity lubricant grinding[J]. International Journal of Advanced Manufacturing Technology, 2013, 66(1-4): 363-370.

[2] SHEN B, SHIH A J, XIAO G. A heat transfer model based on finite difference method for grinding[J]. Journal of Manufacturing Science & Engineering, 2011, 133(3): 255-267.

[3] MARUDA R W, KROLCZYK G M, FELDSHTEIN E, et al. A study on droplets sizes, their distribution and heat exchange for minimum quantity cooling lubrication(MQCL) [J]. International Journal of Machine Tools & Manufacture, 2016, 100: 81-92.

[4] YANG M, LI C, ZHANG Y, et al. Research on microscale skull grinding temperature field under different cooling conditions[J]. Applied Thermal Engineering, 2017, 126: 525-537.

[5] ZHANG D, LI C, ZHANG Y, et al. Experimental research on the energy ratio coefficient and specific grinding energy in nanoparticle jet MQL grinding[J]. The International Journal of Advanced Manufacturing Technology, 2015, 78(5-8): 1275-1288.

[6] EASTMAN J A, CHOI U S, LI S, et al. Enhanced thermal conductivity through the development of nanofluids/MRS Proceedings[M]. Boston：Cambridge University Press, 1996, 457: 3.

[7] JIA D, LI C, LI R. Modeling and experimental investigation of the flow velocity field in the grinding zone[J]. International Journal of Control & Automation, 2014, 7: 405-416.

[8] WANG Y, LI C, ZHANG Y, et al. Experimental evaluation of the lubrication properties of the wheel/workpiece interface in MQL grinding with different nanofluids[J]. Tribology International, 2016, 99: 198-210.

[9] DEMAS N G, TIMOFEEVA E V, ROUTBORT J L. Tribological effects of BN and MoS_2 nanoparticles added to polyalphaolefin oil in piston skirt/cylinder liner tests[J]. Tribology Letters, 2012, 47(1): 91-102.

[10] SU Y, GONG L, LI B, et al. Performance evaluation of nanofluid MQL with vegetable-based oil and ester oil as base fluids in turning[J]. International Journal of Advanced Manufacturing Technology, 2016, 83(9-12): 2083-2089.

[11] 毛聪. 平面磨削温度场及热损伤的研究[D]. 长沙: 湖南大学, 2008.

[12] GUO S, LI C, ZHANG Y, et al. Experimental evaluation of the lubrication performance of mixtures of castor oil with other vegetable oils in MQL grinding of nickel-based alloy[J]. Journal of Cleaner Production, 2017, 140: 1060-1076.

[13] GE X, XIA Y, CAO Z. Tribological properties and insulation effect of nanometer TiO_2 and nanometer SiO_2 as additives in grease[J]. Tribology International, 2015, 92: 454-461.

[14] MEI G, MENG H, WU R, et al. Analysis of spray cooling heat transfer coefficient on high temperature surface[J]. Energy for Metallurgical Industry, 2004, 23(6): 18-22.

[15] 楚化强, 郁伯铭. 沸腾换热的分形分析[J]. 力学进展, 2009, 3: 259-272.

[16] BANG I C, CHANG S H. Boiling heat transfer performance and phenomena of Al_2O_3-water nanofluids form a plain surface in a pool[J]. International Journal of Heat & Mass Transfer, 2005, 48: 2407-2419.

[17] HUSSAIN M, KUMAR V, MANDAL V, et al. Development of CBN reinforced Ti6Al4V MMCs through laser sintering and process optimization[J]. Materials and Manufacturing Processes, 2017, 32: 1-11.

第9章　冷风纳米流体微量润滑磨削比磨削能与摩擦系数实验研究

9.1　引　　言

磨削温度场的数值仿真和实验研究表明，CNMQL 磨削可以显著提高磨削区的冷却换热能力，进而达到有效降低磨削温度、控制磨削烧伤的效果[1]。然而低温冷风的加入也会影响喷至磨削区纳米流体的温度和流量，进而影响其黏度、表面张力、接触角以及雾滴破碎状态，最终影响其润滑性能。因此本章在第 8 章的基础上进一步探究 CNMQL 磨削的润滑机理。

9.2　实　验　设　计

1. 实验设备

实验设备及测量仪器与 8.3.1 节一致。实验设备包括 K-P36 型精密平面数控磨床、YDM-Ⅲ99 型三向磨削测力仪、MX100 型热电偶、GC80K12V 型 SiC 陶瓷结合剂砂轮、KS-2106 型微量润滑供给装置及 VC62015G 型涡流管。测量仪器包括 TIME 3220 型表面粗糙度仪、S-3400N 型扫描电镜、BZY-201 型自动表面张力仪、DV2TLV 型数字黏度计、JC2000C1B 型接触角测量仪、i-speed TR 型高速摄像机、DN15 型涡街流量计。

2. 实验材料

使用的实验材料及处理方式也与 8.3.2 节完全相同。实验选用钛合金 Ti-6Al-4V 为工件材料、KS-1008 合成脂为微量润滑基础油、Al_2O_3 纳米粒子作为添加剂配制 2%体积分数的 Al_2O_3 纳米流体润滑液、SDS 作为表面活性剂。Al_2O_3 纳米流体采用两步法制备。

3. 实验方案

以钛合金 Ti-6Al-4V 为工件材料，在保证其他磨削参数一致的情况下，对比分析 CA、NMQL、CNMQL 三种工况下的比磨削能和摩擦系数，并进一步通过磨削区的油膜状态、雾化角以及工件表面形貌等参数，探究不同工况的润滑性能。由于在第 8 章中采用的微量润滑油流量为 50mL/h 时获得的工件表面质量不甚理想，存在一定的塑性变形和材料黏附现象，所以本章将微量润滑油流量调整为 90mL/h，其他具体磨削参数和第 8 章一致。

9.3　实　验　结　果

9.3.1　比磨削能

比磨削能既是衡量磨削加工效率的重要指标，又表征砂轮与工件磨削界面润滑效果。比磨削能越小表示磨除相同体积的材料所消耗的能量越少，润滑效果和磨削性能越好[2]。

　　在测量过程中，求取 10 个磨削行程数据测量结果的平均值作为实验的磨削力，将测得的切向磨削力数据代入式(7-2)从而计算出不同工况下的比磨削能[3]。图 9-1 为三种工况下的比磨削能，误差条代表比磨削能的标准偏差。如图 9-1 所示，在三种工况中，CNMQL 得到的比磨削能最小，为 51.96J/mm³；而 NMQL 和 CA 得到的比磨削能较之均有不同程度的提高。其中 NMQL 得到的比磨削能为 58.37J/mm³，相较于 CNMQL 增大了 12.3%；CA 得到的比磨削能最大，为 87.84J/mm³，相较于 CNMQL 增大了 69.1%。

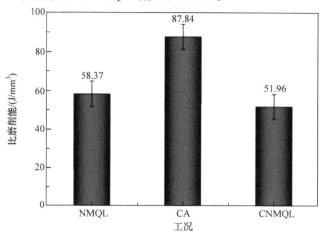

图 9-1　不同工况下的比磨削能

9.3.2　摩擦系数

　　摩擦系数越小则磨削区砂轮与工件界面的润滑状态越好，反之，则润滑效果越差[4]。图 9-2 表示三种工况下的摩擦系数。从图中可以观察到不同工况下的摩擦系数与比磨削能的对比规律基本相似。CA 润滑效果最差，得到最大的摩擦系数，为 0.73；NMQL 的润滑效果好于 CA，摩擦系数为 0.65，相较于 CA 降低了 11.0%；CNMQL 润滑效果最优，摩擦系数为 0.60，相较于 NMQL 和 CA 分别降低了 7.7% 和 17.8%。

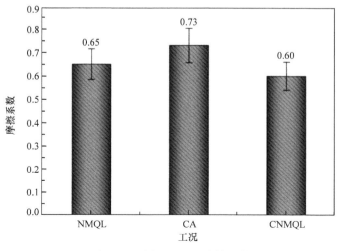

图 9-2　不同工况下的摩擦系数

综合比磨削能和摩擦系数两个参数来看, CA 工况下磨削区处于无介质润滑的干摩擦状态, 致使磨削加工过程中产生较大的磨削力, 磨除相同体积的材料所消耗的能量要远远高于其他两种工况, 得到了最大的比磨削能和摩擦系数; NMQL 工况下, 由于纳米流体在磨削区起到良好的润滑作用, 一定程度上降低了磨削力, 减少了能量消耗, 从而得到比 CA 更小的比磨削能和摩擦系数; 而 CNMQL 结合了以上两种工况的优点, 达到最优的润滑效果, 大大降低了磨削过程中的能量消耗, 比磨削能和摩擦系数最小。

9.4　实验结果分析与讨论

9.4.1　不同工况润滑性能评价

通过比较 CA、NMQL 以及 CNMQL 三种工况下的比磨削能以及摩擦系数, 发现 CNMQL 润滑效果最佳, NMQL 次之, CA 润滑效果最差。CA 工况下持续供给的低温冷风虽然能够起到有效降低磨削温度、减少工件热损伤的作用, 但是由于缺少润滑介质, 未能在磨削接触区形成良好的润滑效果, 磨削过程中砂轮与工件界面处于干摩擦状态, 去除工件材料需要消耗较高的能量, 从而得到了最高的比磨削能和摩擦系数[5]。

而在 NMQL 工况下, 高压气体携带的纳米流体润滑液具有较高的速度和冲击力, 能够有效穿过气障层直达加工区域并在工件表面形成有效的液滴铺展, 从而吸附在砂轮与工件接触表面形成一层稳定的润滑油膜并起到良好的润滑效果[6]。

纳米流体润滑液中添加的 Al_2O_3 纳米粒子也大大提高了润滑液的润滑性能[7], 具体原因如下: 首先, 纳米粒子具有显著的小尺寸效应, 能够轻易通过压缩气体将雾化后的微米级雾滴颗粒喷射到磨削区砂轮与工件接触界面。其次, Al_2O_3 纳米粒子为球形, 这一形状特征使其可以在砂轮与工件接触表面处于自由滚动的状态, 能够在砂轮与工件接触区起到类轴承效果并将磨削区转变为滑动-滚动复合摩擦状态, 大大降低了磨削过程中的剪切应力和能量的消耗, 从而降低了摩擦系数和比磨削能。再次, 磨粒加工后的工件表面会出现划痕、微裂纹或者犁沟等表面不平整状态, 部分纳米粒子能够沉积或吸附到工件表面的微小的不平整波谷处, 实现填补平整工件的效果, 从而降低了磨削力和比磨削能, 使得磨削区润滑效果得到加强[8]。最后, Al_2O_3 的熔点可以达到 2050℃, 具有良好的抗高温特性, Al_2O_3 纳米粒子的加入提高了润滑油膜的高温稳定性, 使润滑油膜的高温摩擦性能得到提升[9]。图 9-3 为 Al_2O_3 纳米粒子在磨削区的润滑作用示意图。

而 CNMQL 结合了以上两种工况的优点: 首先, 纳米流体润滑液以低温高压空气为携带介质, 扩大了介质与磨削接触面的温差, 强化了对流换热效果和沸腾换热能力, 能够从磨削区带走更多的热量并有效降低磨削温度, 进而减小了油膜因高温而破裂蒸发的情况发生的概率, 减小了短时间内局部区域处于干摩擦状态的概率, 油膜的稳定性能更优。同时, 纳米流体润滑液的性质随磨削温度的改变而改变, 较低的磨削温度使之能够在磨削接触区形成润滑性能良好的润滑油膜, 降低了磨削过程中的能量消耗, 达到最优的润滑效果, 比磨削能和摩擦系数最小[10]。

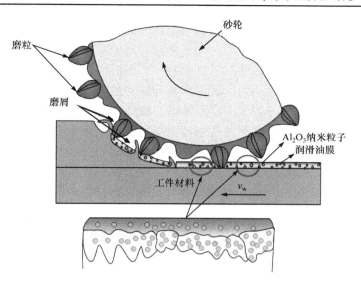

图 9-3　Al_2O_3 纳米粒子在磨削区润滑作用示意图

9.4.2　温度对润滑性能的影响

　　不同工况下的砂轮与工件接触区磨削温度不同，而磨削温度对磨削界面上纳米流体润滑液的理化性能及其稳定性和铺展浸润效果有重要影响，进而影响润滑液的润滑性能。由于 CA 工况下没有润滑介质，润滑效果最差，所以以下主要探讨 NMQL 以及 CNMQL 工况下温度对纳米流体润滑液润滑性能的影响。图 9-4 表示两种工况下磨削温度，误差条代表磨削温度的标准偏差。从图中可以看出 NMQL 的磨削温度最高，为 204.1℃；而 CNMQL 在低温冷风的作用下冷却换热效果大大提高，磨削温度为 151.3℃，与 NMQL 相比降低了约 53℃，降幅到达到 26%。

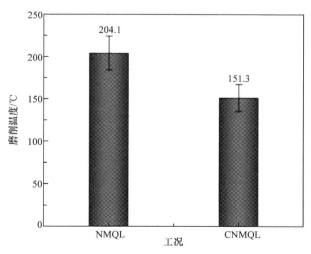

图 9-4　不同工况下磨削温度

　　液体在外力作用下做层流运动时，相邻两层流体分子间存在的内摩擦力会阻滞液体流动，这种特性称为液体的黏滞性，衡量黏滞性的物理量称为黏度[11]。黏度也是反映润滑油流动性及润滑性的一项重要参数。一般情况下，随着黏度的升高，润滑液具有一定的阻碍自身流动趋势的能力，能够在砂轮与工件接触界面表现出良好的滞留性，油膜的润滑性能和起到润滑作用的时间也相应提高，从而提高工件的加工质量并有效减少砂轮磨损、提高砂轮寿命。当润滑油的黏度过低时，在磨削区砂轮与工件接触界面形成的润滑油膜较薄，稳定性很差，润滑效果欠佳；而当润滑油黏度过高时，其阻碍自身流动趋势的能力过大，使得润滑油膜在磨削区几乎处于流动停滞状态，近似于一层固体膜，润滑性能反而较差[12,13]。

　　在磨削加工过程中，不同工况下的磨削温度不同，纳米流体润滑液的黏度也随之变化，从而润滑效果也有差异。图 9-5 为 Al_2O_3 纳米流体的黏温曲线。从图中可知，随着温度的增大，纳米流体润滑液的黏度逐渐减小。在低温范围内黏度变化相对较快，而在高温范围内黏度变化较缓慢，体现了高温范围内 Al_2O_3 纳米流体优良的黏温特性和高温稳定性。流体的黏度体现了流体分子间的相互吸引力及动量转移的强度。纳米流体分子无规则运动的速度极低，故分子间的相互作用力对其黏度起主要作用。随着温度的增大，纳米流体分子之间的相对距离变大，从而分子间的相互作用力降低，导致流体黏度降低[14]。拟利用雷诺黏度方程来计算纳米流体黏度与温度的关系。雷诺黏度方程如下：

$$\mu = Re^{-aT} \tag{9-1}$$

式中，μ 为动力黏度（cP）；T 为温度（℃）；R 和 a 为常数。

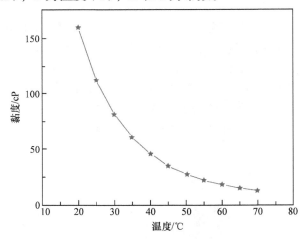

图 9-5　Al_2O_3 纳米流体的黏温曲线

　　通过实验测得的黏温曲线求得方程中的常数参数 R 和 a，然后根据黏度方程，分别求得 NMQL 以及 CNMQL 工况下磨削温度所对应的纳米流体润滑液的黏度。经计算，CNMQL 工况下纳米流体黏度为 7.84cP，而 NMQL 工况下纳米流体黏度为 1.11cP，与 CNMQL 相比降低了约 85.8%。CNMQL 工况下的黏度大于 NMQL 工况，与理论分析的结果一致。CNMQL 在低温冷风的作用下冷却换热效果大大提高，磨削温度仅为 151.3℃，与 NMQL 相比降低了约 53℃，从而取得了更高的黏度。CNMQL 工况下磨削区纳米流体具有更高的黏度，润滑液能够在砂轮与工件接触界面表现出优良的黏滞性，形成的润滑油膜相对较厚，其润滑性能和起到润滑作用的时间也相应提高，从而有效降低了磨削过程中的能量消耗，取得了较小的比磨削能和摩擦系数。而 NMQL 工况下，由于磨削区的高温而导致纳米流体的黏度相对较低，润滑液的黏滞性能不及 CNMQL 工况，形成的润滑油膜相对较薄，润滑效果欠佳，所以比磨削能和摩擦系数相对高一些。

　　接触角指于气、液、固三相的交点处，气-液界面的切线与固-液交界线两线之间的夹

角 (θ),是衡量液滴润湿程度和润滑性能的重要参数。随着接触角的减小,雾滴的浸润面积逐渐增大,润滑油膜能够覆盖并起到润滑作用的有效面积更大,因此具有更佳的磨削润滑效果[15]。图 9-6 为不同工况下砂轮与工件接触面的接触角测量图。从图中可以看出,NMQL工况下的接触角为 30.5°,而 CNMQL 工况下的接触角为 41.5°,比 NMQL 工况下提高了约36%,其原因如下:液体的表面张力使液滴表面具有自动缩小的趋势。当温度升高时,液滴分子热运动的动能增加,在外界压力不变的情况下分子相互远离扩散的趋势也增大,分子间的相互作用力减小,导致液滴的表面张力减小。NMQL 工况下磨削温度为 204.1℃,比 CNMQL工况下的温度提高了约 53℃,液滴的表面张力随温度的升高而减小,纳米流体喷射到砂轮与工件接触面后继续铺展扩散所需要克服的表面能也减小。因此 NMQL 工况下的接触角小于CNMQL 工况下的接触角,油膜的浸润和铺展效果优于 CNMQL 工况。但根据实验结果,NMQL工况下的比磨削能和摩擦系数大于 CNMQL 工况,说明油膜在磨削区的润滑效果是多种因素综合作用的结果,接触角只是影响的因素之一,而并非决定性因素。

(a) CNMQL　　　　　　　　　　(b) NMQL

图 9-6　不同工况下接触角测量图

　　另外,砂轮与工件接触界面润滑油膜的稳定性也是影响油膜润滑效果的一个重要因素。NMQL 依靠常温空气的携带作用将润滑液送入磨削区,冷却换热效果不足。特别是在对钛合金这类难加工材料进行加工时,由于其具有高强度高硬度的特点,在磨削加工过程中会产生大量的热量积聚在磨削区,磨削温度可达 200℃以上。同时,NMQL 工况下润滑油膜的黏度和接触角都更低,致使油膜的流动性更强且油膜厚度更薄。磨削区的高温和高温下油膜的特性使得润滑油膜极易破裂蒸发,导致短时间内局部区域处于砂轮和工件直接接触的干摩擦状态,直至纳米流体再次浸润才能再次形成润滑油膜,降低了润滑效果,进而影响了工件加工质量。而 CNMQL 工况以低温冷风为携带介质将纳米流体润滑液送入磨削区,扩大了换热介质与磨削接触区的温差,在有效降低磨削温度的同时,提高了油膜的黏度和接触角,提高了油膜的黏滞性和油膜厚度,一定程度上提高了润滑油膜的稳定性,润滑效果大大提高,所以取得了较小的比磨削能和摩擦系数。

9.4.3　雾化角分析

　　润滑液的雾化过程如下:润滑液和高压气体在喷嘴内混合,流经喷嘴孔边缘时展开成液体层,在空气动力的扰动下,液体层首先被拉长成管孔状粗细的圆柱体,并进一步被破碎雾化成小液滴群,然后喷射到砂轮与工件接触表面[16]。雾化是液体所受外力和液体内力之间相互竞争的结果。液体喷射过程中受到的空气动力和液体压力会使液滴雾化破碎成小液滴,而液滴的表面张力会使液滴具有保持球形状态的趋势,此时液滴的表面能最小,同时液体的黏性力也会阻止液体的变形。当液体所受的外力作用足以克服液体表面张力和黏性力时,液体的受力平衡状态就会被打破,液体表面出现扰动现象并最终被破碎雾化成为许多细小的液滴群。

　　雾化角是衡量雾化效果的重要指标。在《喷嘴技术手册》上有两种雾化角定义方式[17],如图 9-7 所示。一种是将喷嘴出口中点到喷雾雾炬外包络线的两条切线之间的夹角定义为雾化角;另一种是工程上常用的表示法,即以喷嘴为中心,将距喷嘴端面处与喷雾曲面的交点连线的夹角定义为雾化角,也叫条件雾化角。本节采用工程上常用的条件雾化角。图 9-8 为两种工况下的雾化角测量图。为降低测量结果的偶然性,每种工况均测量十个时间点的雾化角,求取十组的平均值作为此工况下的雾化角。测量结果显示,NMQL 工况下的雾化角 θ 为 30.36°,而 CNMQL 工况下的雾化角 θ 为 42.08°,相较于前者增大了约 12°。压缩气体与润滑液之间存在速度差,根据能量守恒定律,在压缩空气携带润滑液从喷嘴喷出的过程中,气液两相之间发生了能量交换,气体的一部分能量起到提高润滑液速度的作用,另一部分能量则起到破碎雾化液滴的作用。液滴能量增加且速度提高,而压缩空气失去一定能量后速度降低,能量交换最终使得两相射流具有一定的发散角度和冲击速度,最终喷射到磨削区起到冷却和润滑作用。而如表 8-11 所示,NMQL 工况下的气体流量为 25m³/h,远大于 CNMQL 工况下的流量,而两种工况下的液体流量相同,从而前者喷向磨削区的气液两相流的冲击速度以及与周围空气的压力差均高于后者,受周围空气的扰动作用更小,所以雾化角更小,从而在磨削接触界面的铺展面积相对较小。同时可以观察到 NMQL 工况下整个雾化喷射区域内中间和边界区域液滴密度变化明显,雾化效果一般。液滴的铺展面积相对较小且液滴分布不均,润滑效果一般。而 CNMQL 工况下由于气体流量小(10m³/h),从喷嘴喷出的两相流速度以及与周围空气的压力差相对小,喷射边界受周围空气的扰动影响更大,所以雾化角更大。同时实验中可以观察到整个雾化喷射区域内液滴密度相对均匀,中间和边界区域密度变化并不明显,雾化效果较好,从而液滴在磨削区的铺展面积更大且液滴分布均匀,润滑效果更优。

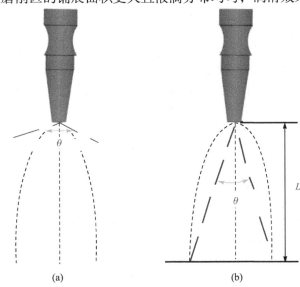

(a)　　　　　　　　　　(b)

图 9-7　两种雾化角定义方式

(a) NMQL　　　　　　　　　　(b) CNMQL

图 9-8　不同工况下雾化角测量图

9.4.4　表面粗糙度和表面形貌

　　工件表面质量可以出反映不同工况的润滑效果，润滑效果越好则工件表面质量越高。采用表面粗糙度和表面微观形貌两个参数来评价不同工况下的表面质量。图 9-9 (a) 和 (b) 分别为三种工况下工件的 Ra 和 Rsm。图 9.10 表示三种工况下工件表面微观形貌的扫描电镜图。

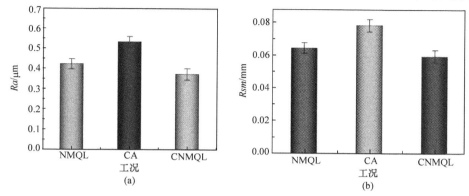

图 9-9　不同工况下工件表面 Ra 和 Rsm

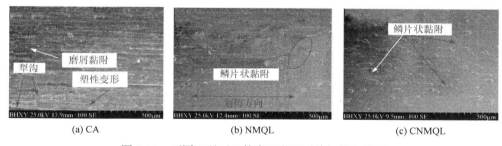

图 9-10　不同工况下工件表面微观形貌扫描电镜图

　　由图 9-9 可知，在三种工况中，CA 工况润滑效果最差，得到了最高的 Ra 和 Rsm，分别为 0.535μm 和 0.078mm；NMQL 工况由于纳米流体的润滑作用，Ra 和 Rsm 分别为 0.426μm 和 0.064mm，与 CA 工况相比分别降低了 20.4%和 17.9%；而 CNMQL 工况润滑效果最优，得到了最小的 Ra 和 Rsm，分别为 0.375μm 和 0.059mm 与 CA 工况相比分别降低了 29.9%和 29.4%。

　　从表面微观形貌对比图中可以看出不同工况下工件材料表面形貌存在较大差异：三种工况下工件表面粗糙度和表面微观形貌呈现良好的一致性：CNMQL 润滑效果最好，取得了最优的表面质量和最低的表面粗糙度，MQL 次之，CA 表面质量最差。CA 工况下，由于缺少润滑介质的润滑作用，磨削过程中砂轮与工件界面处于干摩擦状态，加工后的工件表面存在明显的塑性变形层以及深而长的犁沟，黏附和材料沉积现象严重，表面质量最差。MQL 工况下由于纳米流体润滑液的润滑作用，工件表面几乎没有较大的犁沟和塑性变形层，磨削纹路较为清晰，但是出现了较为密集的鳞片状黏附。黏附形成原因可能如下：从工件表面磨除的部分磨屑由于未能及时有效地从磨削区脱离，在砂轮的持续进给和挤压作用下再次黏附于高温状态下的工件表面，从而形成鳞片状黏附。而 CNMQL 工况下润滑效果最优，工件表面具有清晰平滑的磨削纹路，几乎没有出现犁沟，而且鳞片状黏附小而分布疏松，达到了较高的工件表面质量。

　　砂轮表面由大量无规则的离散分布的磨粒组成,在磨削过程中工件表面沿着磨削方向
会产生深度不同的划痕、犁沟以及微裂纹,形成一条条紧密的深浅不一的微米级细长管道。
图 9-11 为纳米流体润滑液在工件表面微米级管道的铺展浸润示意图。在磨削过程中由喷嘴持
续喷出的纳米流体润滑液源源不断地补充进这些微米级管道内,磨削液从管道端口流入并依
靠高压气体带来的冲击动能迅速沿着管道向前流动,从而在磨削区砂轮与工件表面迅速铺展
成一层润滑油膜,起到润滑作用。虽然 MQL 工况下磨削纹路较为清晰,但同时存在较为密集
的鳞片状黏附和材料堆积现象,一定程度上阻碍了润滑液沿着管道的流动,从而影响润滑液
的铺展浸润效果,降低了润滑液的润滑效果,材料去除过程中消耗的能量大,得到了较高的
比磨削能和摩擦系数。而 CNMQL 工况下,工件表面不仅具有较为清晰平滑的磨削管道纹路,
而且鳞片状黏附小而分布疏松,材料堆积现象不明显,对润滑液沿管道的流动过程阻碍较小,
从而润滑液的铺展浸润效果更好,进而取得了更好的润滑效果,磨削过程中消耗更少的能量,
最终得到了更低的比磨削能和摩擦系数。

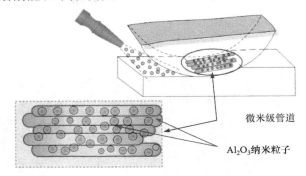

微米级管道

Al_2O_3纳米粒子

图 9-11　纳米流体润滑液在工件表面管道铺展浸润示意图

9.5　结　　论

　　以 Ti-6Al-4V 为工件材料,选取了 CA、NMQL 以及 CNMQL 三种工况进行了平面磨削实
验,通过对比不同工况下的比磨削能和摩擦系数,并进一步从黏度、接触角、润滑油膜的稳
定性、液滴雾化效果以及工件表面形貌等方面对 CNMQL 和 NMQL 两种工况下磨削区的润滑
机理进行了分析,得出以下结论。

　　(1)在三种工况中,CNMQL 得到最小的比磨削能($51.96 J/mm^3$)和摩擦系数(0.60),就比
磨削能而言,NMQL 和 CA 与之相比分别提高了 12.3%和 69.1%。就摩擦系数而言,相较于
CA 和 NMQL 分别降低了 17.8%和 7.7%。

　　(2)CNMQL 在低温冷风的作用下冷却换热效果大大提高,得到了最低的磨削温度
(151.3℃),与 NMQL 相比降低了约 53℃,纳米流体润滑液具有更高的黏度(7.84cP)和更大的
接触角(41.5°),从而润滑油膜具有更高的厚度并在磨削接触区具有更优的滞留效果。同时,
更低的磨削温度以及油膜特性减小了油膜因高温而破裂蒸发这一情况的发生概率,减小了短
时间内局部区域处于干摩擦状态的概率,油膜的稳定性能更优,润滑效果更好。

　　(3)CNMQL 工况下由于气体流量少($10 m^3/h$),两相流速度与周围空气的压力差小,喷射
边界受周围空气的扰动影响更大,所以得到了更大的雾化角(42.08°),并且整个雾化喷射区域
内液滴密度相对均匀,中间和边界区域密度变化并不明显,雾化效果较好,从而液滴在磨削

区的铺展面积更大且液滴分布均匀，润滑效果更优。

（4）CNMQL 工况下取得了最低的表面粗糙度和最优的表面形貌，工件表面不仅具有较为清晰平滑的磨削管道纹路，而且鳞片状黏附小而分布疏松，材料堆积现象不明显，对润滑液沿磨削管道的流动过程阻碍较小，润滑液的铺展浸润效果更好，进而取得了更好的润滑效果，磨削过程中消耗更少的能量，最终得到了更低的比磨削能和摩擦系数。

（5）综合以上结果，CNMQL 结合了 CA 和 NMQL 两种工况的优点，具有优异的磨削加工性能，得到了最佳的润滑效果，同时具有低成本和绿色环保的优势，在加工领域具有光明的应用前景。

参 考 文 献

[1] 尉红军. 低温冷风微量润滑切削工艺试验研究[D]. 重庆: 重庆大学, 2010.

[2] EBBRELL S, WOOLLEY N H, TRIDIMAS Y D, et al. The effects of cutting fluid application methods on the grinding process[J]. International Journal of Machine Tools & Manufacture, 2000, 40(2): 209-223.

[3] 赵恒华, 孙顺利, 高兴军, 等. 超高速磨削的比磨削能研究[J]. 中国机械工程, 2006, 17(5): 453-4511.

[4] BARCZAK L M, BATAKO A D L, MORGAN M N. A study of plane surface grinding under minimum quantity lubrication(MQL) conditions[J]. International Journal of Machine Tools and Manufacture, 2010, 50(11): 977-985.

[5] 刘占瑞. 纳米颗粒射流微量润滑强化换热机理及磨削表面完整性评价[D]. 青岛: 青岛理工大学, 2010.

[6] GUO S, LI C, ZHANG Y, et al. Experimental evaluation of the lubrication performance of mixtures of castor oil with other vegetable oils in MQL grinding of nickel-based alloy[J]. Journal of Cleaner Production, 2017, 140: 1060-1071.

[7] EMAMI M, SADEGHI M H, SARHAN A A D, et al. Investigating the minimum quantity lubrication in grinding of Al_2O_3 engineering ceramic[J]. Journal of Cleaner Production, 2014, 66: 632-643.

[8] WANG Y, LI C, ZHANG Y, et al. Experimental evaluation of the lubrication properties of the wheel/workpiece interface in MQL grinding with different nanofluids[J]. Tribology International, 2016, 99: 198-210.

[9] KALITA P, MALSHE A P, et al. Study of tribo-chemical lubricant film formation during application of nanolubricants in minimum quantity lubrication(MQL) grinding[J]. CIRP Annals-Manufacturing Technology, 2012, 61(1): 327-330.

[10] 管小燕, 任家隆, 李伟, 等. 低温冷风射流冷却对切削温度的影响实验[J]. 机械工程师, 2006, 7: 59-61.

[11] 张建军, 杨沛然. 润滑油环境粘度对非稳态热弹流润滑的影响[J]. 润滑与密封, 2007, 32(2): 78-80.

[12] LEE J H, HWANG K S, JANG S P, et al. Effective viscosities and thermal conductivities of aqueous nanofluids containing low volume concentrations of Al_2O_3 nanoparticles[J]. International Journal of Heat and Mass Transfer, 2008, 51(11): 2651-26512.

[13] 张建军, 杨沛然. 润滑油环境粘度对非稳态热弹流润滑的影响[J]. 润滑与密封, 2007, 32(2): 78-80.

[14] 王克琦. 柴油机用润滑油运动粘度的测定[J]. 内燃机, 2006, 1: 37-38.

[15] 张世举, 程延海, 邢方方, 等. 接触角与表面自由能的研究现状与展望[J]. 煤矿机械, 2011, 32(10): 8-10.

[16] AGGARWAL, SURESH K. Handbook of atomization and sprays: Theory and applications[J]. AIAA Journal, 2012, 50(3): 767-768.

[17] 侯凌云, 侯晓春. 喷嘴技术手册[M]. 北京: 中国石化出版社, 2002: 66-67.

第 10 章 涡流管冷流比对冷风纳米流体微量润滑磨削换热机理的影响

10.1 引 言

CNMQL 的低温冷风供给设备为涡流管，冷风介质的整体状态对实现磨削区有效冷却、降低磨削温度从而提高工件加工质量具有重要意义[1]。而涡流管的冷流比会影响喷至磨削区纳米流体的温度和流量，进而影响其黏度、表面张力、接触角以及雾滴破碎状态，最终影响纳米流体在磨削区的沸腾换热状态和冷却换热性能。本章探究涡流管冷流比对冷风纳米流体微量润滑磨削换热机理的影响。以难加工材料 Ti-6Al-4V 作为工件，针对冷风纳米流体微量润滑工况，对不同冷流比条件下的磨削温度场进行数值仿真和实验验证，进一步揭示涡流管冷流比对 CNMQL 磨削冷却换热性能的影响规律。

10.2 磨削温度场数值仿真

采用有限差分法对磨削温度场进行数值仿真分析。有限差分法是利用差分代替微分，把连续的区域离散化成为有限个网格组成的区域，再通过建立有限差分方程组求解偏微分方程的一种分析计算方法[2]。

10.2.1 磨削温度场数学模型

本节内容和 8.2.1 节温度场数学模型一致。

10.2.2 仿真参数的确定

采用和 8.2.2 节相同的对流换热系数计算过程和计算方式。以冷流比为 0.45 为例，根据实验测量和计算结果求得冷流比为 0.45 时气体及雾滴的各项参数，如表 10-1 所示。

表 10-1 已知参数

已知参数	数值	已知参数	数值
工件长度 a/m	0.08	纳米流体饱和温度 T_s/℃	105
工件进给速度 v_w/(m/s)	0.067	核态沸腾始点温度 T_{n1}/℃	107.4
磨削宽度 b/mm	20	过渡沸腾始点温度 T_{n2}/℃	157.4
大气压力 p_0/MPa	0.11	膜态沸腾始点温度 T_{n3}/℃	231
喷嘴内部压力 p_a/MPa	0.6	单个雾滴铺展半径 r_{suf}/μm	145
单位时间内纳米流体供给量 Q'/(μm³/s)	$2.2×10^{10}$	雾滴比热容 c_l/(J/(kg·K))	1870
雾滴射流方向与水平方向夹角 $θ$/(°)	15	雾滴汽化潜热 h_{fa}/(J/kg)	384300

已知参数	数值	已知参数	数值
气体速度 v/(m/s)	310	雾滴表面张力 σ/(N/m)	2.02×10^{-2}
纳米流体密度 ρ_l/(kg/m³)	665	蒸汽导热系数 λ_v/(W/(m·K))	0.02624
纳米流体温度 T_l/℃	1.2	蒸汽动力黏度 μ_v/(Pa·s)	0.018448
接触角 θ_n/(°)	51.86	蒸汽质量热容 c_v/(J/(kg·K))	1004

通过插值计算[3]得到当冷流比为 0.45 时不同换热状态各阶段转折点的对流换热系数，如表 10-2 所示。进而得出磨削区实际对流换热系数为 $h_n = 4.34 \times 10^4 \text{W}/(\text{m}^2 \cdot \text{K})$，冷流比为 0.45 时对流换热系数示意图如图 10-1 所示。

表 10-2　计算结果

已知参数	数值	已知参数	数值
单个雾滴体积 V_l/μm³	7.77×10^6	无沸腾对流换热系数 h_{n1}/(W/(m²·K))	2.7×10^4
单个雾滴直径 d_0/μm	193	对流换热系数最大值 h_{n2}/(W/(m²·K))	5.86×10^4
雾滴数量 N_1	5800	膜态沸腾换热始点对流换热系数 h_{n3}/(W/(m²·K))	1.84×10^4
低温空气的对流换热系数 h_a'/(W/(m²·K))	301	冷流比为 0.45 时实际对流换热系数 h_n/(W/(m²·K))	4.34×10^4
雾滴撞击到换热面的垂直速度 v_n/(m/s)	110.2		

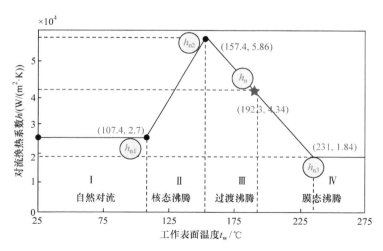

图 10-1　冷流比为 0.45 时对流换热系数示意图

同理，利用相同的计算方法得出不同冷流比条件下不同换热状态各阶段转折点的对流换热系数[4]。再通过插值法计算得到该冷流比下对应的实际对流换热系数。热流密度和能量比例系数则分别采用式 (8-17)、式 (8-18) 进行计算求解[5]。

10.3　数值仿真结果

对不同涡流管冷流比下工件表面温度场利用 MATLAB 仿真平台进行数值仿真分析。图 10-2 为涡流管冷流比为 0.45 时热源在磨削区随时间由切入至切出工件的整体变化图像。从图中可以看出在砂轮与工件接触区磨削温度最高，在热源经过后温度会逐渐降低，温升主要集中在热源点及热源经过的区域，而未加工的表面并未显示出明显的温度变化。由于钛合金导热系数低，在砂轮磨削至磨削点之前，磨削点温度始终接近环境温度而不发生变化，当砂轮磨削至磨削点时工件温度急剧升高，当砂轮离开后，该点处的温度缓慢降低，直至最终接近环境温度。仿真结果符合实际磨削过程中磨削温度的变化趋势。

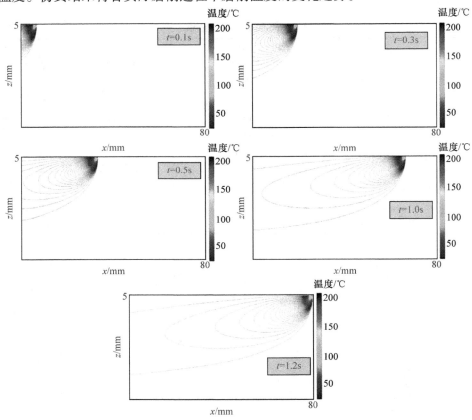

图 10-2　冷流比为 0.45 时磨削区仿真变化图

10.4　实 验 设 计

1. 实验设备

所使用的实验设备及测量仪器与 8.3.1 节完全相同。

2. 实验材料

所使用的实验材料及处理方式也与 8.3.2 节完全相同。

3. 实验方案

CNMQL 的低温冷风供给设备为涡流管,涡流管冷端释放的冷气量占输入压缩空气总量的体积分数称为涡流管的冷流比,而涡流管的冷流比是其制冷性能的决定性因素之一:涡流管的冷流比越低,则冷端气流温度越低,冷气流量就越小,反之亦然。冷风介质的整体状态对实现磨削区有效冷却、降低磨削温度从而提高工件加工质量具有重要意义:涡流管的冷流比会影响喷至磨削区纳米流体的温度和流量,进而影响其黏度、表面张力、接触角以及雾滴破碎状态,最终影响纳米流体在磨削区的沸腾换热状态和冷却换热性能[6]。因此,涡流管的制冷性能是冷气流量和冷气温降的综合作用结果。根据以往学者对涡流管冷流比的研究并结合预实验的结果,在本次实验中,选取 0.25、0.35、0.45、0.55、0.65 五种涡流管冷流比探索不同涡流管冷流比对 CNMQL 冷却换热性能的影响,磨削工艺参数如表 10-3 所示。

表 10-3　磨削工艺参数

磨削类型	平面磨削	磨削类型	平面磨削
砂轮类型	SiC 陶瓷结合剂砂轮	切削深度 $a_p/\mu m$	10
冷流比	0.25、0.35、0.45、0.55、0.65	NMQL 气体流量/(m^3/h)	25
砂轮线速度 $v_s/(m/s)$	30	喷嘴距离 d/mm	12
MQL 流量/(mL/h)	90	喷雾锥角 $\alpha/(°)$	15
工件进给速度 v_w/(mm/min)	4000	气压 p/MPa	0.7

4. 仿真与实验结果对比

磨削温度是表征磨削加工冷却换热性能的最直观参数[7],图 10-3 为冷流比为 0.45 时磨削区最高温度在仿真和实验下随时间变化的曲线,而图 10-4 表示不同冷流比下磨削区最高温度仿真值和实验值对比。根据实验测量结果,冷流比从 0.25 至 0.65 下的磨削区最高温度分别为 200.7℃、187.9℃、192.3℃、204.9℃、210.4℃。同时还可以发现,磨削区最高温度随着冷流比的增大呈现出先下降后上升的趋势:磨削区最高温度从冷流比 0.25 到 0.35 逐渐减小,并在冷流比为 0.35 时达到最小值,而从冷流比 0.35 至 0.65 逐渐上升。从磨削区最高温度的结果可以得出结论:磨削区的冷却换热效果随着冷流比的增大呈现出先下降后上升的趋势,并在冷流比为 0.35 时得到最佳的冷却换热效果。

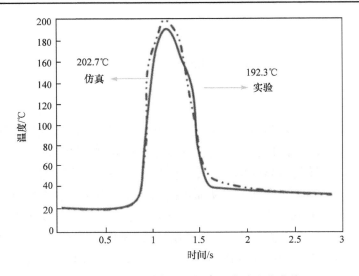

图 10-3　磨削区最高温度仿真和实验变化曲线

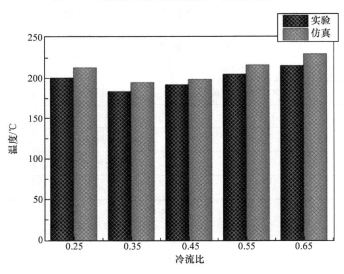

图 10-4　磨削区最高温度仿真值和实验值对比

10.5　实验结果和分析

10.5.1　比磨削能

比磨削能表征磨除单位体积材料所消耗的能量,是磨削加工中最为重要的磨削参数之一,它与砂轮寿命、工件表面质量密切相关。比磨削能既是衡量磨削加工效率的重要指标,也能表征砂轮与工件界面的润滑效果:比磨削能越小则磨除相同体积材料所消耗的能量越少,润滑效果和磨削性能越好[8]。在测量过程中,以 10 次磨削行程力数据的平均值作为磨削力,并将磨削力代入式(7-2)以计算不同冷流比条件下的比磨削能。

磨削功率即比磨削能:磨除单位体积材料消耗的能量,相关计算公式见式(7-2)[9]:

如图 10-5 所示,随着冷流比从 0.25 增至 0.65,比磨削能分别为 68.92J/mm³、66.03J/mm³、

$62.84J/mm^3$、$71.20J/mm^3$、$72.07J/mm^3$。总体来看，比磨削能随着冷流比的增大呈现出先下降后上升的趋势：比磨削能从冷流比 0.25 到 0.45 逐渐减小，并在冷流比为 0.45 时达到最小值，而从冷流比 0.45 至 0.65 逐渐上升。比磨削能可以反映润滑性能，所以从比磨削能的结果可以得出结论：磨削区的润滑效果随着冷流比的增大呈现出先下降后上升的趋势，并在冷流比为 0.45 时得到最佳的润滑效果。

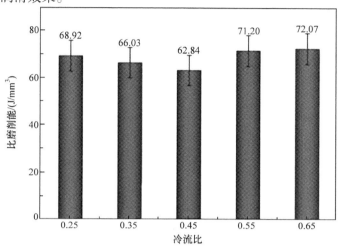

图 10-5　不同冷流比下的比磨削能

10.5.2　纳米流体黏度对换热性能的影响

液体在外力作用下做层流运动时，相邻两层流体分子间存在的内摩擦力会阻滞液体流动，这种特性称为液体的黏滞性，其大小用黏度衡量。黏度也是反映润滑液流动性及润滑性的一项重要参数。具有一定黏度的流体流过固体壁面时，流体和壁面之间的摩擦阻力会形成阻滞流体流动的趋势，在壁面和流体之间会形成速度边界层和温度边界层。一般情况下，随着黏度的升高，速度边界层变薄，因而其动量扩散能力就更弱，工件表面和润滑油膜之间产生的摩擦阻力就变大，润滑油膜的稳定性和润滑效果更佳，从而能够有效减少材料去除过程中的能量消耗和热量输入。另外，高黏度会导致更薄的温度边界层，因而会使纳米流体的热量扩散能力减弱，削弱了其强化换热性能[10]。

不同冷流比条件下的纳米流体润滑液温度不同，因而黏度存在差异。纳米流体分子间的相互作用力对其黏度起主要作用。随着温度的升高，纳米流体分子之间的相对距离变大，从而分子之间的相互作用力降低，流体黏度降低[11,12]。图 10-6 为不同冷流比下喷入磨削区的 Al_2O_3 纳米流体的温度及黏度变化曲线。从图中可知，在低温范围内，随着冷流比从 0.25 增至 0.65，喷至磨削区的纳米流体温度逐渐升高(从–7.6℃增至 6.8℃)，而纳米流体润滑液的黏度则极速减小。当冷流比为 0.25 时纳米流体温度为–7.6℃，此时对应的纳米流体黏度为 276.8cP，而当冷流比增至 0.65 时纳米流体温度为 6.8℃，此时对应的纳米流体黏度为 165.3cP。冷流比从 0.25 增至 0.65，纳米流体温度增加了 14.4℃，而其黏度急剧下降，降幅达到 111.5cP。实际上，Al_2O_3 纳米流体在低温范围内黏度变化相对较快，而在高温范围内变化较缓慢，具有优良的黏温特性和高温稳定性。

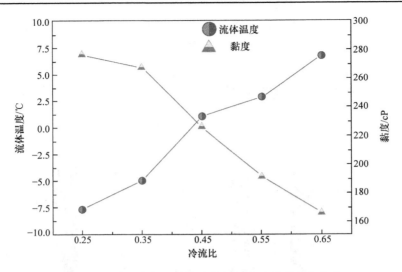

图 10-6　喷入磨削区纳米流体的温度及黏度变化曲线

　　从黏度这一角度进行分析，随着冷流比增大，纳米流体的温度升高，其黏度也会极速下降。随着黏度的下降，其速度边界层更薄且动量扩散能力更弱，润滑液和工件表面间的摩擦阻力更大，油膜具有更好的稳定性和润滑性能，从而减少材料去除过程中的能量消耗和热量输入，进而起到提高工件质量和减少磨削温度的作用。而低黏度对换热具有积极作用：当润滑液黏度较低时，润滑液和工件表面之间的摩擦阻力相对小，形成的润滑油膜较薄且稳定性相对差一些，热扩散能力较强且更容易通过沸腾换热过程从磨削区带走热量，换热能力更好[13]。

10.5.3　纳米流体表面张力和接触角对换热性能的影响

　　液体与气体相接触时会形成一个表面层，在这个液体表面层内存在相互吸引力，即表面张力，它使液面有自动收缩并保持球形的趋势[6]。表面张力是由液体分子间的内聚力引起的：处于液体表面层中的分子比液体内部稀疏，所以它们受到指向液体内部的力的作用，使得液体表面层有收缩趋势，从而使液体尽可能地缩小它的表面积。表面张力仅仅与液体的性质和温度有关。一般情况下，温度越高，表面张力就越小。随着液体温度的升高，分子在其平衡位置振动的幅度增大且弛豫时间急剧增大，分子的扩散加快，此时热运动动能较大的分子能够克服液体分子的引力而成为蒸发分子，因而液体的密度减小，分子的吸引力也随之减小，表面位能降低，故表面张力也随之减小。同样地，在液体与固体壁面之间也存在表面层和表面张力。纳米流体从喷嘴喷出后以雾滴的形式喷入工件与砂轮接触区实现冷却润滑，雾滴与工件的接触状态决定了冷却润滑的效果。图 10-7 为实际测量的不同冷流比下 Al_2O_3 纳米流体的表面张力及接触角变化曲线。随着冷流比从 0.25 增至 0.65，纳米流体的表面张力从 30.84mN/m降至 29.6mN/m，而随着表面张力的减小，接触角从 56.26°降至 45.37°，实验测量结果和理论分析相符。接触角越小，纳米流体喷射到砂轮与工件接触面后继续铺展扩散所需要克服的表面能也越小，液滴在砂轮与工件接触面上的浸润面积越大，油膜的浸润和铺展效果更优，从而具有更好的冷却润滑效果。

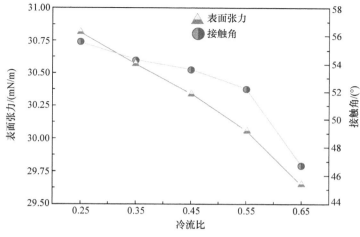

图 10-7　纳米流体表面张力及接触角变化曲线

　　另外，砂轮与工件接触界面润滑油膜的稳定性也是影响油膜冷却润滑效果的一个重要因素。喷至磨削区纳米流体的温度随冷流比的增大而升高，润滑油膜的黏度和接触角都更低，致使油膜的流动性更强且油膜厚度更薄。而磨削区的高温使得润滑油膜极易破裂蒸发，导致短时间内磨削区局部区域处于砂轮与工件直接接触的干摩擦状态，直至纳米流体再次浸润才能再次形成润滑油膜，一定程度上降低了润滑效果，进而影响了工件加工质量。而冷流比较低时，油膜的黏度和接触角更高，油膜具有较高黏滞性和油膜厚度，一定程度上提高了润滑油膜的稳定性和润滑效果，从而减少材料去除过程中的能量消耗和和热量输入。而当润滑油黏度和接触角较小时，润滑油膜的热扩散能力更强，更容易通过沸腾换热从磨削区带走热量，换热能力更好。

10.5.4　雾化效果和沸腾换热对换热性能的影响

　　润滑液和高压气体在喷嘴内混合，流经喷嘴孔边缘时展开成液体层，在空气动力的扰动下，液体层首先被拉长成管孔状粗细的圆柱体，并进一步被破碎雾化成小液滴群，然后喷射到砂轮与工件接触表面[14]。雾化是液体所受外力和液体内力之间相互竞争的结果。液体喷射过程中受到的空气动力和液体压力会促使液滴雾化破碎，而液滴的表面张力会使液滴保持球形状态而阻碍变形，此时液滴的表面积和表面能最小，同时液体的黏性力也会阻止液体的变形。当液体所受的外力作用足以克服液体表面张力和黏性力时，液体的受力平衡状态就会被打破，被破碎雾化成为细小的液滴群。不同冷流比条件下喷至磨削区纳米流体的物理性质及携带气体的流量不同，会影响液滴的雾化效果进而影响纳米流体在磨削区的润滑效果和冷却换热性能[15]。

　　图 10-8 为不同冷流比下喷至磨削区的 Al_2O_3 纳米流体的气体流量。从图中可以看出，随着冷流比的增大，喷至磨削区的纳米流体的气体流量呈现逐渐增大的趋势。随着冷流比从 0.25 增至 0.65，喷至磨削区的气体流量从 14.4m³/h 增至 29.1m³/h，增长了约一倍。在喷嘴内相遇汇合时，低温压缩气体与润滑液之间存在速度差。从能量角度考虑，在压缩空气携带润滑液从喷嘴喷出的过程中，气液两相之间发生能量交换，气体能量损耗主要消耗在克服液体黏滞性的黏性耗散功和克服表面张力的表面能耗散功，其余能量则起到提高润滑液动能的作用。

能量交换使得两相射流具有一定的发散角度和冲击速度，最终以雾滴的形式喷射至磨削区起到冷却和润滑作用。在纳米流体流量相同的条件下，随着气体流量的增大，雾化后液滴颗粒的直径更小，雾化质量更高。这是因为更大的气体流量具有更高的能量，使得气液两相流具有更高的总体动能和冲击速度，能够进一步强化气体对液滴的剪切作用。另外，增大气体流量，还能够增大喷射出的两相流中的气体体积空隙率，强化对液体的挤压和冲击，从而使得液滴的破碎雾化效果更好，而且更有利于液滴冲破楔形区进入砂轮与工件接触界面。所以从雾化效果这一角度考虑，冷流比越大则雾化效果越好，磨削区的冷却润滑效果越佳。

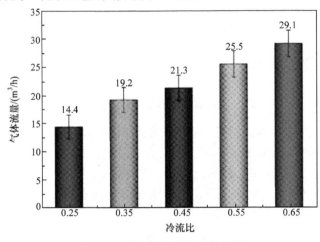

图 10-8　喷至磨削区的气体流量

磨削区被带走的热量中，除压缩空气通过强化对流换热作用带走一少部分之外，大部分通过磨削液的沸腾换热带走。当磨削区的工件表面温度高于磨削液的饱和温度时，磨削液受热汽化进而形成大量气泡从工件表面飞逸，发生沸腾现象[14]。磨削区沸腾换热是磨削区大量气泡的产生、成长并将工质由液态转变为气态从而带走热量的一种剧烈蒸发过程。当工件表面温度超过磨削液的饱和温度并达到一定数值时，磨削液首先在工件表面凹坑及裂纹处吸收潜热产生气泡，这些能够产生气泡的点称为汽化核心[16]，随着热量不断由高温表面继续传入汽化核心，气泡体积不断长大上浮直至脱离工件表面带走热量。随着磨削液由低温压缩气体的携带不断喷入磨削区，磨削液通过沸腾换热起到降低磨削温度的作用。

沸腾换热过程总体上可以分为汽化吸收潜热和汽化蒸发换热两个阶段。喷至磨削区纳米流体的温度越低则液体分子的动能越低，气液两相之间的能量差也更大，从而液体汽化需要从外界吸收更多热量。因此冷流比越低，则纳米流体吸收潜热更多。而进入汽化蒸发换热阶段后，温度更低的磨削液与其饱和温度之间具有更高的温度差 ΔT，在此过程中从磨削区吸收的热量更高。随着冷流比从 0.25 增至 0.65，喷至磨削区的纳米流体温度从 14.4℃增至 29.1℃，温度升高近一倍。因此从纳米流体温度方面考虑，冷流比越低则整体沸腾换热效果越好。

磨削温度由磨削液在磨削区的冷却和润滑效果共同决定。冷流比越大，雾化后液滴颗粒的直径更小且两相流的冲击动能更高，雾化质量更高，从而液滴更容易在工件表面汽化核心处汽化，并进一步长大、上浮直至脱离工件表面带走热量。而另外，随着冷流比的增大，液滴的黏度、表面张力及接触角都更小，致使油膜厚度更薄且极易在高温下破裂，一定程度上降低了润滑效果，增大了材料去除过程中的能量消耗。而冷流比较低时，油膜的黏度和接触角更高，油膜具有更强黏滞性和更高的油膜厚度，一定程度上提高了润滑油膜的稳定性和润滑效果。虽然低冷流比条件下的雾化效果不如高冷流比，但高黏度和大接触角保证了磨削区润滑油膜的强度和稳定性，具有更佳的润滑效果，减少了材料去除过程中的能量消耗。通过磨削温度的实验测量结果可知，磨削区最高温度随着冷流比的增大呈现出先下降后上升的趋势，并在冷流比为 0.35 时达到最小值（187.9℃）。由此可以得出结论：冷流比为 0.35 时兼具良好的润滑效果和优异的换热能力，从而得到了最低的磨削温度。

10.6　结　　论

以 Ti-6Al-4V 为工件材料，对不同涡流管冷流比在平面磨削过程中的温度场进行了仿真分析和验证性实验，并对仿真和实验下的磨削温度进行了对比分析。此外，进一步从比磨削能、纳米流体黏度、纳米流体表面张力和接触角、磨削区雾化及沸腾换热效果等方面对不同涡流管冷流比下磨削区的冷却润滑机理进行了分析，得出以下结论。

（1）借鉴沸腾换热和磨削传热理论，以不同沸腾换热状态下磨削区冷却液对应不同冷却换热能力为基础，建立了不同涡流管冷流比（0.25、0.35、0.45、0.55、0.65）条件下磨削区的对流换热系数和有限差分模型，并对不同冷流比下磨削温度场进行仿真分析，仿真规律符合实际磨削的变化趋势。

（2）在数值模型的基础上对不同冷流比条件下磨削温度场进行了数值仿真分析，仿真规律符合实际磨削的变化趋势。在理论仿真的基础上进行了平面磨削验证性实验，实验结果显示：磨削温度随冷流比的增大呈现出先下降后上升的趋势，并在冷流比为 0.35 时达到最小值（187.9℃）。总体来看，仿真和实验数据吻合度较高，仿真模型具有一定的可靠性。同时，比磨削能随着冷流比的增大呈现出先下降后上升的趋势，并在冷流比为 0.45 时达到最小值（62.84J/mm³），即此时润滑效果最佳。

（3）随着冷流比的增大，纳米流体黏度极速升高，润滑油膜具有更薄的速度边界层和更弱的动量扩散能力，油膜的稳定性和润滑性能更佳，从而减少材料去除过程中的能量消耗，进而起到提高工件质量和降低磨削温度的作用。而低黏度时，润滑液和工件表面之间的摩擦阻力相对小，形成的润滑油膜较薄且稳定性相对差一些，热扩散能力较强，更容易通过沸腾换热从磨削区带走热量，换热能力更好。

（4）纳米流体的表面张力和接触角也会影响换热性能。随着冷流比从 0.25 增至 0.65，纳米流体的表面张力从 30.84mN/m 降至 29.6mN/m，接触角从 56.26°降至 45.37°。接触角越小，纳米流体喷至砂轮与工件接触面后继续铺展扩散所需要克服的表面能越小，液滴在工件表面的浸润面积越大，油膜的浸润和铺展效果更优，从而具有更好的冷却润滑效果。另外，润滑油膜的稳定性也是一个重要因素。随冷流比的增大，润滑油膜的黏度和接触角都更低，油膜更薄且更具流动性。而磨削区的高温使得润滑油膜极易破裂蒸发，导致短时间内局部区域处干摩擦状态，一定程度上降低了润滑效果和工件质量，但更容易发生沸腾换热带走热量。而冷流比较低时，润滑油膜的稳定性则更好。

（5）雾化和沸腾换热效果也会影响冷却换热性能。冷流比越大则喷至磨削区的气体流量越大，雾化后液滴颗粒的直径更小且雾化质量更高。同时，两相流具有更高的总体动能和冲击速度，更有利于润滑液冲破楔形区进入磨削区发挥冷却润滑效果；而冷流比越低，磨削液温度与其饱和温度之间具有更高的温度差 ΔT 且气液两相能量差更大，因此在整个沸腾换热过程吸收的热量更高。

（6）综合对比磨削能、黏度、表面张力和接触角、雾化和沸腾换热效果的分析，发现实际上磨削温度由磨削液在磨削区的冷却和润滑效果共同决定。磨削区最高温度随着冷流比的增大呈现出先下降后上升的趋势，并在冷流比为 0.35 时达到最小值。由此可以得出结论：冷流比为 0.35 时兼具良好的润滑效果和优异的换热能力，并最终得到了最低的磨削温度。

参 考 文 献

[1] 苏宇, 何宁, 李亮. 高速车削中低温最小量润滑方式的冷却润滑性能[J]. 润滑与密封, 2010, 35(9): 52-55.

[2] JIA D, LI C, LI R. Modeling and experimental investigation of the flow velocity field in the grinding zone[J]. International Journal of Control & Automation, 2014, 7: 405-416.

[3] 杨世铭. 传热学基础[M]. 北京: 高等教育出版社, 1991: 3-9.

[4] 赵镇南. 传热学[M]. 北京: 高等教育出版社, 2008.

[5] ZHANG D, LI C, ZHANG Y, et al. Experimental research on the energy ratio coefficient and specific grinding energy in nanoparticle jet MQL grinding[J]. The International Journal of Advanced Manufacturing Technology, 2015, 78(5-8): 1275-1288.

[6] YUAN S, LIU S, LIU W. Effects of cooling air temperature and cutting velocity on cryogenic machining of Cr18Ni9Ti alloy[J]. Applied Mechanics and Materials, 2011, 148: 795-800.

[7] PAUL S, CHATTOPADHYAY A. Effects of cryogenic cooling by liquid nitrogen jet on forces, temperature and surface residual stresses in grinding steels[J]. Cryogenics, 1995, 35(8): 515-523.

[8] 毛聪. 平面磨削温度场及热损伤的研究[D]. 长沙: 湖南大学, 2008.

[9] 赵恒华, 孙顺利, 高兴军, 等. 超高速磨削的比磨削能研究[J]. 中国机械工程, 2006, 17(5): 453-4511.

[10] SNOEYS R, MARIS M, PCTERS J. Thermally induced damage in grinding[J]. Annals of CIRP, 1998, 27: 571-575.

[11] 张建军, 杨沛然. 润滑油环境粘度对非稳态热弹流润滑的影响[J]. 润滑与密封, 2007, 32(2): 78-80.

[12] 王克琦. 柴油机用润滑油运动粘度的测定[J]. 内燃机, 2006, 1: 37-38.

[13] 赵镇南. 传热学[M]. 北京: 高等教育出版社, 2008.

[14] AGGARWAL, SURESH K. Handbook of atomization and sprays: Theory and applications[J]. AIAA Journal, 2012, 50(3): 767-768.

[15] JIN T, STEPHENSON D J. A study of the convection heat transfer coefficients of grinding fluids[J]. CIRP Annals-Manufacturing Technology, 2008, 57(1): 367-370.

[16] BANG I C, CHANG S H. Boiling heat transfer performance and phenomena of Al_2O_3-water nanofluids form a plain surface in a pool[J]. International Journal of Heat & Mass Transfer, 2005, 48: 2407-2419.

第 11 章　纳米流体体积分数对冷风纳米流体微量润滑磨削换热性能的影响

11.1　引　　言

近年来，NMQL 以及 CA 新型绿色加工方式得到了国内外研究人员的高度重视和广泛研究。国内外的研究者通过大量研究证明，将适量的纳米粒子添加到润滑油中配制成纳米流体可以更有效地提高润滑液的润滑和冷却换热能力[1]。而第 8 章和第 9 章的平面磨削实验结果，同样印证了 Al_2O_3 纳米流体优异的润滑和冷却换热性能。本章便是在上述研究的基础上，对冷风纳米流体微量润滑条件下，Al_2O_3 纳米流体体积分数对磨削区产生的冷却换热效果进行优化探究。目前学者对纯微量润滑工况下 Al_2O_3 纳米流体体积分数产生的润滑以及冷却效果进行了探究，而低温冷风的加入势必会影响纳米流体的物理化学性质及雾化效果，进而影响其在磨削区的冷却换热性能[2]。而根据检索，并未发现在冷风纳米流体微量润滑磨削条件下，对 Al_2O_3 纳米流体体积分数产生的冷却换热效果进行的相关研究。因此，本章对上述内容进行系统研究和深入分析。

11.2　实　验　设　计

1. 实验设备

所使用的实验设备与 8.3.1 节完全相同。

2. 实验材料

所使用的实验材料及处理方式也与 8.3.2 节完全一致。选用 KS-1008 合成脂为微量润滑基础油、Al_2O_3 纳米粒子为添加剂配制纳米流体润滑液。

3. 实验方案

实验目的是探讨冷风纳米流体微量润滑工况下，不同 Al_2O_3 纳米流体体积分数在磨削区的冷却换热效果，进而确定冷却换热效果最佳的 Al_2O_3 纳米流体体积分数。除 Al_2O_3 纳米流体体积分数这一参数外，本章实验的磨削参数及其他输入条件与 8.3.3 节相同。本章选取的六种纳米流体体积分数分别为 0.5%、1.0%、1.5%、2.0%、2.5%、7.0%。在实验中，通过在基础油中添加不同体积分数的 Al_2O_3 纳米粒子，制备不同体积分数的 Al_2O_3 纳米流体。

11.3　实验结果分析与讨论

11.3.1　磨削温度

图 11-1 表示 Al_2O_3 纳米流体体积分数为 0.5%时测得的磨削温度变化曲线。而图 11-2 则

表示不同 Al_2O_3 纳米流体体积分数下实验测得磨削区最高温度。由图 11-2 可知，Al_2O_3 纳米流体体积分数从 0.5%增至 3%，磨削区最高温度分别对应为 193.6℃、187.3℃、183.5℃、187.5℃、190.2℃、196.3℃。整体来看，磨削区最高温度随着纳米流体体积分数的增大呈现出先下降后上升的趋势：随着纳米流体体积分数从 0.5%增至 1.5%，磨削温度逐渐减小，并在体积分数为 1.5%时得到最低的磨削温度；而随着体积分数从 1.5%增至 3%，磨削温度呈现逐渐上升趋势。从温度变化总体来看，纳米流体体积分数对磨削温度有一定的影响，不同纳米流体体积分数导致的磨削区最高温度差约为 13℃，其对磨削温度的影响程度远小于冷流比对磨削温度的影响程度。

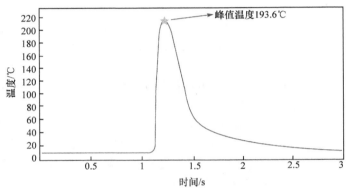

图 11-1　Al_2O_3 纳米流体体积分数为 0.5%时磨削温度变化曲线

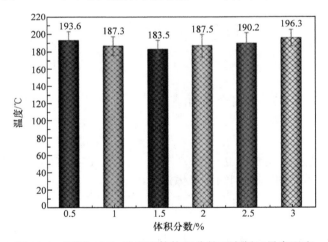

图 11-2　不同 Al_2O_3 纳米流体体积分数下磨削区最高温度

11.3.2　比磨削能

　　比磨削能是磨削性能的重要表征参数之一，比磨削能小表示磨除单位体积的工件材料的磨削产热少，润滑效果更佳且加工后的工件表面质量更优[3]。图 11-3 表示不同 Al_2O_3 纳米流体体积分数下的比磨削能。从图中可以看出，纳米流体体积分数从 0.5%增至 3%，比磨削能分别对应为 74.8J/mm³、70.97J/mm³、68.6J/mm³、65.98J/mm³、64.73J/mm³、69.33J/mm³。总体来看，随着 Al_2O_3 纳米流体体积分数的增大，比磨削能呈现先缓慢减小后增大的趋势：随着纳米流体体积分数从 0.5%增至 2.5%，比磨削能缓慢减小，并在体积分数为 2.5%时得到最低的比磨削能；而从体积分数为 2.5%增至 3%的过程中，比磨削能则呈现较大幅度上升。比磨削能可以直接表征润滑性能，所以从比磨削能的结果可以得出结论：磨削区的润滑效果随着纳米流体体积分数的增大呈现先下降后上升的趋势，并在体积分数为 2.5%时得到最佳的润滑效果。

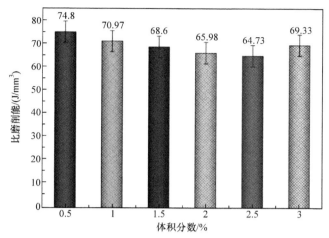

图 11-3　不同 Al_2O_3 纳米流体体积分数下的比磨削能

随着 Al_2O_3 纳米流体体积分数的逐渐增加，比磨削能呈现出逐渐减少的趋势，这印证了 Al_2O_3 纳米粒子良好的抗磨减摩性能和润滑效果。Al_2O_3 纳米粒子的球形结构、高表面能和表面活性、类轴承效应以及高硬度等特性使其具有优异的磨削润滑性能，其在磨削区的润滑作用机理在第 4 章中已经进行了详细的分析。而随着纳米流体体积分数的进一步增加，润滑效果反而逐渐下降。其原因可能是纳米流体在高体积分数条件下发生了团聚，从而削弱了润滑油膜在磨削接触面的润滑性能。这也说明了高体积分数的纳米流体反而不利于磨削区的润滑[4,5]，纳米流体存在一个最佳体积分数范围使之发挥最佳的冷却润滑效果。

11.3.3　纳米流体黏度和接触角对换热性能的影响

图 11-4 为不同 Al_2O_3 纳米流体体积分数在 0℃时的黏度。从图中可以看出，随着 Al_2O_3 纳米流体体积分数的增大，黏度呈现非线性增大趋势：纳米流体体积分数从 0.5%增至 1.5%的过程中黏度增幅较大，而从 1.5%增至 3%的过程中黏度上升缓慢，并在 3%时达到最大值235.8cP。黏度在低体积分数范围增幅较大，是由于纳米粒子体积尺寸很小且存在强烈的无规则布朗运动，因此会显著提升纳米流体内部的无规则运动和能量交换程度，起到增大纳米流体黏度的作用。而随体积分数的增大，这种无规则运动和能量交换更加强烈，所以黏度逐渐增大。如果纳米流体体积分数过高，则粒子会在无规则移动过程中相互碰撞聚集形成团簇，这一过程会导致部分纳米粒子最终失去原有的动力学稳定性而团聚并发生沉降。因此纳米流体存在一个最佳体积分数范围使之发挥最佳的冷却润滑效果，不同体积分数下的比磨削能结果也可以很好地印证这一事实。高黏度的润滑液更有利于提高磨削区润滑效果。随着润滑液黏度的升高，其动量扩散能力减弱，润滑液和工件表面之间的摩擦阻力增大，油膜具有更好的稳定性和更长的滞留时间，从提高了磨削区的润滑性能进而减少材料去除过程中的能量消耗。但另外，高黏度会导致更薄的温度边界层，因而会减弱纳米流体的热量扩散能力，进而弱化其换热性能[6,7]。

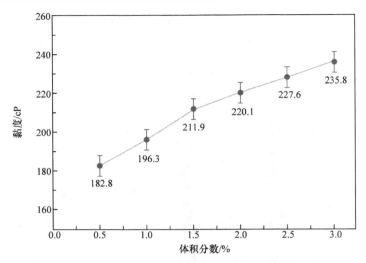

图 11-4　不同 Al_2O_3 纳米流体体积分数在 0℃时的黏度

图 11-5 为不同 Al_2O_3 纳米流体体积分数在 0℃时的接触角。由图可知，随着 Al_2O_3 纳米流体体积分数从 0.5%增至 2.5%，接触角呈现近似线性减小的趋势，而体积分数从 2.5%增至 3%的过程中接触角则迅速增大。出现这种现象的可能原因如下：基础油分子粒径一般为几纳米，而 Al_2O_3 纳米粒子的粒径约为 50nm，其粒子尺寸和分布密度都高于基础油分子，能够对油滴向垂直于液滴表面的内部方向施加更大的作用压力，从而减小油滴的接触角。而随着纳米流体体积分数的增加，这种挤压效果逐渐增强，从而接触角呈现出逐渐减小的趋势[8]。而当体积分数高于 2.5%后接触角反而逐渐增大，原因可能如下：纳米流体体积分数过高，最终会导致部分纳米粒子失去原有的动力学稳定性并发生沉降从而失去了原有的对液滴内部的挤压效果，所以接触角反而增大。接触角越小，纳米流体喷射到砂轮与工件接触面后继续铺展扩散所需要克服的表面能也越小，液滴在砂轮与工件接触面上的浸润面积越大，油膜的浸润和铺展效果更优，从而具有更好的冷却润滑效果。

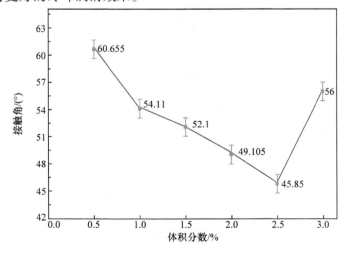

图 11-5　不同 Al_2O_3 纳米流体体积分数在 0℃时的接触角

纳米流体的黏度和接触角也会影响润滑液的雾化效果。从喷嘴喷出的纳米流体润滑液在空气动力的扰动下被破碎雾化成小液滴群,进而喷射到砂轮与工件接触表面发挥冷却润滑作用[9]。雾化是液体所受外力和液体内力之间相互竞争的结果。液体喷射过程中受到的空气动力和液体压力会促使液滴雾化破碎,而液滴的表面张力会使液滴保持球形状态而阻碍其变形,此时液滴的表面积和表面能最小。同时液体的黏性力也会阻止液体变形。当液体所受的外力作用足以克服液体表面张力和黏性力时,液体的受力平衡状态就会被打破,进而被破碎雾化成为细小的液滴群。在低温压缩空气携带润滑液从喷嘴喷出的过程中,气液两相之间发生能量交换,气体能量主要消耗在克服液体黏滞性的黏性耗散功和克服表面张力的表面能耗散功,其余能量则起到提高润滑液动能的作用。气液两相之间的能量交换过程使得两相射流具有了一定的发散角度和冲击速度,并最终以雾滴的形式喷射至磨削区起到冷却润滑作用。单从雾化角度考虑,润滑液的黏度和表面张力越低,气体的黏性耗散功和表面能耗散功损耗更少,两相流的冲击动能更大且液滴颗粒的雾化质量更高,从而在磨削区起到的冷却润滑作用更佳。

11.3.4　纳米粒子分散性对换热性能的影响

由图 11-2 可知,随着 Al_2O_3 纳米流体体积分数从 0.5%增至 3%,磨削区最高温度呈现出先下降后上升的趋势:随着纳米流体体积分数从 0.5%增至 1.5%,磨削温度逐渐减小;而当体积分数从 1.5%增至 3%时,磨削温度却又开始呈现上升趋势。这一温度变化趋势与纳米粒子的分散性能有一定的关系。

纳米粒子在润滑液中的分散性会影响润滑液的整体换热效果。根据 Xuan 等[10]的理论,当纳米流体中的纳米粒子分布相对均匀、无团聚现象发生时,大部分纳米粒子可以处在稳定的布朗运动和相互碰撞形态,能够进一步增强悬浮液的传热能力,进而使得流体具有更佳的换热性能;而谢华清等[11]、Keblinski 等[12]通过实验研究,提出纳米流体中的纳米粒子聚集结构越松散,其有效换热体积越大且整体换热能力越强的理论。一定程度聚集的纳米粒子有利于强化换热,其原因如下:沉浸在流体中的纳米粒子表面会包覆形成一层极薄的液膜,受纳米粒子表面原子的影响,这层包覆液膜趋向固相,因此具有近似于固体的导热能力。纳米粒子的粒子间距随着纳米流体体积分数的增大而不断减小,当粒子间距逐渐减小并达到一定的极限值时,这层包覆液膜会相互连接甚至发生挤压重叠的现象,如图 11-6 所示,这时纳米粒子处于直接接触和搭接接触状态,减少了因固体-液体-固体传递状态下液体导热能力差这一环节的缺陷,形成固体纳米粒子之间直接发生热量传递的"热短路"现象,进而使接触热阻大大降低[13,14];而处于直接接触和搭接接触状态下的纳米粒子接触面之间存在一定的接触压力,使其突出部分发生变形而减小缝隙并增大接触面积,进一步降低了接触热阻,从而增强了 Al_2O_3 纳米流体的导热能力和整体传热效果[15]。从比磨削能和磨削温度的结果可以得出结论:Al_2O_3 纳米流体体积分数在 2%左右可以保持相对稳定的分散效果,兼具优异的润滑与冷却换热性能,从而得到了相对低的比磨削能和磨削温度。

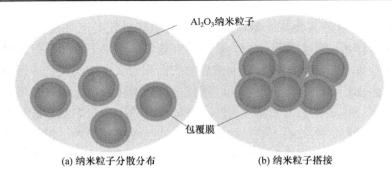

图 11-6　纳米粒子搭接"热短路"示意图

　　而纳米流体体积分数过高时，纳米粒子在悬浮液中的无规则布朗运动会受到影响，最终导致部分纳米粒子失去原有的动力学稳定性而团聚并发生沉降，反而削弱了纳米流体的换热能力。磨削区被带走的热量中，除压缩空气通过强化对流换热作用带走一少部分外，大部分通过磨削液的沸腾换热带走。当磨削区的工件表面温度高于磨削液的饱和温度时，磨削液受热汽化进而形成大量气泡从工件表面飞逸，发生沸腾现象。磨削区沸腾换热是磨削区大量气泡的产生、成长并将工质由液态转变为气态从而带走热量的一种剧烈蒸发过程。当工件表面温度超过磨削液的饱和温度并达到一定数值时，磨削液首先在工件表面凹坑及裂纹处吸收潜热产生气泡，这些能够产生气泡的点称为汽化核心[16]，随着热量不断由高温表面继续传入汽化核心，气泡体积不断长大上浮直至脱离工件表面从而带走磨削热量。而发生沸腾现象的工件表面上的微小凹坑和裂纹处较容易存在气体残留，被认为是最佳的汽化核心。但体积分数过高导致的纳米粒子团聚和沉降现象会形成填补阻塞效应，从而减少了汽化核心的容气能力和核心数量，进而削弱了磨削区润滑液的沸腾换热能力，反而导致磨削温度升高[17]。纳米粒子的填补阻塞效应如图 11-7 所示。

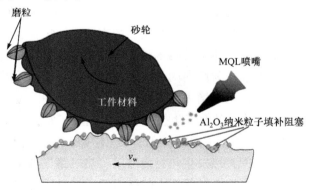

图 11-7　纳米粒子填补阻塞效应示意图

11.4　结　　论

　　本章研究了不同 Al_2O_3 纳米流体体积分数在磨削区的冷却换热效果，分析讨论了不同 Al_2O_3 纳米流体体积分数条件下的比磨削能、纳米流体黏度和接触角、纳米粒子分散性及雾化效果等特性对冷却换热的影响，得出如下结论。

（1）Al$_2$O$_3$纳米流体体积分数会影响磨削加工的冷却和润滑。在纳米流体体积分数从 0.5% 到 3% 的过程中，比磨削能先缓慢减小而后增大，并在体积分数为 2.5% 时得到最低的比磨削能（64.73J/mm^3）和最佳的润滑效果；磨削区最高温度随着纳米流体体积分数的增大呈现出先下降后上升的趋势：体积分数从 0.5% 增至 1.5%，磨削温度逐渐减小并在 1.5% 时得到最低的磨削温度（183.5℃），而体积分数从 1.5% 增至 3%，磨削温度呈现逐渐上升趋势。

（2）纳米流体黏度和接触角会对磨削区换热性能产生影响。随 Al$_2$O$_3$纳米流体体积分数的增大，黏度呈现非线性增大趋势并在 3% 时达到最大值（235.8cP）；而接触角则呈现先近似线性减小后迅速增大的趋势。随黏度升高，油膜动量扩散能力减弱且具有更好的稳定性和更长的滞留时间，从而提高了润滑性能，进而减少材料去除中的能量消耗。但高黏度会导致更薄的温度边界层，减弱油膜的热量扩散能力进而弱化其换热性能；接触角越小，纳米流体喷射到砂轮与工件接触面后继续铺展扩散所需要克服的表面能也减小，液滴在砂轮与工件接触面上的浸润面积越大，油膜的浸润和铺展效果更优，从而具有更好的冷却润滑效果。

（3）黏度和表面张力会对冷却换热产生影响。从雾化角度考虑，纳米流体润滑液的黏度和表面张力低，气体的黏性耗散功和表面能耗散功损耗更少，两相流的冲击动能更大且液滴颗粒的雾化质量更高，从而在磨削区起到的冷却润滑作用更佳。

（4）纳米粒子在润滑液中的分散性会影响润滑液在磨削区的整体换热效果。沉浸在流体中的纳米粒子表面会包覆形成一层极薄的液膜且其导热系数也远高于基液。纳米粒子的间距随着纳米流体体积分数的增大而不断减小，纳米粒子之间处于直接和相互搭接接触状态，显著降低导热过程中的接触热阻，达到强化纳米流体的导热能力和换热能力的效果。但体积分数过高导致的纳米粒子团聚和沉降现象会形成填补阻塞效应，从而减少了汽化核心的容气能力和核心数量，进而削弱了磨削区润滑液的沸腾换热能力，反而导致磨削温度升高。

参 考 文 献

[1] HWANG Y, PARK H S, LEE J K, et al. Thermal conductivity and lubrication characteristics of nanofluids[J]. Current Applied Physics, 2006, 6: 67-71.

[2] 尉红军. 低温冷风微量润滑切削工艺试验研究[D]. 重庆: 重庆大学, 2010.

[3] 毛聪, 邹洪富, 黄勇, 等. 微量润滑平面磨削接触区换热机理的研究[J]. 中国机械工程, 2014, 25(6): 826-831.

[4] SAYUTI M, SARHAN A A D, HAMDI M. An investigation of optimum SiO$_2$ nanolubrication parameters in end milling of aerospace Al6061-T6 alloy[J]. The International Journal of Advanced Manufacturing Technology, 2013, 67(1-4): 833-849.

[5] DE J O D, GUERMANDI L G, BIANCHI E C, et al. Improving minimum quantity lubrication in CBN grinding using compressed air wheel cleaning[J]. Journal of Materials Processing Technology, 2012, 212(12): 2559-2568.

[6] MAO C, ZOU H, HUANG Y, et al. Analysis of heat transfer coefficient on workpiece surface during minimum quantity lubricant grinding[J]. International Journal of Advanced Manufacturing Technology, 2013, 66(1-4): 363-370.

[7] 孔伟伟. 添加剂和纳米粒子对溴化锂及氨水表面张力特性的影响[D]. 哈尔滨: 哈尔滨工业大学, 2012.

[8] CHINNAM J, DAS D, VAJJHA R, et al. Measurements of the contact angle of nanofluids and development of a new correlation[J]. International Communications in Heat and Mass Transfer, 2015, 62: 1-12.

[9] LEE J H, HWANG K S, JANG S P, et al. Effective viscosities and thermal conductivities of aqueous nanofluids containing low volume concentrations of Al$_2$O$_3$ nanoparticles[J]. International Journal of Heat and Mass Transfer, 2008, 51(11): 2651-2656.

[10] XUAN Y, QIANG L, HU W. Aggregation structure and thermal conductivity of nanofluids[J]. AIChE Journal, 2003, 49(4): 1038-1047.

[11] 谢华清, 奚同庚, 王锦昌. 纳米流体介质导热机理初探[J]. 物理学报, 2003, 52(6): 1444-1449.

[12] KEBLINSKI P, PHILLPOT S R, CHOI S U S, et al. Mechanisms of heat flow in suspensions of nano-sized particles(nanofluids)[J]. International Journal of Heat & Mass Transfer, 2002, 45(4): 855-867.

[13] DAS S K, PUTRA N, ROETZEL W. Pool boiling of nano-fluids on horizontal narrow tubes[J]. International Journal of Multiphase Flow, 2003, 29(8): 1237-1247.

[14] 施明恒, 帅美琴, 赖彦锷, 等. 纳米颗粒悬浮液池内泡状沸腾的实验研究[J]. 工程热物理学报, 2006, 2: 298-300.

[15] 李强. 纳米流体强化传热机理研究[D]. 南京: 南京理工大学, 2004.

[16] 赵镇南. 传热学[M]. 北京: 高等教育出版社, 2008.

[17] 楚化强, 郁伯铭. 沸腾换热的分形分析[J]. 力学进展, 2009, 3: 259-272.

第 12 章 Al₂O₃ 和 SiC 混合纳米流体微量润滑磨削加工机理及表面微观形貌评价方法

12.1 引　言

磨削加工是一种可以有效提高关键零件加工质量和加工精度的机械加工工艺，主要应用于工件最终加工工序[1]，然而在磨削过程中，磨削区会产生较多的摩擦和高温高压现象[1-3]，由此，润滑液的润滑性能在磨削区砂轮与工件的摩擦界面起到极其重要的作用[1]。当磨削区的润滑液不足或者润滑液的润滑性能较差时，就会使磨削力增大，工件表面质量下降，造成工件表面损伤，即较大的表面的犁沟、塑性变形、划伤和裂纹等，将会直接导致工件的抗磨损性能和抗疲劳性能的降低[4]，从而造成零件的使用可靠性和寿命降低，同时降低了砂轮的磨削性能和加工精度。

本章分析混合纳米流体微量润滑机理以及表征磨削性能的评价参数，研究超声波振动磨削的相关磨削机理和磨粒相对于工件的运动轨迹创成机理，为后续的实验研究奠定理论基础。

12.2　混合纳米流体微量润滑机理

12.2.1　Al₂O₃ 和 SiC 纳米粒子的热物理特性

氧化铝（Al₂O₃）纳米粒子具有近似于片状结构及多孔性的特点，其表面可以附着较多的基础油，随磨削液进入磨削区时起到修补油膜的作用，同时可以增大磨削区油膜的覆盖面积，从而起到良好的润滑作用[5]，但是氧化铝的导热系数很低，为 $20W/(m \cdot K)$，因此氧化铝的加入并未显著地提高纳米流体的换热性能。

碳化硅（SiC）纳米粒子具有较高的导热系数（$83.6W/(m \cdot K)$），且其原子结构是由碳原子和硅原子交替层状堆积形成的，具有一定的自润滑特性[6]，因此碳化硅纳米粒子加入基础油后增大了混合磨削液导热系数，增强了能量传递过程，从而增强了纳米流体的换热性能，同时在一定程度上增强了磨削液的润滑性能。但因其具有多棱角的外部形状及高强度的特性，碳化硅的加入并未显著地提高纳米流体的润滑性能。

此外，Al₂O₃ 和 SiC 纳米粒子均可作为砂轮磨料，其莫氏硬度分别达到 9 级和 9.5 级，因此这两种纳米粒子混合后热物性能可互为补充，凭借其硬度及特殊的粒子形状可在砂轮与工件界面起到研磨抛光的作用，从而有效提高工件表面质量。

12.2.2　基油微量润滑机理

在 MQL 磨削加工中，极微量的润滑液由压缩空气混合汽化后到达磨削区就能够达到甚至超过传统浇注式磨削加工的润滑效果，主要有以下几方面理由。

(1)在磨削加工过程中，砂轮与工件界面间的润滑大多为边界润滑，即其润滑效果并不与润滑液的供给量成正比[7]。用量范围与砂轮及工件材料、润滑液的自身属性、磨粒粒径及工件表面粗糙度等因素有直接密切的关系。当磨屑沿磨粒前端流出时，其与磨粒前端面存在微小的间隙，仅需微量的润滑液便可充满这个间隙，而这一用量远远低于传统浇注式润滑液消耗量。

(2)传统的浇注式润滑液的用量相当大，但往往因其压力小、流速低等因素，其实际进入磨削区的润滑液很少。大多数的润滑液仅在砂轮周围起到冷却作用，而且润滑效果较差，即浇注式润滑液利用率并不高。

(3)MQL磨削中，雾化液滴在压缩空气的作用下以高的速度和能量喷射进入磨削区。与浇注式相比较，MQL生成的润滑液喷雾具有速度高、黏度低、粒径小、平均分子量小、动量大等一系列特点。它可以很容易地进入浇注式润滑液难以进入的极小空间内，生成非常有效的边界润滑油膜，实现较好的润滑和浸润特性。

润滑液所产生的润滑作用主要是由于润滑液渗透进入砂轮与工件界面后，黏附于金属表面上形成边界润滑膜。润滑液的渗透性和其与工件及磨粒表面的结合强度决定了边界润滑膜润滑效果，边界润滑膜大体可以分为以下两类。

1. 物理吸附边界润滑膜

通过物理吸附形成的边界润滑膜(简称物理膜)，是由磨削液分子中的极性原子或者极性基团与金属晶格分子相互吸附而形成的润滑膜[8]。往往金属晶格产生的引力场可以使表面吸附数十层甚至上百层润滑剂的分子吸附层。

润滑油的油性决定了润滑液的润滑性能，油性即润滑剂中的极性基团或极性原子与金属晶格的吸附强度和吸附能力。润滑剂中往往含有极性原子，如S、N、O、P等，或极性基团，如—CN、—NH$_2$、—OH、—COOH、—CHO、—COOR、—NCS、—COR、—NHCH$_3$、—NH$_3$、—NROH等，这些组分与材料表面具有优异的亲和活性，通过范德瓦耳斯力与金属材料表面分子发生物理吸附现象。

在磨削过程中这层物理膜起到抗磨减摩的作用，从而减小磨削力。润滑液分子所含碳链的长度决定了物理膜吸附的持久性，而且较长的碳链所承受的磨削温度相对较高，因此提高了物理膜对工件表面的保护作用。范德瓦耳斯力使得物理膜往往具有吸附的可逆性，低温时形成的吸附层相对稳定，但随着温度的逐渐升高即会出现解吸现象。物理膜保持吸附性能的温度一般不超过250℃。因此在磨削加工过程中仅依靠物理膜进行润滑是完全不够的，还需在润滑油中添加极压添加剂，使其与金属表面形成化学吸附边界润滑膜。

2. 化学吸附边界润滑膜

化学吸附边界润滑膜也称极压润滑膜，此润滑膜是由润滑油中所添加的极压添加剂和工件金属发生化学反应形成的，这种极压添加剂一般含有硫、氯、磷等元素。极压添加剂会由于高温作用在磨削区分解，并将活性较强的元素释放出来，然后与工件表面金属发生化学反应，在金属表面生成多种化合物(氯化铁、磷化铁和硫化铁等)。这层化合物就是极压润滑膜，其具有较低的熔点、较小硬度和剪切强度，能够有效减小摩擦、降低磨损。

在磨削过程中脂肪酸类化合物在高温条件下很容易和金属表面形成暂时性的脂肪酸金属皂，即金属皂化反应。其反应时羧基(—COOH)中的氢原子与金属表面原子发生置换从而形成单分子层的半化学结合油性润滑膜，该吸附膜结构可由单层分子组成，也可由多层分子组成。该吸附膜在金属表面具有垂直吸附特性，在分子间作用力下致密地吸附在工件材料表面上，从而对磨削区润滑起到积极作用。

化学吸附边界润滑膜能够在温度较高的磨削区稳定存在。若在加工过程中化学吸附边界润滑膜发生破损和剥落，在新出现的工件表面便会立即生成新的化学膜进行补充，因此能够保证在磨削区有充足的化学吸附边界润滑膜存在。

12.2.3　混合纳米粒子润滑机理

纳米粒子相对于微量润滑的润滑液具有高的导热系数，可以有效提高润滑液的传热效率，而且纳米粒子具有更高的比表面能和比界面能，其表面可以有效地附着润滑液，增大磨削区润滑液的浸润面积，另外纳米粒子具有高的减摩抗磨特性和极压性能，如图 12-1 所示，其作用机制主要包含以下几种。

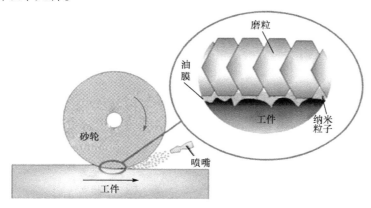

图 12-1　纳米粒子的减摩抗磨机理

(1) 滚珠机制[9]。在光滑度较好的接触面，球形或近似球形的纳米粒子能够在摩擦表面形成滚珠轴承效应，变滑动摩擦为滚动摩擦，从而减小了摩擦系数，表现出优异的减摩性能。

(2) 填补机制[10]。比较小的纳米粒子可以填充摩擦表面的犁沟和损伤部位，起到自修复作用，减小粗糙度，降低摩擦系数。

(3) 表面研磨抛光机制[11]。一些属性较硬的纳米粒子添加到润滑油中作为磨料，本身就是一种类抛光的加工方法，可以加工相对光滑的表面。抛光后的摩擦副的接触面积增大、粗糙度降低，从而使摩擦系数显著降低，而且接触面的压应力会变小，可有效提高润滑油的极压性能。

(4) 化学反应膜润滑机制[12]。纳米粒子具有高的延展性能和扩散性能，使其在砂轮与工件界面中，通过渗透和扩散在金属基体上形成摩擦性能较理想的扩散层与渗透层，同时纳米粒子中的部分元素会渗透到基体表面乃至次表面，以固溶体形式结合，也会在金属基体表面发生化学反应，生成摩擦性能良好的化学膜。

混合纳米粒子保留了纳米粒子的所有作用机制，并在原有作用机制的基础上凭借纳米粒子的表面效应：其表面层的原子处于非对称力场，使其与内部原子所受的力不平衡，表面层原子主要受到内部一侧的作用力，使得原子配位数不饱和，非常容易与外界原子相结合而趋向稳定，从而两种或两种以上的纳米粒子形成物理包覆效果，即混合纳米粒子的物理协同作用。这种物理协同作用融合了两种或多种纳米粒子优越的物理化学特性，将纳米粒子的冷却润滑效果发挥到极致,有效避免工件热损伤,提高混合纳米流体在砂轮与工件界面的润滑效果。

12.3　混合纳米流体微量润滑性能评定参数

12.3.1　磨削力

磨削力主要源于工件受磨粒的挤压产生的弹塑性变形、磨屑及摩擦作用，是磨削过程中一个重要参数,对砂轮寿命、工件表面质量、磨削稳定性、功率消耗起到直接的影响作用,因此使用磨削力来诊断磨削过程产生的各种状况。磨削力可以分为切削力、耕犁力和滑擦力,其中,滑擦力由磨粒/工件、磨粒/磨屑界面的摩擦作用产生,这部分力与工件、砂轮材料特性和磨削参数有关,更受润滑工况的影响。改变润滑工况会改变磨削区的润滑性能从而减小滑擦力,切削力不会发生变化。因此,在磨削力的研究中,应求出滑擦力部分和微观摩擦系数用于表征润滑性能,进而反映纳米流体微量润滑射流参数的改变对滑擦力部分的影响规律。

$$F_{t} = F_{t,c} + F_{t,p} + F_{t,sl} \tag{12-1}$$

$$F_{n} = F_{n,c} + F_{n,p} + F_{n,sl} \tag{12-2}$$

式中，F_t 为切向磨削力；$F_{t,c}$ 为切向切削力；$F_{t,p}$ 为切向耕犁力；$F_{t,sl}$ 为切向滑擦力；F_n 为法向磨削力；$F_{n,c}$ 为法向切削力；$F_{n,p}$ 为法向耕犁力；$F_{n,sl}$ 为法向滑擦力。

1. 单颗磨粒的切削力计算

切削力与磨削参数、砂轮材料特性和工件有关,与润滑工况无关,许多学者对干磨削工况下的切削力进行了理论建模并求算。张建华等[13]将单颗磨粒考虑为具有顶角 2θ 的圆锥(图 12-2),得到单颗磨粒切削力的计算公式为

$$F'_{t,c} = (\pi/4)F_{p}a_{g}^{2}\sin\theta \tag{12-3}$$

式中，F_p 为单位磨削力 (N/mm²)。

$$F'_{n,c} = F_{p}a_{g}^{2}\sin\theta\tan\theta \tag{12-4}$$

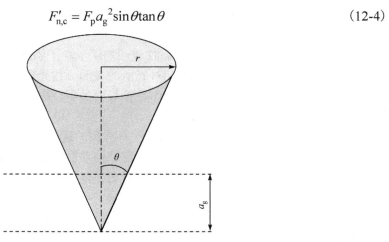

图 12-2　圆锥体磨粒模型

进一步的,张建华等[13]将材料的相关系数 k 和平均磨屑面积 A_m 代入式(12-3)和式(12-4),求得与材料相关的单颗磨粒切削力为

$$F'_{t,c} = (3/2\cos\theta)kA_m^{-\varepsilon}a_g^2 \tag{12-5}$$

$$F'_{n,c} = (6/\pi\cos\theta)kA_m^{-\varepsilon}a_g^2\sin\theta\tan\theta \tag{12-6}$$

式中, a_g 为单颗磨粒形成的平均切削深度(mm); ε 取值为 0.2~0.5。

2. 单颗磨粒的耕犁力计算

耕犁力的作用为磨粒挤压工件使工件塑性变形形成犁沟,这部分力只与磨削参数、砂轮材料特性和工件有关,与润滑工况并无直接关系。耕犁作用的实质为材料在耕犁力的作用下发生塑性变形,而材料的塑性变形极限为屈服极限[14]。由于材料各向同性,不同磨粒表面发生塑性变形力方向均垂直于表面且大小相等,因此单颗磨粒的耕犁力为

$$F'_{t,p} = \int_0^{\frac{\pi}{2}} \delta_s \cdot a_p^2 \cdot \tan\theta \cdot \sin\varphi \, d\varphi \tag{12-7}$$

$$F'_{n,p} = 0.5(\tan\theta)2\pi\delta_s a_p^2 \tag{12-8}$$

式中, δ_s 为工件材料的屈服极限; a_p 为磨削深度。

3. 切削磨粒、耕犁磨粒数的概率计算

砂轮表面上磨粒的分布是不均匀且随机的,而且磨粒高度不一。如图 12-3 所示,假设磨粒的突出高度在砂轮上的分布与正态分布相吻合,在磨削区内,磨粒突出高度不一致而致使磨粒切入工件的深度有所不同。因此在磨削区中的磨粒主要存在以下几种状态:切削、耕犁、滑擦、接触、未接触,对磨削加工起作用的为切削、耕犁、滑擦三种状态磨粒。而这三种状态区别于磨粒的切削深度,因此可以通过不同磨粒高度的概率函数,求出不同切削深度的概率函数从而求得三种状态的磨粒数分别占总磨粒数的比例。

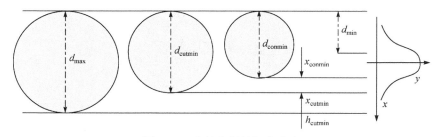

图 12-3　磨粒粒径的概率分布

根据砂轮磨粒的最大直径 d_{max}、最小直径 d_{min} 和磨粒率 w 计算得到单位面积的磨粒数 N_s 为

$$N_s = \left[\frac{8}{\pi(d_{max} - d_{min})^3}w\right]^{\frac{2}{3}} \tag{12-9}$$

故可根据砂轮直径 D、磨削宽度 b 和磨削深度 a_p 求出磨削区内的总磨粒数 N_{total} 为

$$N_{total} = N_s \cdot b \cdot D \cdot \arccos\left(\frac{D - a_p}{D}\right) \tag{12-10}$$

张建华等[13]建立了微观材料去除率 V_{ana} 的公式，并根据磨削过程中宏观材料去除率 V_{exp} 和微观材料去除率 V_{ana} 相等的规律得到磨削区内最大直径磨粒和接触磨粒的直径差 h_{in} 为

$$V_{ana} = l \cdot N_{total} \frac{1}{\sqrt{2\pi}} \int_{x_{cutmin}}^{+\infty} g_x^2 \cdot \tan\theta \cdot e^{-x^2/2} dx \qquad (12\text{-}11)$$

式中，l 为磨削弧长；x_{cutmin} 为最小切削磨粒所对应的 x 坐标值。

根据 h_{in} 求得耕犁磨粒直径对应的 x 值为

$$x_{conmin} = \left(\frac{d_{max} - d_{min}}{2} - h_{in} \right) \cdot \frac{10}{d_{max} - d_{min}} \qquad (12\text{-}12)$$

现代磨削理论认为，当磨粒切削深度达到切削磨粒半径的 0.05 时就会发生切削作用，因此切削磨粒最小直径对应的 x 值为

$$x_{cutmin} = x_{conmin} + 0.05 \frac{d_{cutmin}}{2} \left(\frac{10}{d_{max} - d_{min}} \right) \qquad (12\text{-}13)$$

由此可求出耕犁磨粒所占比例 P_{plow} 和切削磨粒所占比例 P_{cut} 分别为

$$P_{plow} = \frac{1}{\sqrt{2\pi}} \int_{x_{conmin}}^{+\infty} e^{-x^2/2} dx \qquad (12\text{-}14)$$

$$P_{cut} = \frac{1}{\sqrt{2\pi}} \int_{x_{cutmin}}^{+\infty} e^{-x^2/2} dx \qquad (12\text{-}15)$$

4. 切削力和耕犁力的计算

根据以上分析，单颗磨粒的切削力（$F_{t,c}$，$F_{n,c}$）、单颗磨粒的耕犁力（$F_{t,p}$，$F_{n,p}$）、耕犁磨粒所占比例 P_{plow} 和切削磨粒所占比例 P_{cut} 都可根据以上理论公式计算得出，因此固定时刻总切削力（$F_{t,c,\ total}$，$F_{n,c,\ total}$）和总耕犁力（$F_{t,p,\ total}$，$F_{n,p,\ total}$）可计算得出：

$$F_{t,c,\ total} = F_{t,c} P_{cut} N_{total} \qquad (12\text{-}16)$$

$$F_{n,c,\ total} = F_{n,c} P_{cut} N_{total} \qquad (12\text{-}17)$$

$$F_{t,p,\ total} = F_{t,p} P_{plow} N_{total} \qquad (12\text{-}18)$$

$$F_{n,p,\ total} = F_{n,p} P_{plow} N_{total} \qquad (12\text{-}19)$$

12.3.2　微观摩擦系数

摩擦系数也可以定义为力比率。切向磨削力 F_t 与法向磨削力 F_n 之比得到摩擦系数。摩擦系数直接反映了砂轮与工件界面润滑效果，摩擦系数越小说明磨削区中磨粒与工件之间的润滑效果越好。其计算公式如下：

$$\mu = \frac{F_t}{F_n} \qquad (12\text{-}20)$$

式中，μ 为摩擦系数；F_n 为法向磨削力；F_t 为切向磨削力。在磨削加工中摩擦系数为 $0.2 \sim 0.7$。摩擦系数与接触面积没有直接关系，而与工件的表面粗糙度有直接关系。

微观摩擦系数 μ_{sl} 是切向滑擦力 $F_{t,sl}$ 和法向滑擦力 $F_{n,sl}$ 的比值，如式（12-21）所示。微观摩擦系数 μ_{sl} 表征了砂轮与工件、砂轮与磨屑界面润滑效果。微观摩擦系数 μ_{sl} 由于排除了切削力和耕犁力的影响，更直观地体现了由于润滑工况不同而改变的磨削区润滑性能。

$$\mu_{sl} = \frac{F_{t,sl}}{F_{n,sl}} \tag{12-21}$$

12.3.3　比磨削能

比磨削能(U)是指去除单位体积的材料所消耗的能量，其计算公式见式(7-2)。

比磨削能也反映了砂轮与工件界面的润滑效果，在相同的磨削条件及材料下，较小的比磨削能对应良好的润滑效果，反之润滑效果相对较差。在此次平面磨削实验中单位时间内消耗的总能量 P、单位时间内去除工件的体积 Q_w、砂轮转速 v_s、工件进给速度 v_w、磨削深度 a_p 及磨削宽度 b 均为定值，将每组所测得切向磨削力 F_t 取其平均值，代入式(7-2)即可得到对应比磨削能。

12.3.4　工件的去除参数

评价工件的去除率及难磨程度可用工件的去除参数 Λ_w。它的物理意义是单位法向力在单位时间中切除金属的体积[15]，即

$$\Lambda_w = \frac{V_W}{F_n} \tag{12-22}$$

式中，V_W 为单位时间切除金属的体积；F_n 为法向磨削力。Λ_w 越高，说明去除率越高。

12.3.5　工件的表面质量

工件的表面质量是磨削性能的重要评价标准，表面粗糙度是表面质量的重要评价参数，通常用来直接表征工件表面质量，且对机械零件的可用性有显著影响，较小的表面粗糙度表示较高的工件表面平整度。

1. 轮廓算术平均高度(Ra)

算术平均高度也称为中心线平均值，是一般质量控制中最常用的粗糙度参数。这个参数定义为在一个取样长度上，平均线的粗糙度不规则的平均绝对偏差。算术平均高度的数学定义如下：

$$Ra = \frac{1}{l} \int_0^l |y(x)| \mathrm{d}x \tag{12-23}$$

式中，l 为取样长度(mm)；$y(x)$ 为 x 坐标处的纵坐标值。

2. 轮廓单元的平均宽度(Rsm)

这个参数被定义为平均线的轮廓峰之间的平均间距。剖面峰是上、下两条线平均线的最高点，其数学定义如下：

$$Rsm = \frac{1}{N} \sum_{i=1}^{n} S_i \tag{12-24}$$

式中，N 为在取样长度内存在的单元数；S_i 为每个单元的宽度。

3. 轮廓支撑长度率(t_p)

工件表面粗糙度的全部特征不仅包含高度方向的 Ra 和横向间距参数 Rsm，这两者不足以

反映对零件使用性能的影响情况。因为轮廓曲线在峰和谷之间的形状各不相同，将对零件的使用性能产生不同程度的影响，于是还需要表征微观不平度的形状特征参数，于是引入轮廓支撑长度率 t_p 和轮廓支撑长度率曲线。轮廓支撑长度率 t_p 是唯一用于评定微观表面形状特性的参数，它能直接反映工件表面的摩擦磨损性能。t_p 是单位长度上的轮廓支撑率长度，用百分数表示，其数学表达式如下：

$$t_p = \eta_p / l = \left(\sum_{i=1}^{n} b_i \right) / l \qquad (12\text{-}25)$$

式中，η_p 为在取样长度 l 内平行于中线的线与轮廓相截所得到的各段截线长度之和。

12.4　磨削加工表面均一性研究

12.4.1　工件表面轮廓自相关分析

将触针式轮廓仪测得的粗糙表面轮廓主要视为一般随机过程的数学模型，如图 12-4 所示。τ 是一个空间坐标，$x(t)$、$x(t+\tau)$ 分别为轮廓参数基准线以上的高度，使用传统的横向、纵向粗糙度参数只能片面地表达表面轮廓的有限几何信息。自相关函数在表面形貌上的应用是表示同一个轮廓波形相差位移 $\tau = 0$ 时的相似程度[16]。

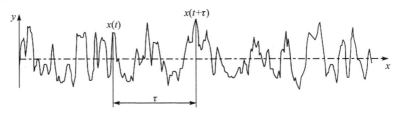

图 12-4　自相关函数

自相关函数计算公式为

$$R_x(\tau) = \frac{1}{L} \int_0^L x(t) x(t + \tau) \mathrm{d}t \qquad (12\text{-}26)$$

式中，τ 为横向位移；L 为评定长度。

其数字化估计公式为

$$\mathrm{ACF}(rh) = \frac{1}{N-r} \sum_{n=0}^{N-r-1} Y_n Y_{n+r} \quad (r = 0,1,2,3,\cdots,m; m < n) \qquad (12\text{-}27)$$

式中，r 为横向位移数；m 为最大横向位移数；N 为采样容量；h 为采样间隔；Y_n 和 Y_{n+r} 分别为第 n 处轮廓和第 $n+r$ 处轮廓的高度。

自相关函数 $R_x(\tau)$ 表达了在位移上相差为 τ 的同一个截面轮廓之间的近似程度，由自相关函数的定义可知，该函数通常在 $\tau=0$ 处会取得最大值。自相关函数是轮廓波形相似的度量，不同类型的轮廓其自相关函数波形的特征也各不相同。随机轮廓的自相关函数随着 τ 的增大会逐渐减小并接近于零；而周期性变化轮廓的自相关函数也呈周期性变化，无论 τ 取到多大，自相关函数曲线始终会保持稳定振荡状态；若随机轮廓中出现周期性的成分，其自相关函数会随着 τ 的增大而逐渐减小，直到重复稳定周期时的振荡状态。因此可以判断出轮廓中是否含有周期性规律，比较不同轮廓曲线的频率，通过以上比较全面地判定工件的表面质量。

12.4.2　工件表面轮廓互相关分析

　　Al₂O₃ 和 SiC 混合纳米流体微量润滑磨削加工的工件表面是通过滑擦、耕犁、切削以及微量的研磨作用等复合加工而获得的，因此表面轮廓的最终形成离不开多种作用的综合结果，既有规律性的磨削所形成的周期性的成分，也包含由变化因素所导致的随机成分。其二维的测量结果是一个极其复杂的随机信号，使用传统的粗糙度参数虽能说明一些问题，但无法表达出其全部的微观形貌信息[17]。而对表面轮廓的互相关分析，可以揭示出不同粒径比的 Al₂O₃ 和 SiC 混合纳米流体微量磨削加工表面的各向同性和各向异性[18]，更好地了解工件表面的变化规律，从而判断出各种因素对工件表面质量的影响。

　　将触针式轮廓仪测得的粗糙表面轮廓主要视为一般随机过程的数学模型，如图 12-5 所示，t 是一个空间坐标，$x(t)$ 和 $y(t)$ 分别为相对两条轮廓参数基准线的高度。使用传统的粗糙度参数只能表达表面轮廓的有限几何信息。互相关函数在表面形貌上用来表示两个轮廓波形相差位移 τ 时的相似程度，其表达式为

$$R_{xy}(\tau) = \frac{1}{L}\int_0^L x(t)y(t+\tau)\mathrm{d}t \tag{12-28}$$

式中，τ 为横向位移；L 为评定长度；t 为沿表面截面轮廓的距离。

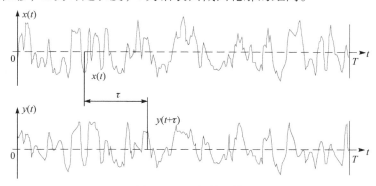

图 12-5　互相关函数

由互相关函数值可得出互相关系数，其表达式为

$$\rho_{xy}(\tau) = \frac{R_{xy}(\tau)}{\left[R_{xx}(0)R_{yy}(0)\right]^{\frac{1}{2}}} \tag{12-29}$$

式中，$R_{xy}(\tau)$ 为互相关函数值；$R_{xx}(0)$ 与 $R_{yy}(0)$ 分别为两轮廓曲线的最大自相关函数值。

　　在任何位移 τ 时，互相关系数均满足 $|\rho_{xy}(\tau)| \leqslant 1$。当 $|\rho_{xy}(\tau)|=1$ 时，说明 $x(t)$ 和 $y(t)$ 两个变量线性相关；当 $|\rho_{xy}(\tau)|=0$ 时，表示 $x(t)$ 和 $y(t)$ 两个变量之间完全无关。$0<|\rho_{xy}(\tau)|<1$ 说明两个变量部分相关，$|\rho_{xy}(\tau)|$ 越接近 1，相关程度越高。

12.4.3　工件表面轮廓的功率谱密度分析

　　功率谱密度 (PSD) 函数是从频域来描述轮廓波形的随机过程[19]，对表面轮廓的功率谱密

度的分析，可以揭示出不同射流参数下的 Al₂O₃ 和 SiC 混合纳米流体微量润滑磨削加工表面的波纹度和粗糙度的比例，可以更好地了解工件表面轮廓的变化规律，判断出各种因素对工件表面质量的影响。由于轮廓波形的振幅和相位是随机的，所以其频谱不用频率 f 上的振幅，而用频率 f 到 $(f + \Delta f)$ 范围内的均方值来描述，也就是说用单位频率 Δf 的均方值来描述频率 f 到 $(f + \Delta f)$ 区域内的随机过程强度，即

$$PSD(f) = \frac{1}{\Delta f}\left[\frac{1}{L}\int_0^L y^2(x,f,\Delta f)\mathrm{d}x\right] \qquad (12\text{-}30)$$

式中，L 为轮廓取样长度；$y_2(x,f,\Delta f)$ 为 $y(x)$ 在频率 f 到 $(f + \Delta f)$ 区域内的均方值。

将自相关函数做傅里叶变换用作计算功率谱密度的方法称为标准法，其离散形式为

$$G_x(f_x) = 2h\left[R_0 + 2\sum_{r=1}^{m-1}R_r\cos\left(\frac{\pi kr}{m}\right) + (-1)^k R_m\right] \quad (k=0,1,2,\cdots,m-1) \qquad (12\text{-}31)$$

式中，h 为取样间隔；m 为取样容量；R_0、R_r、R_m 分别代表 0、r、m 个取样数值。

功率谱密度函数实际从频域上来描述时域信号的频率组成。工件的表面轮廓可以看作一个随机信号，是根据无数个不同周期的正弦曲线拟合而成的，因此从频域上来看它的分布是连续的，而功率谱密度函数从振幅可以看出不同频率下频率占比的相对值。较长周期与较低的频率相对应，在工件表面轮廓上呈现的是波纹度的比例；短周期与较高的频率相对应，在工件表面轮廓上呈现的是粗糙度的比例。

12.5　结　　论

本章结论如下。

(1)研究了混合纳米流体微量润滑磨削的加工机理，具体分析了基础油的润滑机理以及纳米粒子的作用机理，并进一步分析了基础油的成膜原理以及混合纳米粒子间的物理协同作用对混合纳米流体微量润滑效果的影响。

(2)介绍了评定润滑性能的相关参数，主要包括磨削力、微观摩擦系数、比磨削能及工件的表面质量参数(Ra、Rsm、Rmr)，建立了微观磨削力的数学模型，精确计算切向滑动摩擦力及法向滑动摩擦力，并将切向滑动摩擦力和法向滑动摩擦力应用于计算微观摩擦系数，更准确地表征磨削区的润滑效果。

(3)介绍了磨削表面均一性的研究方法，具体为工件表面的自相关分析、互相关分析以及功率谱密度函数分析，通过自相关分析判断工件表面的周期性特征，通过互相关分析揭示出磨削加工表面的各向同性和各向异性，通过功率谱密度函数分析判断磨削加工表面的波纹度和粗糙度的比例。

参 考 文 献

[1] SHAO Y, FERGANI O, LI B, et al. Residual stress modeling in minimum quantity lubrication grinding[J]. The International Journal of Advanced Manufacturing Technology, 2016, 83(5): 743-751.

[2] 李晶尧. 纳米粒子射流微量润滑磨削热建模仿真与实验研究[D]. 青岛: 青岛理工大学, 2012.

[3] MALKIN S, GUO C. Thermal analysis of grinding[J]. CIRP Annals-Manufacturing Technology, 2007, 56(2): 760-782.

[4] 贾东洲. 纳米粒子射流微量润滑磨削流场特性对润滑的作用机理及实验研究[D]. 青岛: 青岛理工大学,

2014.

[5] ZHANG X, LI C, ZHANG Y, et al. Lubricating property of MQL grinding of Al₂O₃/SiC mixed nanofluid with different particle sizes and microtopography analysis by cross-correlation[J]. Precision Engineering, 2017, 47: 532-545.

[6] ZHANG X, LI C, ZHANG Y, et al. Performances of Al₂O₃/SiC hybrid nanofluids in minimum-quantity lubrication grinding[J]. International Journal of Advanced Manufacturing Technology, 2016, 86: 3427-3441.

[7] ZHANG Y, LI C, YANG M, et al. Experimental evaluation of cooling performance by friction coefficient and specific friction energy in nanofluid minimum quantity lubrication grinding with different types of vegetable oil[J]. Journal of Cleaner Production, 2016, 139: 685-705.

[8] ZHANG Y, LI C, JIA D, et al. Experimental evaluation of MoS₂, nanoparticles in jet MQL grinding with different types of vegetable oil as base oil[J]. Journal of Cleaner Production, 2015, 87(1): 930-940.

[9] TAO X, JIAZHENG Z, KANG X. The ball-bearing effect of diamond nanoparticles as an oil additive[J]. Journal of Physics D-Applied Physics, 1996, 29(11): 2932.

[10] KAO M J, LIN C R. Evaluating the role of spherical titanium oxide nanoparticles in reducing friction between two pieces of cast iron[J]. Journal of Alloys & Compounds, 2009, 483(1-2): 456-459.

[11] 王艳辉, 臧建兵, 王明智. 纳米金刚石在摩擦副界面的减摩耐磨机理探讨[J]. 金刚石与磨料磨具工程, 2001(4): 4-5.

[12] JIA D, LI C, ZHANG D, et al. Experimental verification of nanoparticle jet minimum quantity lubrication effectiveness in grinding[J]. Journal of Nanoparticle Research, 2014, 16(12): 1-15.

[13] 张建华, 葛培琪, 张磊. 基于概率统计的磨削力研究[J]. 中国机械工程, 2007, 18(20): 2399-2402.

[14] LI C, ZHANG F, MENG B, et al. Material removal mechanism and grinding force modelling of ultrasonic vibration assisted grinding for SiC ceramics[J]. Ceramics International, 2016, 43(3): 2981-2993.

[15] 李伯民, 赵波. 现代磨削技术[M]. 北京: 机械工业出版社, 2003: 12-29.

[16] 刘枫. 材料表面精密光整加工机理及表面特性研究[D]. 沈阳: 东北大学, 2006.

[17] JIANG J L, GE P Q, BI W B, et al. 2D/3D ground surface topography modeling considering dressing and wear effects in grinding process[J]. International Journal of Machine Tools & Manufacture, 2013, 74(74): 29-40.

[18] 刘枫, 单玉桥, 巩亚东, 等. 砂轮约束磨粒喷射精密光整加工表面互相关性分析[J]. 金刚石与磨料磨具工程, 2007(5): 53-57.

[19] ZAKARIA R, RUYET D L. Theoretical analysis of the power spectral density for FFT-FBMC signals[J]. IEEE Communications Letters, 2016, 20(9): 1748-1751.

第13章 不同配比的 Al_2O_3 和 SiC 混合纳米流体对微量润滑磨削性能的影响规律

13.1 引　　言

碳化硅(SiC)纳米粒子具有较高的导热系数，且其原子结构由碳原子和硅原子交替层状堆积形成[1]，将碳化硅纳米粒子加入基础油，增强了能量传递过程，从而增强了纳米流体的换热性能。但因其多棱角的外部形状及高强度的特性，碳化硅并没有显著地提高纳米流体的润滑性能[2,3]。氧化铝(Al_2O_3)纳米粒子具有近似于片状结构及多孔性的特点[4,5]，其表面可以附着较多的基础油，随磨削液进入磨削区时起到修补油膜的作用，同时可以增大磨削区油膜的覆盖面积，从而起到良好的润滑作用，但是氧化铝的导热系数很低。虽然很多学者研究了单一纳米流体微量润滑磨削的润滑性能，其可以有效地提高减摩抗磨的特性，但是很少有学者研究将混合纳米流体微量润滑应用于机械加工中，尤其是磨削加工。

本章研究 Al_2O_3 和 SiC 混合纳米流体微量润滑磨削的摩擦系数、比磨削能及工件的表面粗糙度，进行混合纳米流体微量润滑磨削润滑性能的验证性实验，并进一步进行不同配比的 Al_2O_3 和 SiC 混合纳米流体微量润滑磨削润滑性能的优化实验。

13.2 实 验 设 计

1. 实验设备

实验在 K-P36 精密平面数控磨床上进行，主要技术参数如下：主轴功率为 4.5kW；最高转速为 2000r/min；工作台驱动电动机功率为 5kW；磨削范围为 600mm×300mm；砂轮使用刚玉砂轮，尺寸为 300mm×20mm×76.2mm，砂轮粒度为 80#，最高线速度为 50m/s；微量润滑磨削液输送装置采用 Bluebe 微量供油系统；在数据采集过程中，采用 YDM-Ⅲ99 三向磨削测力仪测量磨削三向力；采用 TIME3220 表面粗糙度仪对工件表面粗糙度进行测量。实验装置如图 13-1 所示，磨削力测量示意图如图 13-2 所示。

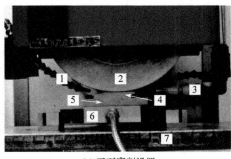

(a) 平面磨削设置　　　　　　　　　　(b) Bluebe微量供油系统

图 13-1　实验装置

1-微量润滑液供给喷嘴；2-刚玉砂轮；3-浇注式润滑磨削液供给喷嘴；4-工件；5-夹具；6-YDM-Ⅲ99 三向磨削测力仪；7-磨床磁力工作台；8-微量润滑储油罐；9-微量润滑流量调节阀；10-带压力表的调压阀

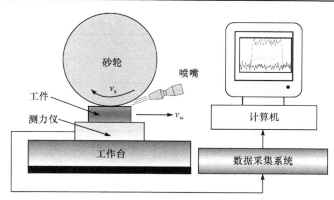

图 13-2　磨削力测量

2. 实验材料

选用的工件材料为高温镍基合金 GH4169，相近牌号为 Inconel718（美国）、NC19FeNb（法国），尺寸为 40 mm×30 mm×30 mm。实验中添加的纳米粒子是平均粒径为 50nm 的 Al_2O_3 纳米粒子和 SiC 纳米粒子，微量润滑基础油采用合成脂。表 13-1 列举了镍基合金的化学成分，表 13-2 列举了 Al_2O_3 和 SiC 纳米粒子的物理性质。

表 13-1　镍基合金的化学成分

元素	C	Ni	Fe	Cu	Mn	Mo	Cr	Al	Co	Si
成分/%	0.08	50~55	余量	0.3	0.35	2.8~3.3	17-21	0.95	1.0	0.35

表 13-2　Al_2O_3 和 SiC 纳米粒子的特性

纳米粒子	Al_2O_3	SiC
粒径	50nm	50nm
形状	片状	多棱角
特性	多孔性，吸附性	自润滑性

3. 实验条件

混合纳米粒子微量润滑磨削液制备过程如下：纳米流体制备采用两步法，将制备好的纳米粒子分散到微量润滑油中完成纳米流体的制备。制备过程中，将合成脂作为微量润滑油基础油，分别添加三种按比例混合的混合纳米粒子，再添加 SDS[6]作为分散剂。将配好的微量润滑磨削液置于数控超声波振荡器上辅以 20min 超声波振动[7]。用三种混合纳米粒子微量润滑磨削液进行微量润滑磨削实验研究。实验中采用统一的磨削工艺参数，如表 13-3 所示。

表 13-3　磨削工艺参数

磨削工艺参数	数值
磨削方式	平面磨削
砂轮速度 v_s/(m/s)	30
进给速度 v_w/(mm/s)	50

磨削工艺参数	数值
切削深度 $a_p/\mu m$	10
MQL 流量/(mL/h)	50
MQL 喷嘴距离/mm	12
MQL 喷雾锥角/(°)	15
MQL 空气压力/MPa	0.6

在每次磨削实验中，为了保证测量的准确性、可控性以及每个实验条件相同，每测量 60 次数据会对砂轮进行修整。砂轮修整参数如表 13-4 所示。

表 13-4　砂轮修整参数

修整项目	K-P36 磨床固定 PCD 修整器
单点修整量/mm	0.01
横向进给速率/(mm/r)	0.5
冲程数	25

4. 实验方案

在实验过程中，使用 Al_2O_3 和 SiC 两种纳米粒子进行混合，作为纳米流体微量润滑磨削的添加剂。将纳米 Al_2O_3 应用于纳米流体微量润滑，凭借其较低的摩擦系数可以有效提高微量润滑磨削液的润滑性能，但因其具有较低的导热系数，微量润滑磨削液的换热效果不太理想[2]。因此实验中采用润滑性能良好的 Al_2O_3 和导热性能良好的 SiC 以一定的质量比进行混合形成混合纳米粒子，来探究混合纳米流体微量润滑磨削的性能，实验中用摩擦系数、比磨削能和工件表面粗糙度作为表征参数。

在此次实验中，将混合纳米粒子 Al_2O_3 和 SiC 的质量比记为 $mix(x:y)$，其中 $x:y$ 代表混合纳米粒子中 Al_2O_3 和 SiC 的质量比，例如，当混合纳米粒子 Al_2O_3 和 SiC 的质量比为 1：2 时，将其记为 $mix(1:2)$。以难加工材料镍基合金 GH4169 作为工件进行纳米流体微量润滑磨削，采用五组平均粒径为 50nm 的纳米粒子以 6%质量分数与合成脂混合作为纳米流体微量润滑的磨削液：纯 Al_2O_3、纯 SiC、$mix(1:1)$、$mix(1:2)$、$mix(2:1)$。使用三向磨削测力仪测量法向磨削力 F_n 和切向磨削力 F_t。具体的实验方案设计如表 13-5 所示。

表 13-5　Al_2O_3 和 SiC 混合纳米流体的质量比对微量润滑磨削性能影响的实验方案

实验编号	纳米粒子种类	质量分数/%	100mL 基础油中纳米粒子质量/g	混合纳米粒子中 Al_2O_3 质量/g	混合纳米粒子中 SiC 质量/g	分散剂(SDS) 质量/g
1-1	纯 Al_2O_3	6	4.89	4.89	—	0.489
1-2	纯 SiC	6	4.89	—	4.89	0.489
1-3	$mix(1:1)$	6	4.89	2.45	2.45	0.489
1-4	$mix(1:2)$	6	4.89	1.63	3.26	0.489
1-5	$mix(2:1)$	6	4.89	3.26	1.63	0.489

在每项实验中都用三向磨削测力仪测量并记录法向磨削力、切向磨削力和轴向磨削力，磨削力的测量采样频率是 1kHz。采样后的磨削力信号导入"磨削力动态测试系统"软件中进行滤波处理，最终得到磨削力图像文件和磨削力数据文件。在各向磨削力稳定区域选取 100 个数据点并求平均值得到相应的平均力。数据处理中利用计算得到的磨削力平均值计算每次磨削过程的摩擦系数和比磨削能。利用表面粗糙度仪测量加工后工件表面粗糙度，记录数据并用于实验结果分析。

13.3　实验结果分析

13.3.1　磨削力比

图 13-3 为磨削力测量信号图，五种工况均采用纳米流体微量润滑磨削润滑方式，微量润滑基础油采用合成脂。不同的是，图 13-3(a) 采用 Al₂O₃ 作为纳米粒子添加剂，在微量润滑液中的质量分数为 6%；图 13-3(b) 采用 SiC 作为纳米粒子添加剂，在微量润滑液中的质量分数为 6%；图 13-3(c) 采用 Al₂O₃ 和 SiC 混合纳米粒子 mix(1:1) 作为添加剂，在微量润滑液中的质量分数为 6%；图 13-3(d) 采用 Al₂O₃ 和 SiC 混合纳米粒子 mix(1:2) 作为添加剂，在微量润滑液中的质量分数为 6%；图 13-3(e) 采用 Al₂O₃ 和 SiC 混合纳米粒子 mix(2:1) 作为添加剂，在微量润滑液中的质量分数为 6%。

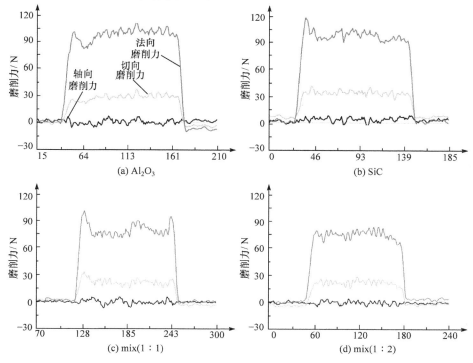

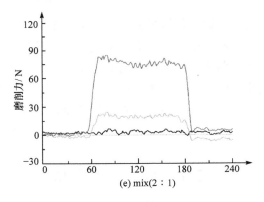

(e) mix(2 : 1)

图 13-3　　五组工况下的磨削力测量信号图

　　根据图 13-4 中不同配比 Al_2O_3 和 SiC 纳米流体的磨削力，可以看出纯 SiC 纳米流体的法向磨削力 F_n 和切向磨削力 F_t 分别为 93.21N 和 30.81N，相较于其他四组实验得到了最大的磨削力及其标准差。纯 Al_2O_3 纳米流体得到的法向磨削力和切向磨削力分别为 84.91N 和 25.31N，均低于纯 SiC 纳米流体，说明纯 Al_2O_3 纳米流体比纯 SiC 纳米流体具有更好的润滑效果。其次，三组不同配比的 Al_2O_3 和 SiC 混合纳米流体得到的磨削力均小于纯 SiC 纳米流体，因此混合纳米流体在微量润滑磨削中较纯 SiC 纳米流体展现出更好的润滑效果。其中 mix(2 : 1) 实现了最低的 F_n 和 F_t，分别为 70.91N 和 20.03N，相较于纯 SiC 纳米流体的 F_n 和 F_t 分别降低了 23.92% 和 34.99%。

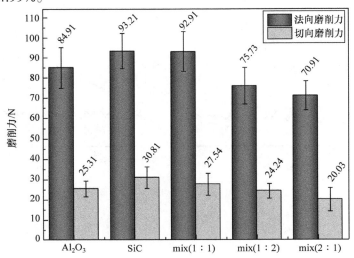

图 13-4　　不同配比 Al_2O_3 和 SiC 纳米流体的磨削力实验结果

　　磨削力比 (R) 的作为评价磨削区域润滑效果的参数之一，其中，较小的 R 对应较好的润滑效果。通过平面磨削实验，获得了五种磨削加工工况下的 R，如图 13-5 所示。

　　比较这几组实验中的磨削力比，可以看出，纯 Al_2O_3 纳米流体和纯 SiC 纳米流体得到的磨削力比分别为 $R_{Al_2O_3}=0.30$ 和 $R_{SiC}=0.33$，其中，纯 SiC 纳米流体得到了五组实验中最大的磨削力比。三组混合纳米流体微量润滑条件下所获得的磨削力比均有所减小，与纯纳米流体微量润滑相比较体现出了一定的优势。其中 mix(2 : 1) 得到了最小的磨削力比 $(R_{mix(2 : 1)}=0.28)$，

较纯 Al_2O_3 纳米流体和纯 SiC 纳米流体分别降低了 6.7%和 15.2%。mix（1∶1）得到的磨削力比（$R_{mix(1:1)}$=0.29）与 mix（2∶1）接近，较纯 Al_2O_3 纳米流体和纯 SiC 纳米流体分别降低了 3.3%和 12.1%。但 mix（1∶2）得到的磨削力比（$R_{mix(1:2)}$=0.32）仅小于纯 SiC 纳米流体的磨削力比。

通过实验现象的比较可以发现，一方面，纯 Al_2O_3 纳米流体较纯 SiC 纳米流体具有更好的润滑性能，这是因为 Al_2O_3 纳米粒子和 SiC 纳米粒子自身具有不同的物理特性和形状特性，从而具有不同的润滑性能。另一方面，三种配比的混合纳米流体微量润滑条件下得到的磨削力比纯纳米流体微量润滑的磨削力比有减小的趋势。也就说明三种配比的混合纳米流体微量润滑在润滑性能上有了一定的提高，产生这种现象的原因是混合纳米流体在润滑机理方面起到了协同作用。此外，三种配比的混合纳米流体微量润滑也表现出了不同的润滑性能，mix（2∶1）得到的磨削力比是最低的，由其余两组 mix（1∶1）和 mix（1∶2）的比较发现，SiC 的含量影响混合后纳米流体的磨削力比，而且 SiC 的含量增大，混合纳米流体的润滑性能呈现下降趋势，后者的磨削力比甚至已经高于纯 Al_2O_3 纳米流体的磨削力比，略低于纯 SiC 纳米流体的磨削力比，也就说明协同作用的机理取决于混合纳米粒子的配比。

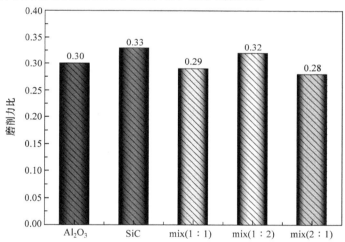

图 13-5　不同配比 Al_2O_3/SiC 纳米流体微量润滑的磨削力比

13.3.2　比磨削能

通过平面磨削实验获得了五种工况下比磨削能的关系，如图 13-6 所示，可以直观地看出纯 Al_2O_3 纳米流体和纯 SiC 纳米流体得到的比磨削能分别为 $U_{Al_2O_3}$ = 75.93J/mm^3 和 U_{SiC}= 92.43J/mm^3，其中，纯 SiC 纳米流体的比磨削能呈现出最大值，这是由于磨削区的摩擦力较大，使得切向磨削力增大，产生更多的能量消耗，并且过大的比磨削能反映了较差的工件表面质量。三组混合纳米流体微量润滑条件下所获得的比磨削能均有不同程度的降低，其中 mix（2∶1）得到了最低的比磨削能（$U_{mix(2:1)}$=60.68J/mm^3），较纯 Al_2O_3 纳米流体和纯 SiC 纳米流体分别降低了 20.1%和 34.9%。mix（1∶2）的比磨削能为 $U_{Mix(1:2)}$=72.72J/mm^3，大于 mix（2∶1）的比磨削能，较纯 Al_2O_3 纳米流体和纯 SiC 纳米流体分别降低了 4.2%和 21.3%。mix（1∶1）的比磨削能为 $U_{mix(1:1)}$=82.61J/mm^3，只小于纯 SiC 纳米流体，大于纯 Al_2O_3 纳米流体所得到的比磨削能。

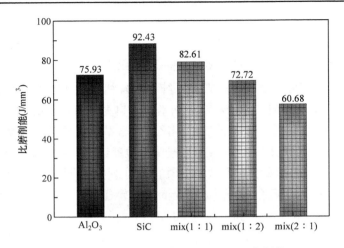

图 13-6 不同纳米流体微量润滑的比磨削能

通过比较实验结果可以发现，一方面对于纯纳米流体微量润滑方式，纯 Al_2O_3 纳米流体微量润滑方式得到了较纯 SiC 纳米流体更低的比磨削能，这说明采用纯 Al_2O_3 纳米流体作为微量润滑磨削液的添加剂，使得砂轮磨削工件表面去除工件材料所消耗的功率相对纯 SiC 纳米流体更小，即前者进行砂轮磨削工件表面时产生的磨削力更小。进一步说明纯 Al_2O_3 纳米流体微量润滑方式使砂轮与工件界面产生的摩擦力更小，即其磨削力比更低，润滑性能也就更好。另一方面对于混合纳米流体微量润滑方式，其整体的比磨削能较纯纳米流体更低，说明混合纳米流体的润滑性能的确要好于纯纳米流体的润滑性能。通过比较三组配比的混合纳米流体微量润滑方式所获得的比磨削能，可以发现混合纳米流体中 Al_2O_3 和 SiC 的比例不同，所得到的比磨削能也有较大的差异。其中三种工况得到的比磨削能分别为 $U_{mix(2:1)}$=60.68 J/mm^3、$U_{mix(1:2)}$=72.72J/mm^3 及 $U_{mix(1:1)}$=82.61J/mm^3，可以发现混合纳米流体中，随着 SiC 含量的增加所得到的比磨削能更大，混合纳米流体的润滑效果也就呈现下降趋势，甚至 mix(1:1) 的比磨削能已经比纯 Al_2O_3 纳米流体高，只是低于纯 SiC 纳米流体。说明这两种纳米粒子之间的协同作用存在最优化配比。

比磨削能是对磨削液润滑能力评价的指标。磨削区磨削液润滑充分可以减小磨粒与工件之间的摩擦力、磨削力，此时比磨削能通常较低且相对稳定。磨粒在磨削过程中通过滑擦、耕犁、切削形成磨屑完成磨削过程，因此在不同的磨削过程就会产生与磨削过程相对应的比磨削能，即滑擦能、耕犁能、切削能。而在磨削参数相同的情况下，不同润滑条件下产生比磨削能与切向磨削力 F_t 有关。Malkin 和 Cook[8]提出切向磨削力 F_t 可以分解为滑擦引起的切向磨削力 $F_{t,s}$ 和切削引起的切向磨削力 $F_{t,c}$，即 $F_t=F_{t,s}+F_{t,c}$。结合实验结果，一方面，纯 Al_2O_3 纳米流体微量润滑方式较纯 SiC 纳米流体得到了更低的比磨削能，这是因为多孔性的 Al_2O_3 纳米粒子具有较大的比表面积，在其表面可以附着较多的润滑油，起到修复磨削区油膜及增大磨削区油膜覆盖区域的作用，从而减小了磨粒在磨削过程中由滑擦引起的切向磨削力 $F_{t,s}$，即减小了磨削过程中的滑擦能，使得磨削区整体的比磨削能较低[4]。而多棱角的 SiC 纳米粒子进入磨削区时会产生"耕犁"的作用，使得磨粒在磨削过程中由滑擦引起的切向磨削力 $F_{t,s}$ 较大，即产生较大的滑擦能，从而导致较高的比磨削能。另一方面，三组混合纳米流体微量润滑磨削所产生的比磨削能均有降低的趋势且三者的比磨削能差异较大，这是因为混合纳米粒子之间的物理协同作用即 Al_2O_3 纳米粒子包覆于 SiC 纳米粒子周围，Al_2O_3 纳米粒子可以很好地补充油膜，结合 SiC 纳米粒子的自润滑特性，形成微小的局部团聚起到了类轴承的作用[5]，大大减小了磨削过程中由滑擦引起的切向磨削力 $F_{t,s}$。其中 mix(2:1)使得 Al_2O_3 纳米粒子和 SiC 纳米粒子之间起到了最好的协同作用，得到了最低的比磨削能。

13.3.3　工件的表面粗糙度

磨削加工一般作为终工序，其任务是要保证产品零件能达到图样上所要求的精度和表面质量，因此工件的表面质量成为评定磨削加工性能的重要标准。而表面粗糙度是工件表面质量的重要参数，因此实验中采用表面粗糙度来表征工件的表面质量。表面粗糙度决定了表面的光滑程度，其中较小的表面粗糙度对应较高的表面光滑程度。表面粗糙度对零件的耐磨性、耐疲劳性、耐腐蚀性及配合精度和配合性质均有很大的影响，图 13-7 为五种工况下工件表面的轮廓曲线。

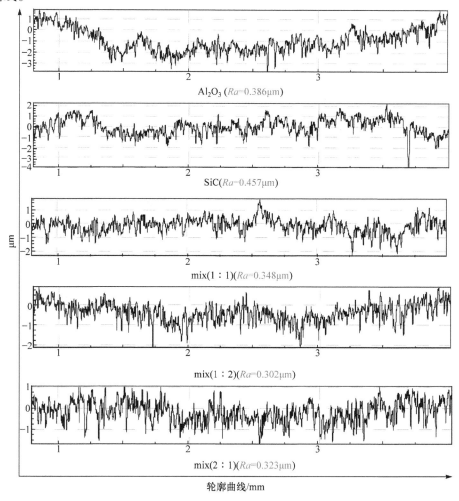

图 13-7　五种工况下工件表面的轮廓曲线

在此次表面粗糙度的测量过程中，每个工件表面选取五个点进行粗糙度测量，并得到五组相关的粗糙度。在粗糙度评定参数选择上，主要采用 *Ra* 和 *Rsm* 以及它们的标准差表征表面粗糙度。用表面粗糙度仪测得不同纳米流体微量润滑磨削工件表面粗糙度 *Ra* 及其标准差如

图 13-8 所示，*Rsm* 及其标准差如图 13-9 所示。

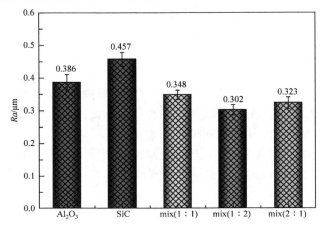

图 13-8　不同纳米流体微量润滑磨削工件表面粗糙度 *Ra* 和标准差

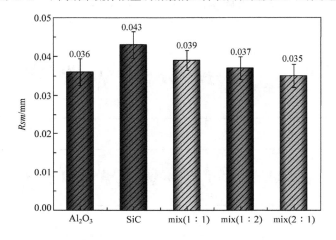

图 13-9　不同纳米流体微量润滑磨削工件表面粗糙度 *Rsm* 和标准差

由图 13-8 可直观地看到，纯 Al_2O_3 纳米流体微量润滑磨削液与纯 SiC 纳米流体微量润滑磨削液磨削加工的工件表面粗糙度平均值分别为 $Ra_{Al_2O_3} = 0.386\mu m$ 和 $Ra_{SiC} = 0.457\mu m$，其中使用纯 SiC 纳米流体微量润滑磨削的工件得到了五组中最大的表面粗糙度 *Ra*。使用纯 Al_2O_3 纳米流体和纯 SiC 纳米流体作为微量润滑磨削液加工的工件表面粗糙度 *Ra* 的标准差分别为 $2.53\times10^{-2}\mu m$ 和 $2.14\times10^{-2}\mu m$。通过比较表面粗糙度 *Ra* 及其标准差，可以发现纯 Al_2O_3 纳米流体微量润滑磨削液与纯 SiC 纳米流体微量润滑磨削液加工获得工件的表面粗糙度相差较大，前者获得的表面粗糙度较小，所以工件的表面质量相对较好。但是这两种加工方式所获得的表面粗糙度的标准差相差甚小且均偏大，说明工件上各点的表面粗糙度 *Ra* 对平均值的离散程度较大，即整个工件表面的精密度较差。因此可以说明在纯 Al_2O_3 纳米流体和纯 SiC 纳米流体作为微量润滑磨削液加工的工件表面粗糙度标准差相近的情况下，前者所获得的工件表面粗糙度更低，即采用纯 Al_2O_3 纳米流体微量润滑方式获得了更好的表面质量。这也证明了纯 Al_2O_3 纳米粒子和纯 SiC 纳米粒子不同的物理特性和形状特性影响了微量润滑磨削液的润滑性能。

三组混合纳米流体微量润滑条件下得到的工件表面粗糙度 Ra 均有所降低，与纯纳米流体微量润滑相比展现出一定的优势，其中 $Ra_{mix(1:1)}=0.348\mu m$、$Ra_{mix(1:2)}=0.302\mu m$、$Ra_{mix(2:1)}=0.323\mu m$，三组混合纳米流体微量润滑磨削工况下得到的工件表面粗糙度 Ra 均小于纯 Al$_2$O$_3$ 纳米流体和纯 SiC 纳米流体微量润滑工况下的 Ra，mix（1∶2）、mix（2∶1）、mix（1∶1）的表面粗糙度 Ra 较 SiC 分别下降了 33.9%、29.3%、23.9%，较 Al$_2$O$_3$ 分别下降了 21.8%、16.3%、9.8%，由此可见，三组混合纳米流体微量润滑磨削工况下的表面粗糙度较纯纳米流体微量润滑均有很大的提高。这也证明了混合纳米粒子在润滑机理方面起到了物理协同作用，提高了纳米流体微量润滑的润滑性能，降低了磨削区的磨削力比，因此得到了低的工件表面粗糙度，即好的工件表面质量。

表面粗糙度 Rsm 即轮廓微观不平度的平均间距，Rsm 反映了轮廓表面峰谷的疏密程度[9]。在磨削加工后的工件表面上会产生犁沟，而 Rsm 直接说明了工件表面上犁沟宽度，Rsm 越大，犁沟的宽度也就越大，即会降低工件的表面质量。图 13-9 为不同纳米流体微量润滑磨削工件表面粗糙度 Rsm 及其标准差，其中纯 SiC 纳米流体微量润滑磨削得到的工件表面粗糙度 Rsm 及其标准差分别为 $Rsm_{SiC}=0.043mm$ 和 $3.4\times10^{-3}mm$，大于其他工况下的 Rsm，因其具有高硬度，自润滑的特性可以起到类轴承作用。但是，如前面所分析的，SiC 纳米粒子形状不规则且多棱角[10]，进入磨削区时发生"耕犁"作用，会破坏油膜的形成，增大摩擦系数，从而影响其工件表面质量。

三组混合纳米流体微量润滑工况下得到的工件表面轮廓不平度的平均间距 Rsm 较纯 SiC 纳米流体均有降低，即混合纳米流体微量润滑工况下工件表面生成的犁沟宽度较纯 SiC 纳米流体工况下有所减小，表面质量更好。但是这三种磨削工况下得到的 Rsm 与纯 Al$_2$O$_3$ 纳米流体相近，其中 mix（1∶1）和 mix（1∶2）的 Rsm 略大于纯 Al$_2$O$_3$ 纳米流体的 Rsm，分别为 $Rsm_{mix(1:1)}=0.039mm$ 和 $Rsm_{mix(1:2)}=0.037mm$，其标准差分别为 $2.5\times10^{-3}mm$ 和 $2.9\times10^{-3}mm$，因此，mix（1∶1）和 mix（1∶2）两组混合纳米流体微量润滑工况下工件表面生成的犁沟宽度较纯 Al$_2$O$_3$ 纳米流体的大，但其标准差较纯 Al$_2$O$_3$ 纳米流体的小，说明其表面精密度好。mix（2∶1）得到的 Rsm 较纯 Al$_2$O$_3$ 纳米流体的 Rsm 小，而且其标准差也较小，为 $3.0\times10^{-3}mm$。因此 mix（2∶1）纳米流体微量润滑工况下工件表面生成的犁沟宽度较纯 Al$_2$O$_3$ 纳米流体的小，结合 mix（2∶1）工况下的表面粗糙度 Ra，说明其工件表面质量优于纯纳米流体微量润滑工况下的工件表面质量。

13.4　实验结果讨论

13.4.1　纯 Al$_2$O$_3$ 纳米流体与纯 SiC 纳米流体的润滑机理

纯 Al$_2$O$_3$ 纳米流体和纯 SiC 纳米流体的润滑效果有所差异，是因为 Al$_2$O$_3$ 和 SiC 纳米粒子自身的物理特性和形状特性不同，所以润滑机理也就不同，从而润滑效果产生了一定的差异，但就其共同点来说纳米粒子使得微量润滑的润滑性能有了很大的提高。

图 13-10 为 Al$_2$O$_3$ 纳米粒子的形状特性，可以看出其近似为片状结构。实验中使用的是 α-Al$_2$O$_3$，俗称刚玉，是 Al$_2$O$_3$ 所有晶型中应用最为广泛的一种，其晶体结构属于三方晶系的 R3c 空间群[11]，其结构可以看成 O^{2-} 按六方紧密排列，即 ABAB……二层重复型。在 α-Al$_2$O$_3$ 中，Al^{3+} 对称分布在由 O^{2-} 围成的八面体配位中心，组成的分子层属于最紧密堆积[12]，Al^{3+} 和 O^{2-}

之间具有很强的化学键极性，晶格能很大，使得 α-Al₂O₃ 具有高熔点、高强度和良好的化学稳定性等优点[13]。在实验中的微量润滑磨削条件下 Al₂O₃ 纳米粒子与润滑油混合形成纳米流体，经由微量润滑喷嘴喷出附着在砂轮与工件界面，在砂轮与工件之间凭借其高的载荷能力及良好的化学稳定性可以充当微滚珠，Hou 等[14]提出纳米粒子使微量润滑的润滑性能有了很大的提高，这是由于纳米粒子起到了滚珠效应和填补作用。正是因为 Al₂O₃ 纳米粒子起到了滚珠效应，砂轮与工件界面中的滑动摩擦变为滚动摩擦，起到了减摩的润滑效果，从而提高了纳米流体微量润滑的润滑性能。其次，Al₂O₃ 纳米流体的润滑效果与其多孔性的特点密不可分。Al₂O₃ 可以作为一种重要的介孔复合材料基材是因为 α-Al₂O₃ 中 Al³⁺填充于 2/3 的八面体空隙[15]，由于只填充了 2/3 的空隙，Al³⁺的分布必须有一定的规律，其原则就是在同一层和层与层之间，Al³⁺之间的距离应保持最远，这是符合鲍林规则的。因此，在出现 Al³⁺的这一层分子层会发生原子缺失造成的晶体缺陷，即会产生孔道[16]。图 13-11 为透射电镜下的 Al₂O₃ 孔道，这种多孔性的特点使得 Al₂O₃ 具有相当高的比表面积，可以使润滑油很好地附着在纳米粒子表面。因此在微量润滑磨削中，纳米流体经微量润滑喷嘴喷射到砂轮与工件界面产生油膜，多孔 Al₂O₃ 纳米粒子使得润滑油膜覆盖区域更大，产生更加稳定的润滑油膜，从而达到良好的润滑效果。

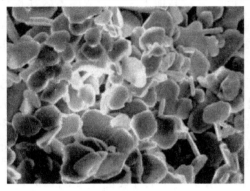 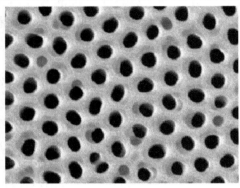

图 13-10　扫描电镜下 Al₂O₃ 的形态[2]　　　　　图 13-11　透射电镜下的 Al₂O₃ 孔道[3]

　　SiC 是一种相邻原子间以共价键相结合而形成的具有空间网状结构的原子晶体，其杂化类型为 sp3 杂化，空间构型为正四面体形，其莫氏硬度为 9.5 级，仅次于金刚石，略高于 Al₂O₃[17]。因此，SiC 可以和 Al₂O₃ 一样在砂轮与工件之间充当滚珠，但是 SiC 区别于 Al₂O₃ 的是它独特的正四面体形的空间构型，这使得 SiC 的物理形状不规则且多棱角，在受到一定载荷的作用下会对工件表面产生"耕犁"的作用，从而产生一定的阻尼，增大了摩擦系数，而且这种"耕犁"的作用在一定程度上破坏了油膜的形成，降低了 SiC 纳米流体微量润滑的润滑性能。其次，SiC 纳米粒子在具有高硬度、高耐磨性和高导热系数的同时也具有良好的自润滑特性。张立德[18]提出材料显微结构的形貌、粒径和分布直接关系到该材料的物理化学特性，由于纳米材料尺寸很小，电子平均自由程较短，电子的相干性和局域性相对增强，因此具有许多奇特的物理化学特性，称为纳米效应。其中，表面效应作为纳米效应的一种，是指随着粒径减小，纳米粒子的表面层原子数与总原子数的比值急剧增大所引起的物质性质的变化。图 13-12 为 SiC 的原子层示意图，C 和 Si 分别组成面心立方晶格，C 原子层与 Si 原子层交替形成层状堆积[19]，使得一定量的 C 原子裸露在 SiC 纳米粒子的表面，又因为 SiC 纳米粒子的粒径很小，其表面层原子数与总原子数的比值急剧增大，所以在 SiC 纳米粒子表面存在大量的 C 原子，使其具有自润滑的特性，一定程度上增加了 SiC 纳米流体的润滑性能，但其润滑性能不及 Al₂O₃，而且这种自润滑的特点区别于石墨，润滑性能远低于石墨的自润滑特性。

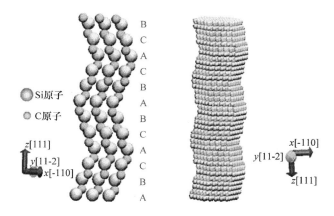

图 13-12　SiC 原子结构示意图[1]

因此根据 Al₂O₃ 纳米粒子和 SiC 纳米粒子具有不同的物理特性和形状特性，这两种粒子分别与润滑油混合后形成的纳米流体单独用于微量润滑磨削时也起到了不同的润滑效果。两种纳米粒子在润滑机理上存在一定的共同点，即 Al₂O₃ 纳米粒子和 SiC 纳米粒子均可作为微滚珠，起到滚珠效应。润滑机理的差异则更为明显，即 Al₂O₃ 纳米粒子凭借其多孔性，起到修复油膜的作用，以达到润滑的目的，而 SiC 纳米粒子凭借其自润滑的特性，产生一定的润滑效果。因此，尝试将两种纳米粒子混合，从而结合各自的优势可以提高润滑性能。

13.4.2　Al₂O₃ 和 SiC 混合纳米粒子的物理协同作用分析

两种混合纳米流体微量润滑磨削液制备过程如下：纳米流体制备采用两步法，将制备好的纳米粒子分散到微量润滑油中完成纳米流体的制备。制备过程中，将合成脂作为微量润滑油基础油，分别添加三种按比例混合的混合纳米粒子，再添加 SDS 作为分散剂。将配好的微量润滑磨削液置于数控超声波振荡器上辅以 20min 超声波振动[20]。用三种混合纳米流体微量润滑磨削液进行微量润滑磨削实验研究。

对比这五组实验结果可知，三种配比的纳米流体微量润滑条件下得到的磨削力比均有所降低。较纯纳米流体微量润滑体现出了一定优势，而产生这种现象的原因是混合纳米粒子在润滑机理方面起到了物理协同作用。如图 13-13 所示，这种物理协同作用主要表现在 Al₂O₃ 纳米粒子与 SiC 纳米粒子发生物理包覆的现象，Al₂O₃ 纳米粒子具有良好的吸附性，使得 Al₂O₃ 较好地吸附在 SiC 纳米粒子的表面，使 Al₂O₃ 纳米粒子有物理修饰 SiC 的效果，提高了 SiC 纳米粒子在微量润滑磨削液中的分散稳定性，起到了类轴承的效应[21]。当 SiC 在混合纳米粒子中所占的比例很低时，这两种纳米粒子的关系是局部团聚，Al₂O₃ 包覆于 SiC 表面，使得每一组局部的团聚均可充当类轴承，进一步提高纳米流体微量润滑的润滑性能，实验结果中 $R_{mix(2:1)}$=0.28 也确实得到了最好的润滑效果。但是随着 SiC 在混合纳米粒子中的比例增加，Al₂O₃ 并不能包覆所有的 SiC 纳米粒子，使得混合纳米流体润滑磨削液中出现 SiC 纳米粒子单独作用的现象，实验结果中 $R_{mix(1:1)}$=0.29 和 $R_{mix(1:2)}$=0.32 也证明了这一点。通过以上可以说明，在混合纳米粒子中 SiC 配比低于 Al₂O₃ 有利于提高微量润滑磨削液的润滑性能。

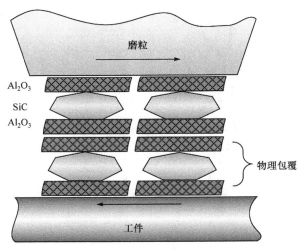

图 13-13　物理包覆现象示意图

13.4.3　工件表面形貌和轮廓支撑长度率曲线

图 13-14（a）和（b）为扫描电镜下纯 Al_2O_3 纳米流体微量润滑磨削液与纯 SiC 纳米流体微量润滑磨削液磨削加工的工件表面形貌，可以清晰地看到这两种纯纳米流体微量润滑磨削所得

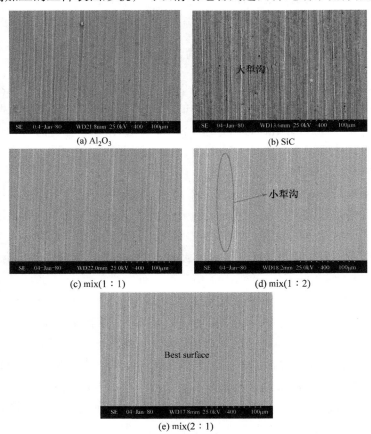

图 13-14　不同纳米流体微量润滑磨削工件表面形貌

到工件的表面质量状况，其中使用纯 Al₂O₃ 纳米流体与纯 SiC 纳米流体相比获得了更好的工件表面质量。其次，这两种纯纳米流体工况下的工件表面均出现较大的"犁沟"，并且纯 SiC 纳米流体工况下的工件表面尤为明显。这进一步证明了以上结论，纯 SiC 纳米粒子作为微量润滑添加剂的润滑效果较其他方式存在明显的差异，形成了较差的工件表面质量。

通过比较这五组实验结果发现 mix(1∶2)纳米流体微量润滑工况下得到了最低的工件表面粗糙度 Ra，而 mix(2∶1)纳米流体微量润滑工况下得到了最小的轮廓微观不平度的平均间距 Rsm，为了比较 mix(1∶2)和 mix(2∶1)两种工况下工件表面状况，引入粗糙度轮廓支撑长度率曲线，如图 13-15 所示，支撑长度率曲线是表面高度的累积概率函数，Mr_1 和 Mr_2 分别是两个高度上的支撑率，起到功能区域分界点的作用，可以将支撑长度率曲线分成 3 个功能区域，即峰区、核心区和谷区，分别对应表面不同的功能特性，其中峰区对应表面跑合性能；核心区对应支撑性和表面工作寿命期的磨损；谷区影响润滑油的滞留性。由图 13-15 中可以看出，mix(2∶1)的 Mr_1 和 Mr_2 之间的核心区为 83%，较 mix(1∶2)的核心区(75%)更长，表明前者工件表面平整区域更大，即 mix(2∶1)的工况下得到了更好的表面质量。

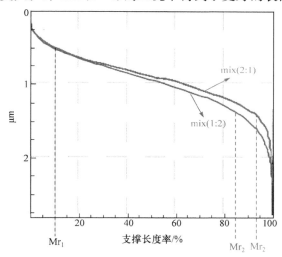

图 13-15　mix(1∶2)和 mix(2∶1)的轮廓支撑长度率曲线

图 13-14(c)～(e)分别为扫描电镜下 mix(1∶1)、mix(1∶2)、mix(2∶1)混合纳米流体微量润滑工况下的工件表面形貌，可以看出混合纳米流体较纯纳米流体微量润滑工况下工件的表面形貌有很大的改善，进一步证明了混合纳米粒子的物理协同作用使其在润滑性能上具有很大的优势。其次，这三种配比的混合纳米流体微量润滑得到的工件表面形貌也有较大差异，其中，mix(1∶2)的表面形貌也会出现一些较小的"犁沟"，这是因为混合纳米流体在进入磨削区后会起到微量的研磨作用，提高工件表面质量的效果。但是通过扫描电镜可以直观地看到 mix(2∶1)微量润滑得到的工件表面形貌明显优于其他两种，即其工件表面质量更优。

13.5　结　　论

本章实验探究了 Al₂O₃ 和 SiC 混合纳米流体微量润滑磨削液添加剂的润滑性能，得出如下结论。

（1）在 Al_2O_3 和 SiC 两种纯纳米流体微量润滑的润滑性能比较中，纯 Al_2O_3 纳米流体取得了更低的摩削力比 $R=0.3$、比磨削能 $U=75.93J/mm^3$ 和表面粗糙度 $Ra=0.386\mu m$，较纯 SiC 纳米流体表现出好的润滑性能和高的表面质量。这是由于 Al_2O_3 纳米粒子特殊的片状结构和多孔性的特点使其具有更好的润滑性能。

（2）Al_2O_3 和 SiC 混合纳米流体微量润滑较纯纳米流体展现出了很大的优势，得到了更低的摩削力比、比磨削能和表面粗糙度 Ra、Rsm，即更好的润滑性能。这是因为混合纳米粒子在微量润滑磨削液中的物理协同作用将 Al_2O_3 纳米流体和 SiC 纳米流体润滑性能的优点结合在一起，弥补了这两种纳米流体在润滑方面的缺点，达到了较纯纳米流体更好的润滑效果。

（3）实验中三组配比的混合纳米流体展现出了不同的润滑效果，而且这三种混合纳米流体润滑效果的大小顺序为 mix（2∶1）> mix（1∶2）> mix（1∶1），mix（1∶2）和 mix（1∶1）这两种配比方式未完全形成物理包覆结构，润滑效果并不理想。但是 mix（2∶1）得到的摩削力比 $R=0.28$、比磨削能 $U=60.68J/mm^3$ 和表面粗糙度 $Ra=0.323\mu m$，较纯纳米流体中润滑性能好的 Al_2O_3 纳米流体分别降低了 6.7%、20.1% 和 29.3%，由此可见，mix（2∶1）的配比方式达到了混合纳米流体最好的润滑性能，因此 mix（2∶1）为最佳配比。

参 考 文 献

[1] 王冬华. 凝胶前驱体对碳化硅结构和形貌的影响[D]. 太原: 中国科学院山西煤炭化学研究所, 2009.

[2] ZHANG X, LI C, ZHANG Y, et al. Lubricating property of MQL grinding of Al₂O₃/SiC mixed nanofluid with different particle sizes and microtopography analysis by cross-correlation[J]. Precision Engineering, 2017, 47: 532-545.

[3] ZHANG X, LI C, ZHANG Y, et al. Performances of Al₂O₃/SiC hybrid nanofluids in minimum-quantity lubrication grinding[J]. International Journal of Advanced Manufacturing Technology, 2016, 86: 3427-3441.

[4] 厉月含. 纳米 Al₂O₃ 在海水中的沉降及其对磷和腐殖酸的吸附研究[D]. 厦门: 厦门大学, 2014.

[5] 袁思伟, 冯妍卉, 王鑫,等. α-Al₂O₃ 介孔材料导热特性的模拟[J]. 物理学报, 2014, 63（1）: 220-227.

[6] OCONNELL M J, BACHILO S M, HUFFMAN C B, et al. Band gap fluorescence from individual single-walled carbon nanotubes.[J]. Science, 2002, 297（5581）: 593-596.

[7] JIA D, LI C, ZHANG Y, et al. Experimental research on the influence of the jet parameters of minimum quantity lubrication on the lubricating property of Ni-based alloy grinding[J]. International Journal of Advanced Manufacturing Technology, 2016, 82（1-4）: 617-630.

[8] MALKIN S, COOK N H. Wear of grinding wheels. Part 1. Attritious wear[J]. Journal of Engineering for Industry, 1971, 93（4）: 1120.

[9] SHAO Y, FERGANI O, LI B, et al. Residual stress modeling in minimum quantity lubrication grinding[J]. The International Journal of Advanced Manufacturing Technology, 2016, 83（5）: 743-751.

[10] ZHANG Y, LI C, YANG M, et al. Experimental evaluation of cooling performance by friction coefficient and specific friction energy in nanofluid minimum quantity lubrication grinding with different types of vegetable oil[J]. Journal of Cleaner Production, 2016, 139: 685-705.

[11] 尹衍升. 氧化铝陶瓷及其复合材料[M]. 北京: 化学工业出版社, 2001.

[12] YANG M, LI C, ZHANG Y, et al. Maximum undeformed equivalent chip thickness for ductile-brittle transition of zirconia ceramics under different lubrication conditions[J]. International Journal of Machine Tools & Manufacture, 2017, 122: 55-65.

[13] WANG Y, LI C, ZHANG Y, et al. Comparative evaluation of the lubricating properties of vegetable-oil-based nanofluids between frictional test and grinding experiment[J]. Journal of Manufacturing Processes, 2017, 26: 94-104.

[14] HOU Y, WANG S, ZHANG D, et al. Investigation into the formation mechanism and distribution characteristics

of suspended microparticles in MQL grinding[J]. Recent Patents on Mechanical Engineering, 2014, 7(1): 52-62.

[15] YANG M, LI C, ZHANG Y, et al. Microscale bone grinding temperature by dynamic heat flux in nanoparticle jet mist cooling with different particle sizes[J]. Materials & Manufacturing Processes, 2017(6): 1-11.

[16] ZAKARIA R, RUYET D L. Theoretical analysis of the power spectral density for FFT-FBMC signals[J]. IEEE Communications Letters, 2016, 20(9): 1748-1751.

[17] DING K, FU Y C, SU H H, et al. Experimental study on ultrasonic assisted grinding of C/SiC composites[J]. Key Engineering Materials, 2014, 620: 128-133.

[18] 张立德. 纳米材料和纳米结构[J]. 中国科学院院刊, 2001, 16(6): 444-445.

[19] ZHENG W, ZHOU M, ZHOU L. Influence of process parameters on surface topography in ultrasonic vibration-assisted end grinding of SiCp/Al composites[J]. International Journal of Advanced Manufacturing Technology, 2017, 91(5-8): 2347-2358.

[20] LI B, LI C, ZHANG Y, et al. Effect of the physical properties of different vegetable oil-based nanofluids on MQLC grinding temperature of Ni-based alloy[J]. International Journal of Advanced Manufacturing Technology, 2017, 89(9-12): 3459-3474.

[21] MOLAIE M M, AKBARI J, MOVAHHEDY M R. Ultrasonic assisted grinding process with minimum quantity lubrication using oil-based nanofluids[J]. Journal of Cleaner Production, 2016, 129: 212-222.

第14章 混合纳米粒子的不同物理协同作用对微量润滑磨削性能的影响及表面形貌微观表征

14.1 引 言

纳米流体润滑性能在微量润滑磨削加工性能中占有主导地位，有效地提高纳米流体的润滑性能成为当前研究的主要趋势。其中，不同的粒径比会产生不同的物理协同作用和物理包覆效果，通过对纳米流体中混合纳米粒子的粒径比的优化来提高纳米流体的润滑效果，是提高 MQL 磨削加工性能的有效途径之一。以往的学者研究了单一纳米粒子的粒径对纳米流体摩擦学性能和润滑性能的影响，但是很少有学者研究不同粒径组合的混合纳米粒子对微量润滑磨削润滑性能的影响。

因此本章通过优化混合纳米粒子的粒径组合，提高纳米流体微量润滑磨削砂轮与工件界面的摩擦学特性，降低磨削力，提高工件表面质量，实现高效、低耗、保护环境、资源节约的低碳绿色清洁生产。研究中，将不同粒径的混合 Al_2O_3 和 SiC 纳米粒子与基础油配制纳米流体，进行纳米流体微量润滑磨削高硬材料镍基合金实验。通过分析磨削性能参数（单位磨削力、工件去除参数、表面粗糙度（Ra、Rsm 和 t_p）、磨屑形貌、接触角）以及进一步对工件表面轮廓曲线的互相关分析，以此来探究 Al_2O_3 和 SiC 混合纳米流体产生最佳润滑性能的粒径组合。

14.2 实 验 设 计

1. 实验设备

实验所使用的磨削设备及参数与 13.2.1 节相同，另采用 JC2000C1B 接触角测量仪测量雾滴与工件之间的接触角。

2. 实验材料

纳米流体中采用的混合体积分数比为 2∶1 的 Al_2O_3 和 SiC 混合纳米粒子进行配置。以前的研究[1]表明当 Al_2O_3 和 SiC 混合纳米粒子混合体积分数比为 2∶1 时，与基础油混合形成的纳米流体通过微量润滑装置，以雾滴的方式喷到磨削区达到了最好的润滑效果[2]，而且得到的工件表面质量最优。因此，本次实验中采用 2∶1 的混合体积分数比。

基础油采用型号为 Bluebe #LB-1 的合成脂，其优点列举如下：①成分是植物油，无毒、无害、无异味、不挥发；②优越的润滑性能，能在各种条件下延长砂轮使用寿命，保持工件表面光亮无损伤[3]；③冷却性能好，黏度低，可消除砂轮及工件因温度变化而产生的应力，冷却效果出众；④环保，符合国际环保规定，易分解，符合可持续发展战略。

3. 实验方案

实验将混合纳米粒子 Al_2O_3 和 SiC 的粒径比记为 mix$(x:y)$，按照混合纳米粒子中 Al_2O_3 与 SiC 不同的粒径比共分为 9 组，分别为 mix$(30:30)$、mix$(50:50)$、mix$(70:70)$、mix$(30:50)$、mix$(30:70)$、mix$(50:30)$、mix$(50:70)$、mix$(70:30)$、mix$(70:50)$。将这 9 组不同粒径比的混合纳米粒子分别以 2%体积分数与合成脂混合作为纳米流体微量润滑的磨削液，分别测量这 9 组实验的切向磨削力 F_t 和法向磨削力 F_n、表面粗糙度 Ra 和 Rsm 及工件上雾滴的接触角，具体的实验方案设计如表 14-1 所示。

表 14-1　Al_2O_3 和 SiC 纳米粒子的粒径对混合纳米流体微量润滑磨削性能影响的实验方案

实验号		粒径 / nm		体积分数 / %	混合体积分数比
		Al_2O_3	SiC		
1	mix$(30:30)$	30	30	2	2:1
	mix$(30:50)$		50	2	2:1
	mix$(30:70)$		70	2	2:1
2	mix$(50:30)$	50	30	2	2:1
	mix$(50:50)$		50	2	2:1
	mix$(50:70)$		70	2	2:1
3	mix$(70:30)$	70	30	2	2:1
	mix$(70:50)$		50	2	2:1
	mix$(70:70)$		70	2	2:1

14.3　实验结果分析

14.3.1　单位磨削力

根据单位磨削力的计算式(8-19)和式(8-20)，得到九组不同粒径比的单位磨削力，如图 14-1 所示，在 Al_2O_3 纳米粒子粒径不变的情况下，随着 SiC 纳米粒子粒径的增大，Al_2O_3 和 SiC 混合纳米流体微量润滑磨削得到的单位法向磨削力逐渐增大，但是当 Al_2O_3 纳米粒子的粒径逐渐增大时，得到的单位法向磨削力整体上有逐渐减小的趋势。其中，mix$(70:30)$得到了最低的单位切向磨削力(2.645N/mm)且其标准差较小，较最高的单位切向磨削力(mix$(30:70)$ = 3.683N/mm)减小了 28.2%。

相对于单位法向磨削力而言，单位法向磨削力的变化趋势并不明显。比较这九组不同粒径比的 Al_2O_3 和 SiC 混合纳米流体微量润滑磨削工况下的单位法向磨削力，可以发现，mix$(30:30)$、mix$(50:50)$、mix$(70:70)$分别得到了所在组中最大的单位法向磨削力 1.226N/mm、1.196N/mm、1.296N/mm。mix$(70:30)$得到了最低的单位法向磨削力(0.809N/mm)且其标准差较大，较最高的单位法向磨削力(mix$(70:70)$=1.296N/mm)减小了 37.6%。

由此可见，在这九组不同粒径比的 Al_2O_3 和 SiC 混合纳米流体微量润滑磨削工况下，mix$(70:30)$得到了最低的单位法向磨削力及单位切向磨削力，达到了最好的润滑效果。

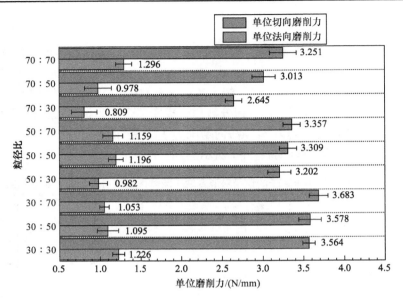

图 14-1　不同工况下的单位磨削力

14.3.2　工件的去除参数

评价工件的去除率及难磨程度可用工件的去除参数 Λ_w。它的物理意义是单位法向力在单位时间中切除金属的体积[4]，如式（12-22）所示。

被磨材料的去除参数反映了工件的去除率，较大的工件去除参数对应较高的工件去除率。根据式（12-22）计算得出九种加工工况下的工件去除参数，如图 14-2 所示。

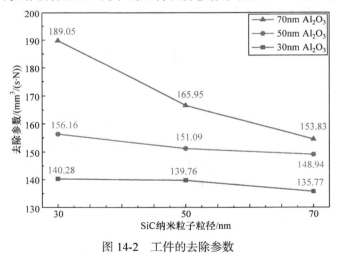

图 14-2　工件的去除参数

通过图 14-2 这几组实验的工件去除参数比较中，可以直观地看出，Al_2O_3 和 SiC 混合纳米流体中，Al_2O_3 纳米粒子的粒径为 70nm 时得到的工件去除参数较其他两种粒径具有明显的优势，其中，Al_2O_3 和 SiC 混合纳米流体 mix（70∶30）得到了最大的工件去除参数，为 189.05mm³/（s·N），即表现出了最高的去除率。另外，Al_2O_3 和 SiC 混合纳米流体 mix（30∶70）得到了最小的工件去除参数，为 135.77mm³/（s·N），表现出了最低的去除率。随着 SiC 纳米粒子粒径的增大，工件去除参数呈逐渐减小的趋势，工件去除率逐渐降低。

14.3.3 工件的表面粗糙度

杨玉芬[5]建立了表面粗糙度评定参数的权重分析数学模型，探讨了表面粗糙度评定参数 Ra、Rz、Rsm、Rmr 等反映表面粗糙的权重。在研究中发现 Ra 包含着微观不平度大部分信息，足能表征表面粗糙度的表面特征和使用性能，所以优先选用 Ra 表征表面粗糙度。但它不能完整地表征粗糙度的间距特性，Rsm 很好地表征粗糙度的间距特性。Rmr 表征粗糙度轮廓形状，与表面的摩擦磨损有关，能直接反映表面的接触面积[6]。因此在粗糙度评定参数选择上，主要采用 Ra 表征表面粗糙度，Rsm 及 Rmr 作为辅助参数分析。

1. 工件表面轮廓算术平均高度(Ra)与轮廓单元的平均宽度(Rsm)

采用 TIME 3220 表面粗糙度仪测得不同粒径比 Al_2O_3 和 SiC 混合纳米流体微量润滑磨削工件表面粗糙度 Ra 及其标准差如图 14-3 所示，Rsm 及其标准差如图 14-4 所示。

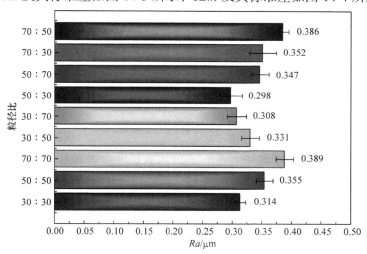

图 14-3　不同工况下工件表面粗糙度 Ra 及其标准差

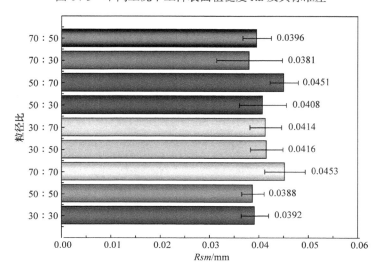

图 14-4　不同工况下工件表面粗糙度 Rsm 及其标准差

根据图 14-3 可知，mix(30∶30)、mix(50∶50)、mix(70∶70)得到的表面粗糙度 Ra 分别为 0.314μm、0.355μm、0.389μm，随着混合纳米粒子粒径的增加，Al_2O_3 和 SiC 混合纳米流体微量润滑磨削工件表面粗糙度 Ra 逐渐增大。其次，当 Al_2O_3 和 SiC 混合纳米流体中 SiC 纳米粒子的粒径不变时，随着 Al_2O_3 纳米粒子粒径的增大，混合纳米流体微量润滑磨削工件表面粗糙度 Ra 逐渐增大，且变化趋势较明显，因此混合纳米流体中 Al_2O_3 纳米粒子粒径的变化对工件表面粗糙度 Ra 有较大程度的影响。这九种工况下，mix(50∶30)得到了最小的 Ra，为 0.298μm，较 Ra 最大的(mix(70∶70)=0.389μm)降低了 23.4%，而且其标准差较小，为 $1.92×10^{-2}$μm，说明工件上各点的表面粗糙度 Ra 对平均值的离散程度小，即整个工件表面具有较高的精密度。

在磨削加工后的工件表面上，Rsm 反映了磨粒切削工件时"犁沟"的直径。大的"犁沟"直径会降低工件的表面质量。由图 14-4 可知，Al_2O_3 和 SiC 混合纳米流体中 SiC 纳米粒子粒径对工件表面粗糙度 Rsm 的影响更明显，比如，mix(70∶30)为 0.0381mm、mix(70∶50)为 0.0396mm、mix(70∶70)为 0.0453mm，即在 Al_2O_3 纳米粒子的粒径不变的情况下，随 SiC 纳米粒子粒径的增大，混合纳米流体微量润滑磨削工件表面粗糙度 Rsm 逐渐增大，得到的工件表面会产生较大的"犁沟"。其中 mix(70∶30)得到了最低的 Rsm，即磨粒切削工件时产生的"犁沟"直径较小，从而说明形成较高的工件表面质量，但是其 Rsm 的标准差较高，说明工件上各点的表面粗糙度 Rsm 对平均值的离散程度大，即工件表面的精密度较低。

2. 轮廓支撑长度率(t_p)

有时仅用高度方向 Ra 和横向间距参数 Rsm 还不足以表明表面粗糙度的全部特征，不能反映对零件性能的影响情况[7]。轮廓曲线在峰和谷之间的形状不同，将对零件的使用性能产生不同影响，因此还需要表征微观不平度的形状特征参数，于是引入轮廓支撑长度率 t_p 和轮廓支撑长度率曲线[8]。

Abbott 和 Firestone 首先利用轮廓支撑长度率来分析表面的功能特性[9]，由 Abbott-Firestone 轮廓支撑长度率曲线获得了 3 个参数：峰顶粗糙度、中间粗糙度和谷底粗糙度，对应轮廓支撑长度率曲线的三个部分：轮廓峰、核心轮廓和轮廓谷[10]。其中，以百分数表示的轮廓支撑长度率 Mr_1 是为一条将轮廓峰分离出粗糙度核心轮廓的截线而确定的；以百分数表示的轮廓支撑长度率 Mr_2 是为一条将轮廓谷分离出粗糙度核心轮廓的截线而确定的[11]。

上述九种工况下得到的纵向评定参数 Ra 和横向评定参数 Rsm 中，mix(30∶70)和mix(50∶30)得到了较低的 Ra，分别为 0.308μm 和 0.298μm，mix(70∶30)得到了较低的 Rsm，为 0.0381mm，因此对这三种粒径比 Al_2O_3 和 SiC 混合纳米流体微量润滑磨削工况下得到的工件表面轮廓支撑长度率曲线进行分析，如图 14-5 所示，显然，轮廓水平截距 c 相同时，mix(30∶70)的轮廓支撑长度率曲线的截线位置 Mr_2 更靠近右侧，较 mix(70∶30)、mix(50∶30)具有更长的轮廓支撑长度率，t_p 为 90%，即工件表面微观凸峰的整体分布更精密且较均匀，当工件摩擦表面磨损到一定程度时，会产生较大的支撑面积，具有较高的表面支撑性能，即工件具有较高的表面质量。mix(50∶30)和 mix(70∶30)的轮廓支撑长度率曲线轮廓谷部分面积较大，说明其工件表面"犁沟"较多且深，表面质量较低，但因其轮廓谷部分面积较大，具有良好的储油功能，有效地提高了润滑效果，于是图 14-1 中 mix(50∶30)和 mix(70∶30)均得到了第 2、3 组中最低的单位法向磨削力和单位切向磨削力，表现出了良好的润滑性能。

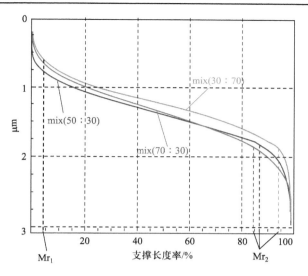

图 14-5　轮廓支撑长度率曲线

14.4　实验结果讨论

14.4.1　不同物理包覆效果的 Al_2O_3 和 SiC 混合纳米流体的润滑作用机理

Al_2O_3 纳米粒子和 SiC 纳米粒子具有不同的物理特性和形状特性，这两种粒子按照不同粒径比与润滑油混合后形成的纳米流体用于微量润滑磨削时会起到不同的润滑效果。Al_2O_3 纳米粒子属于硬质材料，物理形状近似于球形，具有较高的比表面积及吸附性，Al^{3+} 和 O^{2-} 之间具有很强的化学键极性，晶格能较大，使得 Al_2O_3 纳米粒子具有高熔点、高强度和良好的化学稳定性等优点[12]。SiC 俗称金刚砂，属于硬质材料，具有多棱角的物理形状，其莫氏硬度可达 9.5 级，是由碳原子和硅原子以共价键为主结合而成的化合物，它具有类似金刚石的六面体晶体结构，具有很高的硬度和熔点。此外，SiC 具有异常突出的化学稳定性和热稳定性，以及优异的力学和热传导性能[1]。

学者在将纳米粒子作为润滑油添加剂进行润滑性能的实验研究时，相继提出了一些纳米粒子改善润滑油性能的机理[13-15]。总结起来，Al_2O_3 和 SiC 等硬质纳米粒子改善润滑油性能的机理主要有：①滚珠机制，在光滑度较好的接触面，球形或近似球形的纳米粒子能够在摩擦表面形成滚珠轴承效应，变滑动摩擦为滚动摩擦，从而减小了摩擦系数，表现出优异的减摩性能。②填补机制，比较小的纳米粒子可以填充摩擦表面的犁沟和损伤部位，起到自修复作用，减小粗糙度，降低摩擦系数。③表面研磨抛光机制，一些硬质纳米粒子添加到润滑油中作磨光材料本身就是一种精密抛光的方法，可加工超光滑表面。抛光后的摩擦副的粗糙度降低、接触面积增大，从而使摩擦系数降低，而且接触面的压应力会变小，可提高润滑油的承载能力。

Al_2O_3 和 SiC 混合纳米粒子作为润滑油添加剂，与基础油混合形成纳米流体，通过微量润滑系统喷到磨削区，达到了良好的润滑效果。Al_2O_3 纳米粒子的微观形貌近似于球形，结合其高的载荷能力及良好的化学稳定性，经由微量润滑喷嘴喷出附着在砂轮与工件界面，使得砂轮与工件界面间的滑动摩擦转变为滚动摩擦，起到滚珠效应，提高了纳米流体减摩效果和极压性能[16]。其次，粒径较小的纳米粒子可以填充工件摩擦表面犁沟等部位，起到填补作用，提高纳米流体的润滑效果。另外，Al_2O_3 纳米粒子表面具有较强的吸附性，可以很好地附着基础油，增加磨削区油膜覆盖面积，以增强纳米流体的润滑性能[17]。与 Al_2O_3 纳米粒子不同的是，SiC 纳米粒子物理形状不规则且多棱角，无法同球形 Al_2O_3 纳米粒子一样在砂轮与工件界面达到理想的滚珠效应。SiC 纳米粒子改善基础油润滑性能的机理主要是对工件摩擦表面的研磨抛光机制以及 SiC 本身的自润滑特性，为基础油提供良好的润滑性能和极压性能的同时，对工件表面起到了研磨作用，有效地降低了工件表面粗糙度。

结合 Al_2O_3 纳米粒子和 SiC 纳米粒子各自的特点，这两种纳米粒子混合之后具有优势互补的润滑效果，杜绝了两种纳米粒子在微量润滑中对润滑性能不利的一面，实现了物理协同作用，主要表现在 Al_2O_3 纳米粒子和 SiC 纳米粒子之间的物理修饰作用，即物理包覆现象。物理包覆现象由纳米粒子的表面效应引起，随着纳米粒子粒径的减小，纳米粒子的表面原子数与总原子数的比值急剧增大，纳米粒子的比表面积迅速增加，同时，粒径的减小也会产生更高的比表面能和比界面能[18]。纳米粒子表面层的原子处于非对称力场，使其与内部原子所受的力不平衡，表面层原子主要受到内部一侧的作用力，使得原子配位数不饱和，非常容易与外界原子相结合而趋向稳定，因此不同粒径组合 Al_2O_3 和 SiC 混合纳米粒子经由微量润滑系统输送到磨削区，就会产生各种物理包覆效果。

图 14-6 为不同粒径比 Al_2O_3 和 SiC 混合纳米粒子的物理包覆现象示意图。在这九组实验中，凭借这种物理协同作用，Al_2O_3 和 SiC 混合纳米流体粒径比 mix（30∶70）、mix（50∶30）和 mix（70∶30）均得到了较为理想磨削效果。其中 mix（30∶70）得到了所在第 1 组中最低的单位切向磨削力以及较高的表面质量，是由于在纳米流体体积分数一定的情况下，随 Al_2O_3 纳米粒子粒径的减小，Al_2O_3 纳米粒子的数量增多，对粒径较大的 SiC 纳米粒子起到了较好的物理修饰作用，达到了良好的物理包覆效果，如图 14-6（a）所示，在磨削区起到了良好的滚珠及填补作用，从而达到了较好的润滑效果，而较大粒径的 SiC 纳米粒子起到辅助研磨的作用。mix（50∶30）和 mix（70∶30）均具有较小粒径的 SiC 纳米粒子，与其他纳米流体相比较，这两组纳米流体中 SiC 纳米粒子的数量较多，主要起到研磨作用，具有提高工件表面质量的效果。但是从图 14-3 和图 14-4 中看到 mix（70∶30）的纳米流体没有得到理想的工件表面质量，得到的工件表面粗糙度 Ra 较大且 Rsm 的标准差较大，说明工件表面存在较大的犁沟，这是因为 SiC 纳米粒子的粒径小、数量过多，对工件表面的磨损加大，引起了相反的作用效果。

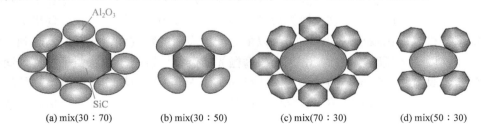

(a) mix(30∶70)　　　(b) mix(30∶50)　　　(c) mix(70∶30)　　　(d) mix(50∶30)

图 14-6　不同粒径比 Al_2O_3 与 SiC 混合纳米粒子的物理包覆现象

14.4.2　纳米流体微量润滑液滴与工件表面的接触角对润滑性能的影响

微量润滑磨削液自喷嘴喷出后以雾滴的形式喷入磨削区，进入工件与砂轮之间实现冷却润滑作用。因此雾滴落在工件上的状态决定了润滑效果，这里所说的雾滴状态是雾滴落在工件上与工件之间的接触角。在磨削过程中，小的雾滴接触角代表了大的雾滴的浸润面积，即微量润滑磨削液有效润滑面积，而浸润面积越大，微量润滑磨削液润滑作用越充分，工件的表面质量越高。如果雾滴接触角过大，会导致浸润面积过小，不能起到充分的润滑作用。影响雾滴与工件之间接触角的内因为雾滴的表面张力，表面张力越小，雾滴与工件的接触角越小[19]。图 14-7 为纳米流体微量润滑雾滴与镍基合金接触角测量图，不同粒径比的 Al_2O_3 和 SiC 混合纳米流体得到了不同的接触角。

通过比较图 14-7 中这 9 组不同粒径比的 Al_2O_3 和 SiC 混合纳米流体的雾滴接触角，可以看出 mix(30∶70)、mix(50∶30) 和 mix(70∶30) 得到了 9 组纳米流体中较低的雾滴接触角，分别为 35.5°、30.5° 和 41.0°，说明这 3 组纳米流体均得到了较大的浸润面积，对砂轮与工件界面的润滑作用更加充分，因此 mix(30∶70)、mix(50∶30) 和 mix(70∶30) 均得到了较好的工件表面质量。其次，mix(50∶30) 得到最小的雾滴接触角，对应 mix(50∶30) 最低的表面粗糙度 Ra(0.298μm)，说明雾滴与工件之间的接触角对表面粗糙度 Ra 影响较大。

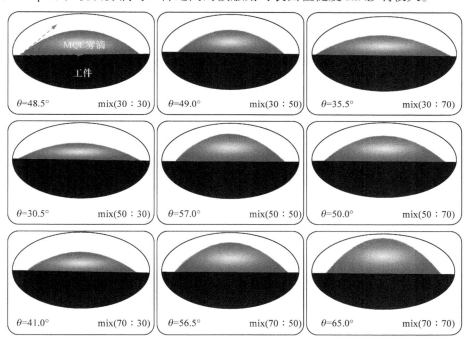

图 14-7　纳米流体微量润滑雾滴与工件之间的接触角

14.4.3　磨屑的 SEM 分析

一般认为金属磨削过程类似于车削和铣削，其金属材料是通过剪切过程去除的。由于磨粒分布不均匀，所以有的部分通过磨粒的耕犁和切削作用而留下犁沟，有的部分没有切去会形成凸起，彼此的距离也不相等，因此，在下一个磨削行程中磨粒切去的磨屑厚度也就不同，切到前次的犁沟部分时，会产生较薄的磨屑，切到前次留下的凸起部分时，产生的磨屑较厚，有时甚至会超过径向进给量。在形成磨屑的过程中由于强烈的挤压和高温的作用，磨屑的形状更为复杂且多种多样，有的呈挤裂状的连续切屑，有的则为逗点形，有的被高温烧熔呈球形，细而长的切屑则可能卷曲。但是在如图 14-8 所示的 9 组磨屑中均未发现被高温烧熔呈球形的磨屑形状，而且产生了较多的细长形磨屑，说明在 Al_2O_3 和 SiC 混合纳米流体微量润滑磨削工况下得到了较好的润滑效果的同时也达到了理想的换热效果。

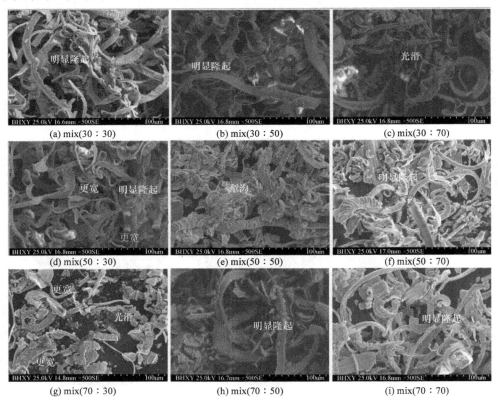

图 14-8　不同工况下磨屑形貌的 SEM 图

通过比较这 9 组不同粒径比的 Al_2O_3 和 SiC 混合纳米流体微量润滑磨削工况下得到的磨屑，可以发现：

（1）这 9 组磨屑的表面形貌中，除了 mix(30：70) 和 mix(70：30) 之外的其余 7 组的磨屑表面均出现了较明显的凸起。说明 mix(30：70) 和 mix(70：30) 两组工况下得到的磨屑表面更平整，反映出较高的工件表面质量。

（2）mix(30：70) 的纳米流体得到的磨屑形状相对较宽，但是磨屑宽度较均匀。mix(50：30) 和 mix(70：30) 的纳米流体得到的磨屑形状有的细、有的宽，很不均匀，而且 mix(70：30) 的磨屑宽细比更大。说明 mix(30：70) 的纳米流体在磨削区形成的雾滴浸润面积更大，一定程度上为磨削区提供了较大范围的润滑效果，因此得到了较均匀的磨屑形状，这与数量较多的 Al_2O_3 纳米粒子可以吸附更多的基础油有关，有效地提高了磨削区油膜的覆盖面积。

14.4.4　不同粒径比 Al_2O_3 和 SiC 混合纳米流体 MQL 的互相关分析

对 mix(30：70)、mix(50：30) 和 mix(70：30) 三组工况下的工件表面轮廓曲线进行互相关分析，验证纳米粒子粒径的变化对纳米流体微量润滑磨削工件表面质量的影响。分别对三组工况下得到的工件表面进行测量得到大量原始数据后代入数学模型，根据互相关函数、互相关系数数字化计算公式，采用 MATLAB7.0 应用程序开发工具编写程序并画图，得到图 14-9(a)～(c)三组互相关函数曲线和互相关系数曲线。

比较这三组互相关函数曲线和互相关系数曲线，可以看出，mix(30：70)与 mix(50：30)互相关系数绝对值的最大值小于 0.25，mix(50：30)与 mix(70：30)的互相关系数绝对值的最大值小于 0.5，mix(30：70)与 mix(70：30)互相关系数绝对值的最大值小于 0.4，均较小，而由图 14-9 中区域 A、B、C 可以看出，mix(30：70)与 mix(50：30)、mix(50：30)与 mix(70：30)、mix(30：70)与 mix(70：30)三组互相关函数曲线均具有周期性特征且周期较大，这是由磨削过程中砂轮在工件表面形成纹理的随机性决定的。说明两种工况下得到的工件表面轮廓曲线之间的相关性较小，具有各向异性，也就是说不同粒径比的 Al_2O_3 和 SiC 混合纳米流体对纳米流体微量润滑磨削得到的工件表面质量状况有较大程度的影响，因此，纳米粒子粒径的变化对纳米流体微量润滑磨削工件的表面质量有一定影响得以验证。其次，由于 mix(30：70)与 mix(70：30)互相关系数绝对值的最大值大于 mix(30：70)与 mix(50：30)互相关系数绝对值的最大值，结合 mix(30：70)得到较优的实验数据 Ra 和 Rsm 以及轮廓支撑长度率，可以判断 mix(70：30)工况下得到的工件表面质量优于 mix(50：30)工况下得到的工件表面。

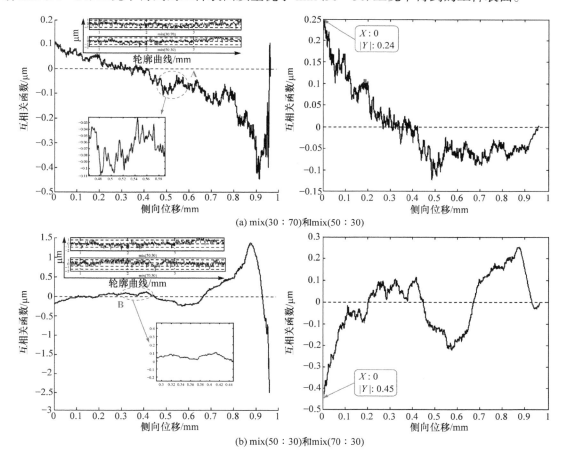

(a) mix(30：70)和mix(50：30)

(b) mix(50：30)和mix(70：30)

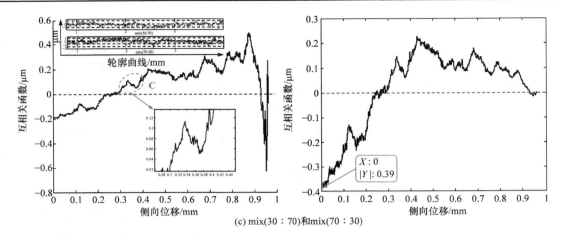

(c) mix(30∶70)和mix(70∶30)

图 14-9　不同工件表面之间的轮廓互相关函数曲线和互相关系数曲线

14.4.5　同一工件表面不同两点处的轮廓曲线互相关分析

图 14-10(a)～(c)分别为 mix(30∶70)、mix(50∶30)和 mix(70∶30)同一工件表面上随机选取的两处粗糙度轮廓曲线，通过对同一工件表面不同两点处的轮廓曲线互相关分析，来揭示各表面均一化程度。

分别对 mix(30∶70)、mix(50∶30)和 mix(70∶30)同一工件表面上随机选取的两处进行测量，得到大量数据后代入数学模型，根据互相关函数、互相关系数数字化计算公式，采用 MATLAB7.0 应用程序开发工具编写程序并画图，得到图 14-10(a)～(c)三组互相关函数曲线与互相关系数曲线。

图 14-10(a)为 mix(30∶70)的工件表面上随机两处的互相关函数曲线和互相关系数曲线，可见在 $\tau=0.05\text{mm}$ 时，$R_{xy}(\tau)$ 取得最大值，说明此时两轮廓曲线相似性较大，由图中区域 A、B、C 可以看出其互相关函数曲线的周期随着横向位移 τ 的增加呈逐渐增大的趋势，其中 τ 由 0mm 增加到 0.8mm 的这部分互相关函数曲线周期较小，说明工件表面波纹较密集，τ 由 0.8mm 增加到 1mm 的这部分互相关函数曲线周期有一定程度的增大，但相对于其他两组较小而且出现较大的振幅，结合其互相关系数曲线可见，两轮廓曲线互相关系数绝对值的最大值为 0.67，进一步说明了两轮廓曲线具有较大的相似性，说明 mix(30∶70)的工件表面存在各向同性，表面纹理出现均一化特征。

图 14-10(b)为 mix(50∶30)的工件表面随机两处的互相关函数曲线和互相关系数曲线，由图可知，在 $\tau=0.95\text{mm}$ 时，$R_{xy}(\tau)$ 取得最大值，但其互相关系数绝对值的最大值小于 0.59，说明两轮廓曲线具有一定的相似性，但相似程度并不高。另外，由图中区域 D、E、F 可以看出其互相关函数曲线的周期均较大，说明其工件表面出现较宽的犁沟。因此，mix(50∶30)的工件表面精密度较差，表面质量较低。

图 14-10(c)为 mix(70∶30)的工件表面随机两处的互相关函数曲线和互相关系数曲线，可见刚开始随着横向位移 τ 的增加，互相关函数曲线呈上升趋势，互相关系数达到最大值 0.61。在横向位移达到 0.3mm 之后互相关相关函数曲线逐渐衰减，且互相关函数曲线未出现上升趋势，说明 mix(70∶30)工件表面随机两点处的轮廓曲线具有较大程度的相似性，但相似区域较小，即工件表面质量精密度较低。由图中区域 G、H、I 可以看出其互相关函数曲线的周期变化趋势与 mix(30∶70)较类似，均有增大的趋势，且其周期明显较大，因此，mix(70∶30)的

工件表面质量较 mix(50∶30)的工件表面质量有一定优势，但与 mix(30∶70)相比其工件表面的精度保持性较低。

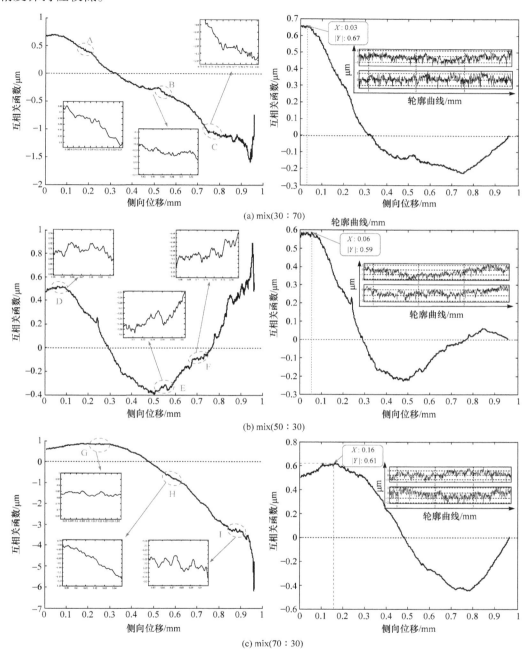

图 14-10　同一工件表面不同两点处的互相关函数曲线和"互相"关系数曲线

综上所述，mix(30∶70)的工件表面两处轮廓曲线的互相关系数较 mix(50∶30)、mix(70∶30)更大，而且在横向位移 τ 增加到 0.95mm 之后，互相关函数曲线有迅速上升的趋势，说明 mix(30∶70)的工件表面较 mix(50∶30)、mix(70∶30)具有更大的相似性，且工件表面具有各向同性，表面纹理具有均一化特征，也说明了 mix(30∶70)的工件表面具有更高的精度保持性。

因此，结合实验结果，mix(30：70)工况下得到的 Ra(0.308μm)和 Rsm(0.0414mm)均较小且这两者的标准差较小，而且得到了较大的轮廓支撑长度率(90%)，取得最优的工件表面质量。

14.5　结　　论

实验研究了不同粒径比的 Al_2O_3 和 SiC 混合纳米粒子在纳米流体微量润滑磨削工况下的润滑性能，通过分析磨削性能参数（单位磨削力、工件去除参数、表面粗糙度（Ra、Rsm 和轮廓支撑长度率）、磨屑形貌、接触角）以及进一步对工件表面轮廓曲线的互相关分析，得出以下结论。

(1) Al_2O_3 和 SiC 混合纳米流体微量润滑磨削工况下，Al_2O_3 纳米粒子粒径对工件表面粗糙度 Ra 影响较大，较小粒径的 Al_2O_3 纳米粒子对应较低的工件表面粗糙度 Ra。SiC 纳米粒子粒径对工件表面粗糙度 Rsm 影响较大，较大粒径的 SiC 纳米粒子对应较高的 Rsm。

(2) 在 9 组不同粒径比的 Al_2O_3 和 SiC 混合纳米流体中，mix(70：30)得到较高的工件去除参数($189.05mm^3/(s \cdot N)$)，表现出了较高的去除率，因此较大粒径的 Al_2O_3 纳米粒子与较小粒径的 SiC 纳米粒子之间的组合可以有效提高纳米流体微量润滑磨削的去除率。

(3) 通过比较 mix(30：70)、mix(50：30)和 mix(70：30)之间的互相关函数和互相关系数，Al_2O_3/SiC 混合纳米粒子中，Al_2O_3 纳米粒子和 SiC 纳米粒子粒径的变化对纳米流体微量润滑磨削得到的工件表面质量产生较大影响得以验证。

(4) 综合分析 mix(30：70)、mix(50：30)和 mix(70：30)三组表现较好的 Al_2O_3/SiC 混合纳米流体，mix(30：70)较其他两组取得了较低的工件表面粗糙度(Ra=0.308μm 和 Rsm=0.0414mm)以及较大的轮廓支撑长度率(90%)，此外通过对磨屑的 SEM 分析以及互相关分析进一步说明了当 Al_2O_3/SiC 混合纳米粒子粒径比为 30：70 时，得到了最好的磨削效果和工件表面质量。

参 考 文 献

[1] ZHANG X, LI C, ZHANG Y, et al. Performances of Al₂O₃/SiC hybrid nanofluids in minimum-quantity lubrication grinding[J]. International Journal of Advanced Manufacturing Technology, 2016, 86: 3427-3441.
[2] JIA D, LI C, ZHANG Y, et al. Experimental research on the influence of the jet parameters of minimum quantity lubrication on the lubricating property of Ni-based alloy grinding[J]. International Journal of Advanced Manufacturing Technology, 2016, 82(1-4): 617-630.
[3] SHAO Y, FERGANI O, LI B, et al. Residual stress modeling in minimum quantity lubrication grinding[J]. The International Journal of Advanced Manufacturing Technology, 2016, 83(5): 743-751.
[4] ZHANG D K, LI C H, JIA D Z, et al. Investigation into engineering ceramics grinding mechanism and the influential factors of the grinding force[J]. International Journal of Control and Automation, 2014, 7(4): 19-34.
[5] 杨玉芬. 表面粗糙度参数的相关分析[J]. 科技创新与生产力, 2002(2): 46-47.
[6] ZHANG Y, LI C, YANG M, et al. Experimental evaluation of cooling performance by friction coefficient and specific friction energy in nanofluid minimum quantity lubrication grinding with different types of vegetable oil[J]. Journal of Cleaner Production, 2016, 139: 685-705.
[7] ZHANG Y, LI C, JIA D, et al. Experimental evaluation of MoS₂, nanoparticles in jet MQL grinding with different types of vegetable oil as base oil[J]. Journal of Cleaner Production, 2015, 87(1): 930-940.
[8] YANG M, LI C, ZHANG Y, et al. Experimental research on microscale grinding temperature under different nanoparticle jet minimum quantity cooling[J]. Advanced Manufacturing Processes, 2016, 32(6): 589-597.

[9] LI B. Study on application of the material ratio curve[J]. Lubrication Engineering, 2006, 1 (173): 114.

[10] ZHANG Y, LI C, JIA D, et al. Experimental evaluation of the lubrication performance of MoS$_2$/CNT nanofluid for minimal quantity lubrication in Ni-based alloy grinding[J]. International Journal of Machine Tools & Manufacture, 2015, 99: 19-33.

[11] ZHENG K, LI Z, LIAO W, et al. Friction and wear performance on ultrasonic vibration assisted grinding dental zirconia ceramics against natural tooth[J]. Journal of the Brazilian Society of Mechanical Sciences & Engineering, 2017, 39 (3): 833-843.

[12] ZHANG X, LI C, ZHANG Y, et al. Lubricating property of MQL grinding of Al$_2$O$_3$/SiC mixed nanofluid with different particle sizes and microtopography analysis by cross-correlation[J]. Precision Engineering, 2017, 47: 532-545.

[13] TAO X, ZHAO J Z, KANG X. The ball-bearing effect of diamond nanoparticles as an oil additive[J]. Journal of Physics D-Applied Physics, 1996, 29 (11): 2932.

[14] KAO M J, LIN C R. Evaluating the role of spherical titanium oxide nanoparticles in reducing friction between two pieces of cast iron[J]. Journal of Alloys & Compounds, 2009, 483 (1-2): 456-459.

[15] 王艳辉, 臧建兵, 王明智. 纳米金刚石在摩擦副界面的减摩耐磨机理探讨[J]. 金刚石与磨料磨具工程, 2001 (4): 4-5.

[16] ZHENG W, ZHOU M, ZHOU L. Influence of process parameters on surface topography in ultrasonic vibration-assisted end grinding of SiCp/Al composites[J]. International Journal of Advanced Manufacturing Technology, 2017, 91 (5-8): 2347-2358.

[17] MAO C, TANG X, ZOU H, et al. Investigation of grinding characteristic using nanofluid minimum quantity lubrication[J]. International Journal of Precision Engineering & Manufacturing, 2012, 13 (10): 1745-1752.

[18] 罗晓斌, 朱定一, 石丽敏. 基于接触角法计算固体表面张力的研究进展[J]. 科学技术与工程, 2007, 7 (19): 4997-5004.

[19] LI B, LI C, ZHANG Y, et al. Effect of the physical properties of different vegetable oil-based nanofluids on MQLC grinding temperature of Ni-based alloy[J]. International Journal of Advanced Manufacturing Technology, 2017, 89 (9-12): 1-16.

第 15 章　纳米流体微量润滑磨削射流参数优化设计与微观形貌的功率谱密度函数评价

15.1　引　　言

纳米流体微量润滑用于磨削加工代替传统的浇注式以解决环境和健康问题[1,2]，其中，射流参数的优化是纳米流体微量润滑有效性的前提条件。在学者以往的研究中定性分析了植物油的种类、纳米粒子浓度、空气压强、喷嘴位置及角度、气液流量比、流量等单一因素射流参数对微量润滑性能的影响。但是并没有综合考虑射流参数对磨削性能的影响规律，更没有探索射流参数整体优化方案。射流参数优化是保障纳米流体微量润滑有效性的前提条件，是实现可持续磨削加工新工艺的关键。因此，本章首先通过正交实验优化 Al_2O_3 和 SiC 混合纳米流体微量润滑磨削射流参数，然后在得到的相对优化的射流参数的基础之上进行实验验证，并借助工件表面微观形貌的功率谱密度分析、工件表面形貌及磨屑形貌分析，从而得到最优的射流参数。实验研究能够为工业加工提供一些技术指导，具有重要的借鉴意义。

15.2　实　验　设　计

1. 实验设备

实验所使用的磨削设备、磨削参数及砂轮修整参数与 13.2 节相同，不同的是需要调节微量润滑泵的气体调压阀、气体流量阀和液体流量阀，达到实验中所需的射流参数。另采用型号为 S-3400N 扫描电镜对工件表面和磨屑形貌进行观察。实验设备与实验流程如图 15-1 所示。

2. 实验材料

所使用的工件材料和尺寸与 13.2.2 节相同，使用体积比为 2：1、粒径比为 30：70 的 Al_2O_3 和 SiC 混合纳米粒子，根据第 3 章和第 4 章的研究内容，这种混合纳米纳米粒子经由微量润滑系统喷入磨削区达到最好的磨削效果和工件表面质量。

纳米流体通过两步法制备，基础油包括合成脂（KS-1108）、棕榈油、蓖麻油，分散剂采用 SDS，分别制备出体积分数为 1%、2%、3%的 100mL 油基 Al_2O_3 和 SiC 混合纳米流体，并辅以 20min 的超声波振动，使纳米粒子均匀分散在基础油中，以避免纳米粒子产生团聚现象[3]。

3. 实验方案

纳米流体微量润滑磨削射流参数作为磨削因素主要包含基础油的种类、纳米粒子的体积分数、空气压强以及气液流量比，这些因素及其水平范围的选择根据 Li 等[4]、Jia 等[5]及 Zhang 等[6]的研究，在他们的研究中纳米流体微量润滑磨削射流参数对雾滴粒径以及冷却润滑效果起着至关重要的作用。表 15-1 为射流参数及其响应水平。

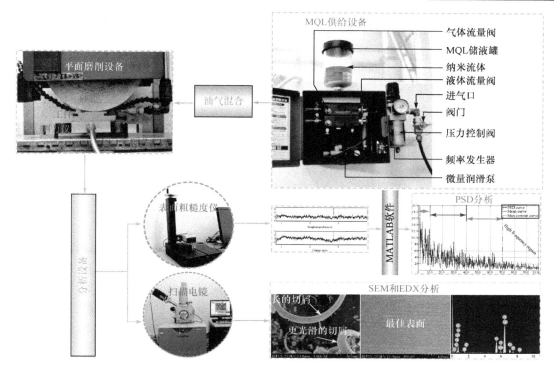

图 15-1　实验设备的利用与实验序列的可视化

表 15-1　磨削因子的水平

因素	水平 1	水平 2	水平 3
基础油	合成脂	棕榈油	蓖麻油
体积分数/%	1	2	3
空气压强/MPa	0.4	0.5	0.6
气液流量比	0.2	0.3	0.4

　　正交实验方法通过少数的实验次数找到较好的生产工艺条件，是一种高效率、快速、经济的实验设计方法，实验中使用 L_9 正交阵列对三水平四因素进行实验设计[7]，L_9 的正交阵列如表 15-2 所示。矩阵中每一行代表一次实验且实验进行的序列是随机的，分别测量这 9 次实验的切向磨削力 F_t 和法向磨削力 F_n、表面粗糙度 Ra 和 Rsm 值。

表 15-2　L_9 正交阵列

实验号	基础油	体积分数/%	空气压强/MPa	气液流量比
1-1		1	0.4	0.4
1-2	合成脂	2	0.5	0.3
1-3		3	0.6	0.2
1-4		1	0.5	0.2
1-5	棕榈油	2	0.6	0.4
1-6		3	0.4	0.3

续表

实验号	基础油	体积分数/%	空气压强/MPa	气液流量比
1-7		1	0.6	0.3
1-8	蓖麻油	2	0.4	0.2
1-9		3	0.5	0.4

15.3　实 验 结 果

15.3.1　信噪比分析

通过优化纳米流体微量润滑磨削射流参数，以获得更好的磨削力、微观摩擦系数及表面粗糙度。因此将信噪比引入实验设计中，用 S/N 表示，以 S/N 对由不同射流参数构成的磨削性能实行功能评价，从而选择出最佳设计方案。优化过程中，S/N 具有三种质量特性[8]，分别为望大特性、望小特性及望目特性，实验目的是得到更小的磨削力、微观摩擦系数及表面粗糙度[9]，因此使用望小特性的 S/N 对磨削性能实行评价，望小特性的 S/N 计算公式见式(7-1)。

具有最高 S/N 的射流参数水平设置，会产生最小方差的磨削力、微观摩擦系数及表面粗糙度，因此选择产生最高 S/N 的射流参数水平。通过式(7-1)计算得到切向滑擦力 $F_{t,sl}$、法向滑擦力 $F_{n,sl}$、微观摩擦系数及表面粗糙度 Ra、Rsm 的 S/N 比值，如表 15-3 所示。

表 15-3　相应观测结果的信噪比

实验号	$F_{t,sl}$ / N	$F_{n,sl}$ / N	μ	Ra / μm	Rsm / mm	$S/N(F_{t,sl})$	$S/N(F_{n,sl})_1$	$S/N(\mu_1)$	$S/N(Ra_1)$	$S/N(Rsm_1)$
1-1	9.17	53.06	0.173	0.228	0.043	−24.39	−36.49	14.96	12.82	27.21
1-2	9.49	52.23	0.182	0.187	0.026	−24.54	−36.38	14.66	14.56	31.78
1-3	10.77	57.29	0.188	0.211	0.055	−25.27	−37.03	14.17	13.42	23.97
1-4	13.63	57.92	0.218	0.227	0.047	−26.08	−37.10	12.95	12.78	25.60
1-5	9.71	45.72	0.212	0.188	0.031	−25.16	−35.37	14.35	14.52	30.18
1-6	11.54	55.07	0.210	0.213	0.030	−25.55	−36.77	13.51	13.43	30.37
1-7	19.74	60.18	0.328	0.251	0.042	−28.68	−37.43	9.52	11.94	27.42
1-8	18.85	65.41	0.288	0.242	0.037	−28.40	−38.00	10.48	12.29	28.64
1-9	18.71	64.99	0.289	0.219	0.038	−28.39	−37.95	10.77	13.18	28.01

1. 磨削力的信噪比分析

磨削力主要来源于工件受磨粒作用产生的弹塑性变形、磨屑及摩擦作用，是磨削过程中一个重要参数，直接影响工件表面质量、砂轮寿命、功率消耗、磨削稳定性[10]，因此常用磨削力来诊断磨削状况。磨削力可以分为切削力、耕犁力和滑擦力，关系式如式(12-1)、式(12-2)

所示。其中，滑擦力由磨粒/工件、磨粒/磨屑界面的摩擦作用产生，这部分力与工件、砂轮材料特性和磨削参数有关，更受润滑工况的影响[11,12]。改变润滑工况会改变磨削区的润滑性能，从而减小滑擦力，切削力不会发生变化。因此，在磨削力的研究中，应求出滑擦力部分和微观摩擦系数用于表征润滑性能，进而反映纳米流体微量润滑射流参数的改变对滑擦力部分的影响规律。

九组实验工况下磨削力及其标准差如图 15-2 所示。

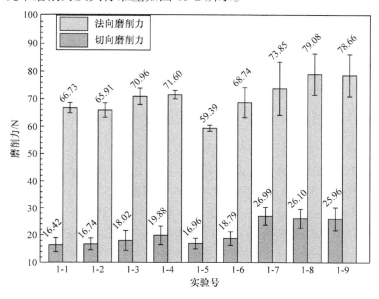

图 15-2　九组实验工况下的磨削力及其标准差

根据马超等[13]提出的磨削力理论计算模型，对实验工况下的切向滑擦力 $F_{t,sl}$ 和法向滑擦力 $F_{n,sl}$ 进行计算，得到表 15-3 所示的九组不同射流参数条件下的切向滑擦力 $F_{t,sl}$ 和法向滑擦力 $F_{n,sl}$。图 15-3 和图 15-4 分别是切向滑擦力 $F_{t,sl}$ 和法向滑擦力 $F_{n,sl}$ 的信噪比主效应图。

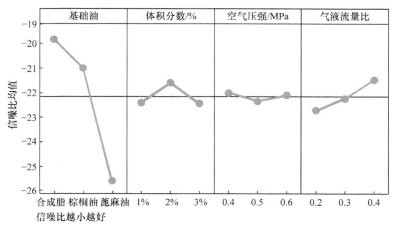

图 15-3　切向滑擦力 $F_{t,sl}$ 的信噪比主效应图

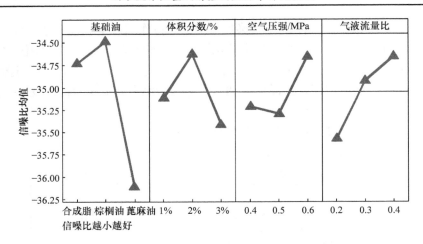

图 15-4　　法向滑擦力 $F_{n,sl}$ 的信噪比主效应图

通过分析切向滑擦力的信噪比主效应图得到：首先，影响切向滑擦力的最优射流参数组合为合成脂作为纳米流体微量润滑的基础油、2%体积分数的纳米粒子、0.4MPa 的空气压强以及 0.4 的气液流量比，均取得最高的信噪比；其次，基础油的种类对切向滑擦力的影响尤为明显，合成脂取得了最高的信噪比，棕榈油次之，而蓖麻油的信噪比最低，说明合成脂能够减小切向滑擦力，在砂轮与工件界面取得良好的润滑效果；最后，随气液流量比的增大，切向滑擦力的信噪比呈线性逐渐增大，说明气液流量比越大，得到的切向滑擦力越小，润滑效果越好；而空气压强的变化对切向滑擦力的影响并不明显。

通过分析法向滑擦力的信噪比主效应图得到：首先，棕榈油作为纳米流体微量润滑基础油、2%体积分数的纳米粒子、0.6MPa 的空气压强以及 0.4 的气液流量比均取得最高的信噪比，因此其为得到最低法向滑擦力的最优射流参数组合；其次，基础油的种类对法向滑擦力的影响仍为明显，且棕榈油取得了最高的信噪比，说明得到了最低的法向滑擦力，润滑效果较好；再次，空气压强对法向滑擦力的信噪比的影响呈现出先降低后升高的变化趋势，且在 0.6MPa 取得了最高的信噪比；最后，纳米粒子体积分数和气液流量比对法向滑擦力的影响效果与对切向滑擦力的影响效果基本一致。

根据以上分析，综合各射流参数水平对切向滑擦力和法向滑擦力的影响可以看出，合成脂或棕榈油作为纳米流体微量润滑的基础油、2%体积分数的纳米粒子、0.6MPa 的空气压强以及 0.4 的气液流量比可以得到相对理想的润滑效果。

2. 微观摩擦系数 μ 的信噪比分析

微观摩擦系数 μ 是切向滑擦力 $F_{t,sl}$ 和法向滑擦力 $F_{n,sl}$ 的比值[14]，如式(12-21)所示。微观摩擦系数 μ 表征了砂轮与工件、砂轮与磨屑界面润滑效果。微观摩擦系数 μ 由于排除了切削力和耕犁力的影响，更直观地体现了由于润滑工况不同而改变的磨削区润滑性能。

图 15-5 为微观摩擦系数 μ 的信噪比主效应图，通过分析得到合成脂作为纳米流体微量、2%体积分数的纳米粒子、0.4MPa 的空气压强以及 0.4 的气液流量比均取得最高的信噪比，因此其为得到最低微观摩擦系数 μ 的最优射流参数组合；与切向滑擦力的信噪比主效应图的变化趋

势相似度较高，基础油的种类对微观摩擦系数 μ 的信噪比影响仍然显著，其他射流参数水平的影响效果较小，说明基础油的种类对磨削区的润滑效果起着至关重要的作用，其中合成脂的信噪比最高，说明微观摩擦系数最小，取得良好的润滑效果，棕榈油次之。相较于其他的射流参数水平，棕榈油得到的信噪比仍然较大，因此棕榈油的润滑效果仍然良好。

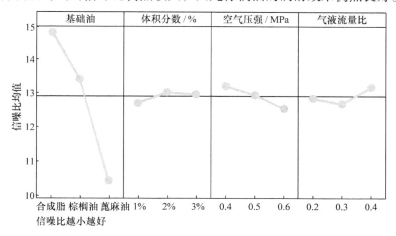

图 15-5　微观摩擦系数 μ 的信噪比主效应图

3. 表面粗糙度(Ra、Rsm)的信噪比分析

磨削加工属于精加工工艺，因此工件表面质量是评定磨削加工性能的重要标准[15,16]。而表面粗糙度是工件表面质量的重要参数，因此实验中采用表面粗糙度表征表面质量，表面粗糙度越小，则表面越光滑。表面粗糙度对机械零件的使用性能有很大的影响。实验所得的表面粗糙度 Ra 和 Rsm 如表 15-3 所示，图 15-6 和图 15-7 分别为表面粗糙度 Ra 和 Rsm 的信噪比主效应图。

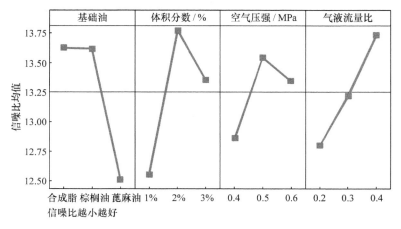

图 15-6　表面粗糙度 Ra 的信噪比主效应图

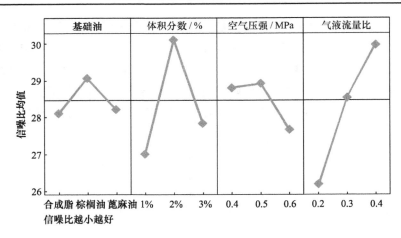

图 15-7　表面粗糙度 *Rsm* 的信噪比主效应图

通过分析表面粗糙度 *Ra* 的信噪比主效应图得到：合成脂或棕榈油作为纳米流体微量润滑基础油、2%体积分数的纳米粒子、0.5MPa 的空气压强及 0.4 的气液流量比均取得最高的信噪比，因此其为得到最低表面粗糙度 *Ra* 的最优射流参数组合。合成脂和棕榈油得到了相同的信噪比，说明合成脂和棕榈油对降低表面粗糙度 *Ra* 具有同等的作用效果，均优于蓖麻油；另外纳米粒子体积分数和空气压强对表面粗糙度 *Ra* 的信噪比的影响均呈现出先升高后降低的变化趋势，说明纳米粒子体积分数为 2%和空气压强为 0.5MPa 时均得到较低的表面粗糙度 *Ra*；而且随气液流量比的增大，表面粗糙度 *Ra* 的信噪比呈线性逐渐增大，说明较大的气液流量比可以改善表面粗糙度 *Ra*，具有良好的润滑效果。

通过分析表面粗糙度 *Rsm* 的信噪比主效应图得到：棕榈油作为纳米流体微量润滑基础油、2%体积分数的纳米粒子、0.5MPa 的空气压强及 0.4 的气液流量比均取得最高的信噪比，因此其为得到最低表面粗糙度 *Rsm* 的最优射流参数组合。在基础油的种类对表面粗糙度 *Rsm* 的信噪比的影响中，棕榈油得到最高的信噪比，说明棕榈油能够最大程度地改善表面粗糙度 *Rsm*，其润滑效果优于合成脂和蓖麻油；其次纳米粒子体积分数、空气压强及气液流量比对表面粗糙度 *Rsm* 的信噪比的影响与对表面粗糙度 *Ra* 的信噪比的影响效果较为一致。

根据以上分析，综合各射流参数水平对表面粗糙度 *Ra* 和 *Rsm* 的影响可以看出，棕榈油作为纳米流体微量润滑的基础油、2%体积分数的纳米粒子、0.5MPa 的空气压强以及 0.4 的气液流量比可以得到较低的表面粗糙度 *Ra* 和 *Rsm*，润滑效果较为明显。

15.3.2　方差分析

方差分析的目的是通过统计手段检验射流参数对实验结果是否具有显著性作用。方差分析中两个重要的评定参数分别为 *F* 值和贡献率 *P*，其中 *F* 值与 *F* 分布临界表的 F_{α} 作比较，当 $F > F_{0.05}$ 时认为因素对结果的影响是显著的[17]。通常情况下，*F* 值越大，对应的射流参数的变化对质量特性的影响越大。贡献率 *P* 是每个显著性因素的平均方差占实验总平均方差的比例，是偏差平方和的函数，反映了各因素对于减小总偏差的相对贡献能力[18]。如果能精确控制因素水平，就可以按照贡献率的比例减小总误差。

1. 磨削力的方差分析

为了进一步分析各射流参数对磨削力影响的显著性以及实验误差对实验结果的影响，

需要对实验结果进行方差分析，以此来确定能够最大程度降低磨削力的最优射流参数组合。根据各射流参数对切向滑擦力和法向滑擦力的影响程度进行排秩，然后将影响程度最大的前三种射流参数作为主要影响因素，影响程度最小的一种射流参数作为误差项进行方差分析。表 15-4 和表 15-5 分别为各射流参数对切向滑擦力和法向滑擦力影响的方差分析结果。

表 15-4　切向滑擦力 $F_{t,sl}$ 的方差分析结果

来源	自由度	连续平方和	P / %	校正平方和	F 值
基础油	2	145.448	97.37	72.7240	428.54
体积分数	2	1.167	0.78	0.0093	0.05
气液流量比	2	2.421	1.62	1.2107	7.13
误差	2	0.339	0.23	0.1697	
合计	8	149.376	100.00		

表 15-5　法向滑擦力 $F_{n,sl}$ 的方差分析结果

来源	自由度	连续平方和	P / %	校正平方和	F 值
基础油	2	207.520	62.60	103.760	2.50
体积分数	2	36.441	10.99	7.617	0.18
气液流量比	2	4.415	1.33	2.207	0.05
误差	2	83.150	25.08	41.575	
合计	8	331.527	100.00		

在对切向滑擦力的方差分析中，各射流参数基础油、纳米粒子体积分数和气液流量比对切向滑擦力的贡献率 P 分别为 97.37%、0.78%、1.62%，可以看出基础油的种类对于减小切向滑擦力总偏差的相对贡献能力最大，且其取得最大的 F 值为 428.54 > $F_{0.05}(2,2)$，即基础油种类的变化对切向滑擦力实验结果的影响效果较大。因此当需要较低切向滑擦力以及较小的切向滑擦力总偏差的时候，可以着重通过改变基础油的种类来改善切向滑擦力的实验结果。

在对法向滑擦力的方差分析中，各射流参数基础油、纳米粒子体积分数和气液流量比对法向滑擦力的贡献率 P 分别为 62.60%、10.99%、1.33%，可以看出基础油的种类对于减小法向滑擦力总偏差的相对贡献能力最大，其中纳米粒子体积分数所占比例增大。因此当需要较低法向滑擦力以及较小的法向滑擦力总偏差的时候，可以着重通过改变基础油的种类及纳米粒子体积分数来改善法向滑擦力的实验结果。

2. 微观摩擦系数 μ 的方差分析

同样地，根据各射流参数对微观摩擦系数 μ 的影响程度进行排秩，然后将影响程度最大的前三种射流参数作为主要影响因素，影响程度最小的一种射流参数作为误差项进行方差分析，表 15-6 为各射流参数对微观摩擦系数 μ 影响的方差分析结果。

基础油的种类、空气压强、气液流量比三种射流参数作为主要的影响因素对于减小微观摩擦系数 μ 的总偏差的贡献率 P 分别为 95.04%、2.40%、1.44%，基础油得到最大的 F 值为 85.12 大于 $F_{0.05}(2,2)$，因此基础油的种类对微观摩擦系数 μ 起着至关重要的作用。结合上述关于微观

摩擦系数 μ 的信噪比分析，基础油中的合成脂得到最高的信噪比，因此合成脂相对于棕榈油和蓖麻油具有良好的减摩作用，提高了砂轮与工件界面的润滑效果。

表 15-6　微观摩擦系数 μ 的方差分析结果

来源	自由度	连续平方和	$P/\%$	校正平方和	F 值
基础油	2	0.023314	95.04	0.011657	85.12
空气压强	2	0.000588	2.40	0.000294	2.15
气液流量比	2	0.000354	1.44	0.000177	1.29
误差	2	0.000274	1.12	0.000137	
合计	8	0.024530	100.00		

3. 表面粗糙度(Ra、Rsm)的方差分析

首先根据各射流参数对表面粗糙度 Ra 和 Rsm 的影响程度进行排秩，然后将影响程度最大的前三种射流参数作为主要影响因素，影响程度最小的一种射流参数作为误差项进行方差分析，表 15-7 和表 15-8 分别为各射流参数对表面粗糙度 Ra 和 Rsm 影响的方差分析结果。

表 15-7　表面粗糙度 Ra 的方差分析结果

来源	自由度	连续平方和	$P/\%$	校正平方和	F 值
基础油	2	0.001594	42.04	0.000797	4.39
体积分数	2	0.001393	36.73	0.000696	3.84
空气压强	2	0.000442	11.66	0.000221	1.22
误差	2	0.000363	9.57	0.000181	
合计	8	0.003792	100.00		

表 15-8　表面粗糙度 Rsm 的方差分析结果

来源	自由度	连续平方和	$P/\%$	校正平方和	F 值
体积分数	2	0.000276	40.48	0.000088	4.22
空气压强	2	0.000067	9.89	0.000025	1.20
气液流量比	2	0.000296	43.49	0.000025	7.09
误差	2	0.000042	6.14	0.000021	
合计	8	0.000681	100.00		

在对表面粗糙度 Ra 的方差分析中，射流参数中基础油的种类、纳米粒子体积分数、空气压强作为主要的影响因素对于减小表面粗糙度 Ra 的总偏差的贡献率 P 分别为 42.04%、36.73%、11.66%，而且在这三种射流参数的 F 值比较中基础油的种类、纳米粒子体积分数均取得相对较高的 F 值(分别为 4.39 和 3.84)，因此基础油的种类和纳米粒子体积分数对于改善

表面粗糙度 Ra 以及减小 Ra 的总偏差具有重要作用。

在对表面粗糙度 Rsm 的方差分析中，纳米粒子体积分数、空气压强、气液流量比作为主要的影响因素对于减小表面粗糙度 Rsm 的总偏差的贡献率 P 分别为 40.48%、9.98%、43.49%，而且在这三种射流参数的 F 值比较中纳米粒子体积分数和气液流量比均取得相对较高的 F 值（分别为 4.22 和 7.09），因此纳米粒子体积分数和气液流量比对于改善表面粗糙度 Rsm 以及减小 Rsm 的总偏差具有重要作用。结合上述关于表面粗糙度 Ra 和 Rsm 的信噪比分析，棕榈油、2% 体积分数的纳米粒子以及 0.4 的气液流量比均取得较高的信噪比，因此这三种射流参数水平可以较大程度改善表面粗糙度 Ra 和 Rsm，提高了砂轮与工件界面的润滑效果。

15.3.3　优化结果

根据上述对切向滑擦力、法向滑擦力、微观摩擦系数、表面粗糙度（Ra 和 Rsm）的信噪比分析和方差分析，得到四组相对优选的射流参数：①合成脂、2% 的纳米粒子体积分数、0.6MPa 的空气压强、0.4 的气液流量比；②棕榈油、2% 纳米粒子的体积分数、0.6MPa 的空气压强、0.4 的气液流量比；③合成脂、2% 的纳米粒子体积分数、0.4MPa 的空气压强、0.4 的气液流量比；④棕榈油、2% 的纳米粒子体积分数、0.5MPa 的空气压强、0.4 的气液流量比。

15.4　实验验证与讨论

对上述正交实验得到的四组相对优选的射流参数进行实验验证，实验设计如表 15-9 所示。根据表 15-3 中合成脂、2% 体积分数的纳米粒子、0.5MPa 的空气压强和 0.3 的气液流量比得到的磨削力、微观摩擦系数、表面粗糙度均取得最高的信噪比，因此将其作为对照实验 2-5。然后，通过功率谱密度函数、工件表面形貌及能谱、磨屑形貌及能谱对验证实验的结果进行分析和讨论。

表 15-9　实验验证方案

实验号	基础油	体积分数 / %	空气压强 / MPa	气液流量比
2-1	合成脂	2	0.6	0.4
2-2	棕榈油	2	0.6	0.4
2-3	合成脂	2	0.4	0.4
2-4	棕榈油	2	0.5	0.4
2-5	合成脂	2	0.5	0.3

15.4.1　表面轮廓的功率谱密度分析

功率谱密度函数从频域上描述时域信号的频率组成[19]。粗糙的表面轮廓可以看作随机信号，它由无数个不同周期的正弦曲线拟合而成，所以它在频域上的分布是连续的，而功率谱密度函数的振幅可以表示在不同频率下频率比例的相对值。长周期对应着较低的频率，在表面轮廓上表现的是波纹度的比例；短周期对应着较高的频率，在表面轮廓上表现的是粗糙度的比例[20]。根据五组实验工况下的工件表面轮廓曲线，通过编程分别得到图 15-8 中五组功率谱密度函数曲线。按照五组功率谱密度函数曲线图中频率的高低分布进行分区，分别为 A 区 (0～100Hz)，B 区(101～400Hz)，C 区(401～700Hz)和 H 区(701～1000Hz)，然后通过编程分别求得每一段功率谱密度曲线与 x,y 轴所围成的面积，分别为 SA，SB，SC，SH，如表 15-10 所示。为了更加全面准确地揭示全频域功率谱密度曲线的特性，引入比例系数 K，定义为某一频段功率谱密度函数曲线与 x,y 轴所围成的面积和全频域功率谱密度曲线与 x,y 轴所围成的面积的比值，比例系数 K 反映了某一频率段在全频域上所占比例，K 越大，说明此频率段在全频域上所占的比例越大，即工件表面轮廓特性以此频率段为主，其计算公式为

$$K_i = \frac{S_i}{S_{\text{total}}} = \frac{S_i}{S_A + S_B + S_C + S_H} (i = A, B, C, H) \tag{15-1}$$

式中，S_i 为频段 i 的功率谱密度函数曲线与 x,y 轴所围成的面积；S_{total} 为全频域功率谱密度曲线与 x,y 轴所围成的面积，i 为某一段频域。根据式(15-1)得到的各频段比例系数 K 如表 15-10 所示。

表 15-10　不同频率段功率谱密度曲线的面积系数 S 和比例系数 K

工况	S_A	S_B	S_C	S_H	K_A	K_B	K_C	K_H
a	43.58	53.49	31.41	17.73	0.298	0.366	0.215	0.121
b	35.77	56.26	33.52	20.72	0.245	0.385	0.229	0.142
c	57.70	90.30	37.28	17.59	0.284	0.445	0.184	0.087
d	50.69	81.97	36.87	17.96	0.270	0.437	0.197	0.096
e	46.31	56.35	34.99	19.74	0.294	0.358	0.222	0.125

根据图 15-8 可以看出，随频率的增大，五组工况下的功率谱密度均值曲线均呈下降趋势，说明纳米流体微量润滑磨削工件表面从微观角度上仍然具有明显的纹理特征；其次 a、c、e 三组工况下的功率谱密度曲线及最大轮廓曲线在 H 区呈直线下降趋势，而 b 和 d 两组工况下的功率谱密度曲线及最大轮廓曲线在 H 区均具有升高的趋势且产生了多个最大功率谱密度值超过 20W/Hz 的波峰，说明 b 和 d 两组工况下的工件表面与 a、c、e 相比在图中的高频区具有较高的功率谱密度，因此 b 和 d 两组工况的工件在表面轮廓上表现的是粗糙度的比例，表明其工件表面轮廓波动平均间距小，具有高的波纹细密性。

结合表 15-10 中各组工况下的比例系数 K，b 在 A 区得到了最低的比例系数 K_{Ab}(为 0.245)，且在 H 区得到了最高的比例系数 K_{Hb}(为 0.142)，说明 b 工况在图中低频段的功率谱密度较低，在图中高频段的功率谱密度较高，即此组工况较其他组具有明显的以粗糙度为主的表面轮廓特征，且波纹度大幅度消除，得到的工件表面轮廓波动平均间距小，波纹细密性高，工件表面质量最好。其次，d 工况下 A 区的比例系数 K_{Ad} 为 0.270，是仅次于 K_{Ab} 的最低比例系数，d 工况与 b 工况相同且不同于其他三组工况的是以棕榈油作为基础油，因此棕榈油在纳米流体微量润滑磨削加工中具有比合成脂作为基础油更好的润滑性能。

通过比较图 15-8 中 a、c、e 工况可以发现，这三组均以合成脂、2%体积分数纳米粒子作为纳米流体微量润滑磨削的基础油，然而每组得到的功率谱密度曲线各不相同，说明空气压强以及气液流量比对纳米流体微量润滑磨削效果具有一定程度的影响。c 工况下 A 区和 B 区的比例系数均较高(分别为 $K_{Ac}=0.284$ 和 $K_{Bc}=0.445$)，且 C 区和 H 区的比例系数最低(分别为 $K_{Cc}=0.184$ 和 $K_{Hc}=0.087$)，说明在图中的低频段的功率谱密度曲线具有最高的能量分布，图中

高频段的功率谱密度曲线能量分布最低，即此组工况较其他工况具有明显以波纹度为主的表面轮廓特征。其次，a 工况得到的比例系数与 e 工况的比例系数相近，且 e 工况作为对照组，在 C 区和 H 区得到仅次于 b 工况的比例系数（为 $K_{Ce}=0.222$ 和 $K_{He}=0.125$），然而其 A 区的比例系数较高（为 $K_{Ae}=0.294$），说明在图中的低频段和高频段的功率谱密度曲线均具有较高的能量分布，即此组工况下的工件表面轮廓特征在小范围内以粗糙度为主，工件表面质量优于 c 工况，因此在以合成脂、2%体积分数纳米粒子作为纳米流体微量润滑磨削的基础油时，0.5MPa的空气压强以及 0.3 的气液流量比得到最好的工件表面质量，润滑效果最优。

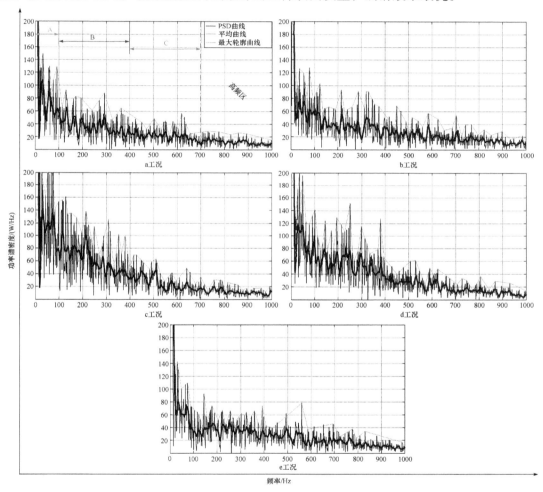

图 15-8　五组工况下的功率谱密度函数曲线

15.4.2　工件表面形貌及其能谱分析

由于磨粒分布不均匀，所以有的部分通过磨粒的耕犁和切削作用而留下犁沟，有的部分没有切去会形成凸起，彼此的距离也不相等，表面形貌及其能谱是评价工件表面质量的重要指标[4]，表面形貌可以定性地反映表面质量，而表面能谱元素的含量变化可以进一步定量地判断表面质量。图 15-9 分别为五组不同射流参数条件下工件表面形貌的扫描电镜图和能谱图，图 15-9（a）、（c）、（e）的工件表面形貌及其能谱均为以合成脂和 2%体积分数的纳米粒子添加剂作为微量润滑的润滑油得到的，其中图 15-9（e）得到最好的工件表面质量，且其 O 元素的含量最低(为 0.25%)，因此此射流参数组合(基础油：合成脂、纳米粒子体积分数：2%、空气压强：0.5MPa、气液流量比：0.3)相较于其他两组具有良好的冷却润滑性能，这是由于在基础油和纳米粒子体积分数一定的情况下，0.5MPa 的空气压强和 0.3 的气液流量比有利于射流穿透砂轮气障层，如图 15-10 所示，使得液滴进入磨削区形成有效的浸润面积，从而提高润滑能力。而图 15-9(c)的工件表面出现明显的犁沟且 O 元素含量最高(为 0.57%)，表明其润滑效果较差，从而使得工件表面严重氧化，即低的空气压强和高的气液流量比难以使液滴进入磨削区形成有效的浸润面积。

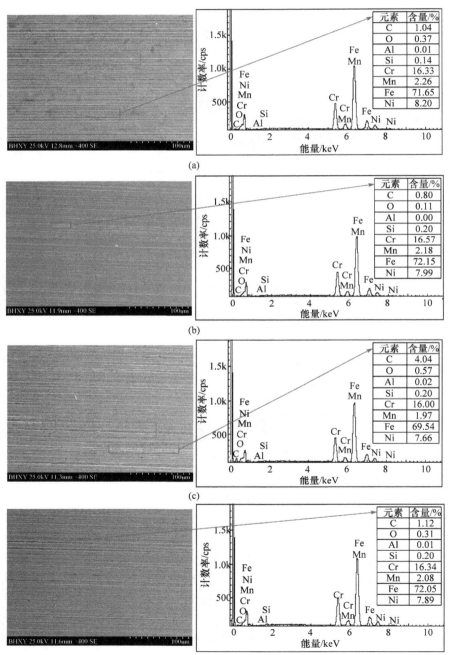

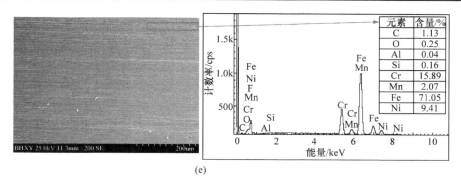

元素	含量/%
C	1.13
O	0.25
Al	0.04
Si	0.16
Cr	15.89
Mn	2.07
Fe	71.05
Ni	9.41

(e)

图 15-9　五组验证实验工况下的工件表面形貌及其能谱分析

图 15-9(b) 和 (d) 的工件表面形貌及其能谱均为以棕榈油和 2%体积分数的纳米粒子添加剂作为微量润滑的润滑油得到的,其中图 15-9(b) 的工件表面最为平整,无明显的犁沟和凸起,而且其表面能谱中的 O 元素的含量最低(为 0.11%),无明显的表面氧化,表明此射流参数组合(基础油:棕榈油、纳米粒子体积分数为 2%、空气压强为 0.6MPa、气液流量比为 0.4)具有最好的冷却润滑性

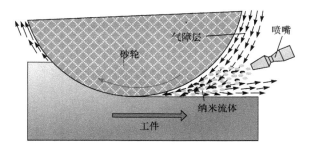

图 15-10　砂轮表面气障层

能,这是由于棕榈油含有大量的饱和脂肪酸(棕榈酸和硬脂酸),饱和脂肪酸中的极性基团(—COOH)通过范德瓦耳斯力吸附于金属表面,从而更容易形成有效的浸润区域,提高液滴在工件与砂轮界面的润滑性能。因此使用棕榈油作为微量润滑的基础油时,高的空气压强和气液流量比可以达到理想的润滑效果。

15.4.3　磨屑形貌及其能谱分析

在形成磨屑的过程中磨屑与磨粒接触的面为磨屑前面,另外一面为磨屑后面。磨屑前面相对于后面较为光滑,磨屑后面由于受切削过程中的挤压剪切力呈波纹状。由于强烈的挤压和高温的作用,磨屑的形状更为复杂且多种多样,有的呈挤裂状的连续切屑,有的则为逗点形,有的被高温烧熔呈球形,细而长的切屑则可能受到热和力的共同作用呈卷曲形。图 15-11 为五组不同射流参数下磨屑表面形貌扫描电镜照片及其能谱分析,整体上均未发现被高温烧熔呈球形的磨屑形状,而且产生了较多的细长形磨屑,说明通过正交实验优化后的射流参数组合在磨削过程中得到了良好的润滑效果的同时也达到了理想的换热效果。从图 15-11(c) 中可以清楚地看到受磨削力和热的耦合作用呈卷曲形的磨屑,且能谱中 O 元素的含量最高达到 2.28%,表明在此组射流参数下磨削过程中磨削力较大且产生大量的热,导致磨屑表面严重氧化,相对于其他射流参数组合润滑效果不佳,这是由于合成脂作为纳米流体微量润滑的基础油,其润滑性能低于含大量饱和脂肪酸的棕榈油,且空气压强较低(为 0.4MPa)导致纳米流体液滴冲破砂轮气障层的能力降低,以及气液流量比较高(为 0.4)导致纳米流体的供应量减少而不能满足润滑需要,从而引起润滑效果下降。相对地,图 15-11(b)、(d)、(e)均得到较长的带状磨屑且无明显的卷曲现象，表明这三组射流参数下磨削过程中变形力较小，磨料与工件材料的适应性好。其中图 15-11（b）的磨屑表面形貌相对平整且能谱中 O 元素含量最低（为 1.11%），表明磨削力和热的耦合作用最低，提供了最好的冷却润滑效果，再次证明了棕榈油为基础油、2%体积分数的纳米粒子、0.6MPa 的空气压强以及 0.4 的气液流量比的射流参数组合得到最优的磨削性能。

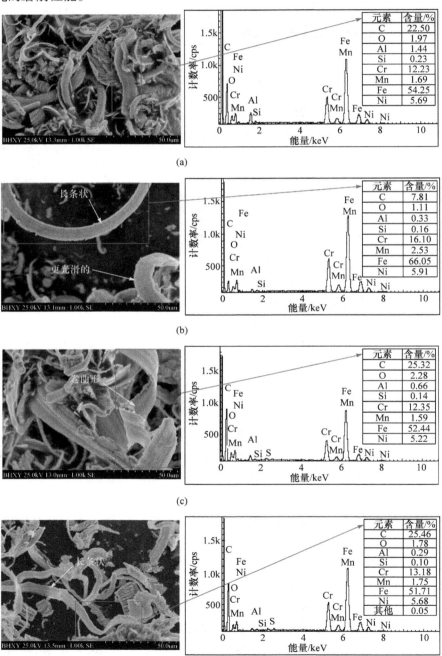

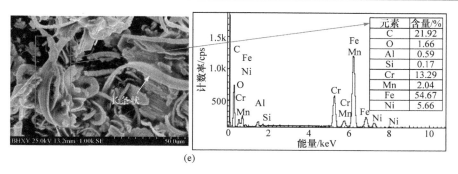

元素	含量/%
C	21.92
O	1.66
Al	0.59
Si	0.17
Cr	13.29
Mn	2.04
Fe	54.67
Ni	5.66

(e)

图 15-11　五组验证实验工况下的磨屑表面形貌及其能谱分析

15.5　结　　论

本章研究了纳米流体微量润滑的不同射流参数组合对磨削性能的影响，通过对磨削性能参数（切向滑擦力、法向滑擦力、微观摩擦系数及表面粗糙度（Ra、Rsm））的信噪比分析和方差分析，以及对验证实验的工件表面轮廓功率谱密度分析、表面形貌及其能谱分析、磨屑形貌及能谱分析，得出以下结论。

（1）合成脂或棕榈油作为纳米流体微量润滑的基础油、2%体积分数的纳米粒子、0.6MPa的空气压强以及 0.4 的气液流量比在对切向滑擦力和法向滑擦力的影响中均得到最高的信噪比，而且基础油的种类对切向滑擦力和法向滑擦力影响的贡献率最高，分别达到 97.37%和62.60%，因此合成脂和棕榈油对润滑性能起到至关重要的作用，有效降低了磨削力。

（2）各射流参数对微观摩擦系数的影响中，合成脂、2%体积分数的纳米粒子、0.4MPa 的空气压强以及 0.4 的气液流量比均取得最高的信噪比，此射流参数组合可以有效降低微观摩擦系数，从而得到良好的润滑效果，而且合成脂对微观摩擦系数影响的贡献率最高（为 95.04%），对磨削区润滑性能影响甚大。

（3）棕榈油、2%体积分数的纳米粒子、0.5MPa 的空气压强以及 0.4 的气液流量比在对表面粗糙度（Ra 和 Rsm）的影响中均表现出最高的信噪比，即此射流参数组合有效地降低了表面粗糙度，而且基础油的种类、纳米粒子体积分数及气液流量比对表面粗糙度影响的贡献率分别达到42.04%、40.48%、43.49%，对于改善表面粗糙度 Ra 和 Rsm 以及减小 Ra 和 Rsm 的总偏差具有重要作用。

（4）在验证实验中，棕榈油、2%体积分数的纳米粒子、0.6MPa 的空气压强以及 0.4 的气液流量比的射流参数组合在 A 区得到了最低的表面轮廓功率谱密度比例系数（为 K_{Ab}=0.245），且在 H 区得到了最高的比例系数（K_{Hb}=0.142），说明此组射流参数下的工件表面较其他组具有明显的以粗糙度为主的表面轮廓特征，波纹细密性高，工件表面质量最好。

（5）综合分析五组验证实验的工件表面形貌和磨屑形貌及它们的能谱元素含量变化，再次证明了以棕榈油为纳米流体微量润滑基础油配合 2%体积分数的纳米粒子、0.6MPa 的空气压强以及 0.4 的气液流量比的射流参数组合具有比合成脂更好的冷却润滑性能。

参 考 文 献

[1] OZCELIK B, KURAM E, CETIN M H, et al. Experimental investigations of vegetable based cutting fluids with extreme pressure during turning of AISI 304L[J]. Tribology International, 2011, 44(12): 1864-1871.

[2] SILVA L R, CORRÊA E C S, BRANDÃO J R, et al. Environmentally friendly manufacturing: Behavior analysis of minimum quantity of lubricant - MQL in grinding process[J]. Journal of Cleaner Production, 2013.

[3] JIA D, LI C, ZHANG Y, et al. Experimental research on the influence of the jet parameters of minimum quantity lubrication on the lubricating property of Ni-based alloy grinding[J]. International Journal of Advanced Manufacturing Technology, 2016, 82(1-4): 617-630.

[4] LI B, LI C, ZHANG Y, et al. Effect of the physical properties of different vegetable oil-based nanofluids on MQLC grinding temperature of Ni-based alloy[J]. International Journal of Advanced Manufacturing Technology, 2017, 89(9-12): 3459-3474.

[5] JIA D, LI C, ZHANG D, et al. Experimental verification of nanoparticle jet minimum quantity lubrication effectiveness in grinding[J]. Journal of Nanoparticle Research, 2014, 16(12): 1-15.

[6] ZHANG Y, LI C, JIA D, et al. Experimental study on the effect of nanoparticle concentration on the lubricating property of nanofluids for MQL grinding of Ni-based alloy[J]. Journal of Materials Processing Technology, 2016, 232: 100-115.

[7] HAFENBRAEDL D, MALKIN S. Environmentally-conscious minimum quantity lubrication (MQL) for internal cylindrical grinding[J]. Transactions of NAMRI/SME, 2000, 28: 149-154.

[8] FRATILA D, CAIZAR C. Application of Taguchi method to selection of optimal lubrication and cutting conditions in face milling of AlMg3[J]. Journal of Cleaner Production, 2011, 19(6): 640-645.

[9] SHAO Y, FERGANI O, LI B, et al. Residual stress modeling in minimum quantity lubrication grinding[J]. The International Journal of Advanced Manufacturing Technology, 2016, 83(5): 743-751.

[10] ZHANG Y, LI C, YANG M, et al. Experimental evaluation of cooling performance by friction coefficient and specific friction energy in nanofluid minimum quantity lubrication grinding with different types of vegetable oil[J]. Journal of Cleaner Production, 2016, 139: 685-705.

[11] ZHANG Y, LI C, JIA D, et al. Experimental evaluation of MoS2, nanoparticles in jet MQL grinding with different types of vegetable oil as base oil[J]. Journal of Cleaner Production, 2015, 87(1): 930-940.

[12] YANG M, LI C, ZHANG Y, et al. Experimental research on microscale grinding temperature under different nanoparticle jet minimum quantity cooling[J]. Advanced Manufacturing Processes, 2016, 32(6): 589-597.

[13] 马超, 张建华, 陶国灿. 超声振动辅助铣削加工钛合金表面摩擦磨损性能研究[J]. 表面技术, 2017, 46(8): 115-119.

[14] ZHANG Y, LI C, JIA D, et al. Experimental evaluation of the lubrication performance of MoS2/CNT nanofluid for minimal quantity lubrication in Ni-based alloy grinding[J]. International Journal of Machine Tools & Manufacture, 2015, 99: 19-33.

[15] 李长河, 刘占瑞, 毛伟平, 等. Investigation of coolant fluid through grinding zone in high-speed precision grinding[J]. 东华大学学报: 英文版, 2010(1): 87-91.

[16] ZHANG X, LI C, ZHANG Y, et al. Lubricating property of MQL grinding of Al2O3/SiC mixed nanofluid with different particle sizes and microtopography analysis by cross-correlation[J]. Precision Engineering, 2017, 47: 532-545.

[17] ZHANG X, LI C, ZHANG Y, et al. Performances of Al2O3/SiC hybrid nanofluids in minimum-quantity lubrication grinding[J]. International Journal of Advanced Manufacturing Technology, 2016, 86: 3427-3441.

[18] CETIN M H, OZCELIK B, KURAM E, et al. Evaluation of vegetable based cutting fluids with extreme pressure and cutting parameters in turning of AISI 304L by Taguchi method[J]. Journal of Cleaner Production, 2011, 19(17): 2049-2056.

[19] ZHENG W, ZHOU M, ZHOU L. Influence of process parameters on surface topography in ultrasonic vibration-assisted end grinding of SiCp/Al composites[J]. International Journal of Advanced Manufacturing Technology, 2017, 91(5-8): 2347-2358.

[20] ZHENG K, LI Z, LIAO W, et al. Friction and wear performance on ultrasonic vibration assisted grinding dental zirconia ceramics against natural tooth[J]. Journal of the Brazilian Society of Mechanical Sciences & Engineering, 2017, 39(3): 833-843.